江苏大剧院建设撷英

主编　张大强

东南大学出版社
SOUTHEAST UNIVERSITY PRESS
·南京·

内容提要

本书是为纪念江苏大剧院建成而出版。全书共分技术和管理两大部分：技术部分内容包括规划设计、建筑设计、演出工艺、建筑声学设计、土建结构和钢结构、屋面和幕墙、消防、水、电、暖通以及智能化方面的技术；管理部分介绍了指挥部的项目管理内容，包括"互联网+BIM"用于复杂工程项目信息化管理和系统工程理论在大型、复杂工程项目管理中的应用实证分析。

本书可作为演艺场馆建设的参考，以及从事演艺场馆建设的技术人员参考、学习之用。

图书在版编目（CIP）数据

江苏大剧院建设撷英／张大强主编． —南京：东南大学出版社，2018.1

ISBN 978-7-5641-7514-6

Ⅰ．①江… Ⅱ．①张… Ⅲ．① 剧院-工程施工-概况-江苏 Ⅳ．① TU242.2

中国版本图书馆CIP数据核字（2017）第294358号

江苏大剧院建设撷英

主　　编	张大强	
出版发行	东南大学出版社	
社　　址	南京市四牌楼2号 （邮编：210096）	
出 版 人	江建中	
网　　址	http://www.seupress.com	
经　　销	全国新华书店	
印　　刷	深圳市精彩印联合印务有限公司	

开　　本	787mm ×1092 mm　1／16	
印　　张	19.75	
字　　数	493 千	
版　　次	2018 年 1 月第 1 版	
印　　次	2018 年 1 月第 1 次印刷	
书　　号	ISBN 978-7-5641-7514-6	
定　　价	198.00 元	

（本社图书若有印装质量问题，请直接与营销部联系，电话：025-83791830）

编写委员会

主编

张大强

副主编

张晓铃　孙向东　王　镝　黄　林　吴少强

执行副主编

吴鼎贤

编委

黄道兰　潘玉喜　李　桐　刘思杰　蔡建清　沈　邑　郭子维

顾问

方建国　赵　琳　李　青　郭正兴　朱　宾

序

　　2017 年 5 月 20 日，全省瞩目的江苏发展大会在刚刚落成的江苏大剧院隆重举行，与江苏血脉相连的近 2 000 名专家、学者、企业家、社会名流从世界各地来到南京，走进江苏大剧院，共议推进江苏发展的大计，群星闪耀，盛况空前。各方贵宾在为江苏的发展而欢欣鼓舞的同时，也对江苏大剧院给予了充分的肯定和较高的评价。江苏大剧院工程建设至此基本完成。

　　江苏大剧院建设经历了一个曲折的过程。江苏是全国文化大省之一，建设一个高水平的大剧院一直是江苏文化界的强烈呼声。1994 年 2 月 4 日，中共江苏省委 192 次常委会决定筹建江苏大剧院，建设地点选在南京市明故宫公园。1996 年江苏大剧院建设工作全面启动，但由于建设地块涉及文物保护的问题，1997 年工程暂停，这一停就是 10 年之久。2008 年，省委省政府决定重新启动江苏大剧院建设项目，选址在玄武湖东侧、太阳宫以北地块。2010 年，设计方案已经确定，但又因大剧院所选位置处于钟山风景区范围内，按国务院的有关规定不能建设永久性建筑，大剧院的建设工作再次停了下来。省委省政府领导当机立断，重新选址，易地再建。新址迅速选定在南京市河西地区，2012 年年底，江苏大剧院在新址上正式动工。可以说，江苏大剧院的建设历时 30 余年方成正果，期间的波澜起伏令人叹息不已。这一曲折的过程也充分表明了江苏人民建设大剧院的强烈要求和热切期盼，表明江苏省委省政府和南京市委市政府对江苏大剧院的坚定支持和高度关心，也激励着建设者们必须高质量、高水平地建设好江苏大剧院。

　　江苏大剧院在新址开始建设时，全国已有 20 多个省、自治区、直辖市建成了大剧院。从建设开始，工程指挥部就按照省领导的要求，确立了"建设国内一流大剧院"的目标，认真抓好每一个建设环节。现在看来，设计的目标已经全面实现，一些指标还超过了初期的目标。大剧院的建筑形态好似天地灵气汇聚而来的水珠，四颗"水珠"状的建筑诗意般地汇聚在"荷叶"状高架平台之上，宛如漂浮在生态绿野上的珍珠，既寓含水韵江苏的文化意蕴，又彰显长江浩大宽广的包容胸怀。这个方案得到了广泛的支持，建成后的效果也广受好评。大剧院的功能是项目建设的终极目标，我们在重点建设传统意义的歌剧厅、音乐厅、戏剧厅的基础上，增加了舞台空间更大、使用功能更加灵活的综艺厅和国际报告厅，以适应群众性大型文化活动的需求，还可以兼顾大中型会议的需求，形成了现在的 4 个球体结构。同时，利用建筑空间，还增设了多功能厅、电影院、摄影录音棚、美术馆以及入口处的共享大厅，最终形成了 10 个场馆，可满足大中小型各种类别的文化活动的需求，形成综合配套的文化活动、文化交流平台，使用功能在全国的大剧院中是最为完善多样的。大剧院的内部装修巧妙地转换交通方式和充分利用空间，引入多功用、开放型的现代动态思想，用浪漫派手法进行各个观众厅和前厅的内部处理，用风格雅致的细部结构、精心设计和施工来表达深层次的文化内涵，现在看来内装效果总体上是好的。大剧院建设中使用了大量的新材料、新设备、新工艺，引入和创新了多项新理念、新技术。

江苏大剧院总建筑面积近 29 万平方米，拥有观众座位近 8 000 个，不仅是国内最大的大剧院，在国际上也无出其右者；工程用钢量达到 16 万吨，仅钢结构用钢铁就达 5 万多吨，超过"鸟巢"的用钢量；屋面铺钛合金板 6 万多平方米，室内装饰使用 GRG 材料 5 万多平方米，均为国内最大，也可能是世界之最。大剧院歌剧厅的舞台为品字形结构，具备推、拉、升、降、转等多种功能，进深达 34 米，为国内同类舞台之最。综艺厅舞台台口宽度 26 米，可以满足大型演出的需要，在国内也是少有的。音乐厅的管风琴 92 栓，音管总数 6 067 根，采用倒挂式，在世界上也是唯一的。

江苏大剧院是全省人民群众的意志凝聚而成，是各级领导、数千名建设者的心血凝聚而成，是所有参与者的智慧凝聚而成。大剧院的选址和总体方案设计，最终都是省委常委会和省政府常务会议审定批准；省委省政府主要领导多次听取大剧院情况汇报，并到建设现场检查工作，提出明确的工作要求。南京市委市政府对大剧院建设同样十分关心，主要领导多次到大剧院现场办公。省和南京市有关部门也都对大剧院建设给予了大力支持。正是在省市领导的关心指导下，大剧院建设才得以迅速推进。大剧院的参建单位来自全国各地，既有大型国有企业，也有从事专业制造、施工的民营企业，施工高峰时工地人数近万，前后参与建设的有2万余人。在4年多的建设过程中，参建单位的广大干部职工克服了重重困难，发挥专业优势和技术优势，保质保量地完成了建设任务。

为保证大剧院工程建设有序推进，省委省政府决定成立江苏大剧院工程建设指挥部。几年来，指挥部全体同志团结拼搏，攻坚克难，精心筹划，认真抓好设计、进度、质量、安全、招标和设备采购、廉政建设等工作，努力协调各有关方面，在工作中始终保持兢兢业业、如履薄冰的态度，始终保持艰苦奋斗、勤俭节约的作风，始终保持团结互助、集体决策的方法，尽最大的努力做好工作，较好地完成了建设任务。指挥部的高效工作在大剧院建设中发挥了重要作用，我们没有辜负省委省政府的重托，没有辜负全省人民的期盼。

在大剧院建设结束之际，我们编写了《江苏大剧院建设撷英》一书，全面介绍了江苏大剧院设计、施工、管理方面的情况，详细介绍了江苏大剧院的技术特点和高雅的文化艺术殿堂的建筑特色，为社会提供一个经验性资料，给同行提供参考。这本书由指挥部聘任的总工程师吴鼎贤教授执笔写成，谨此向他表示感谢。

张大强

2017年9月

目录

上篇

下篇

上篇　技术篇

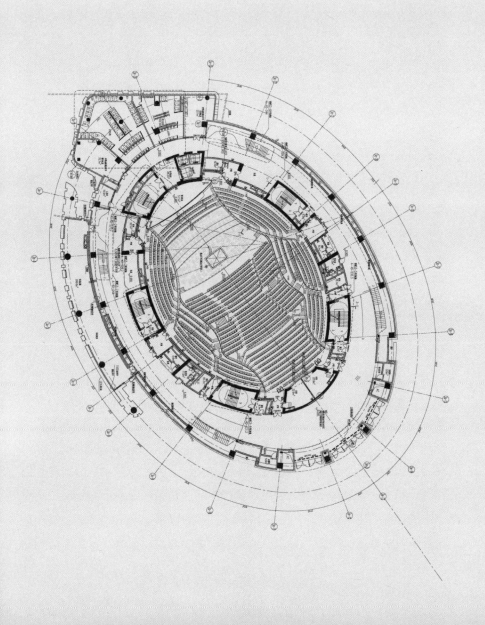

第一章 规划设计

第一节 设计理念

  江苏大剧院紧临长江而建，其造型和立面在动感、流线、柔和、韵律的设计理念下，自然地形成了和谐动人的"水珠"形象。流线型的建筑体块由钛金属板与形如长江水的玻璃飘带构成现代高科技外壳，光芒四射，交相辉映。从远处望去，其在视觉上和空间上与都市公园和长江滨江风光带形成一幅连续的整体画面。

1. 设计方案的由来

  水是大自然最美的恩赐，它滋养了万物，孕育了文明，它时而宛转时而激荡，它有兼收并蓄的胸怀，又有一往直前的力量。水通过人们的审美和思想，形成了多少华美而深刻的文章，演绎了多少美丽的思想和情感世界，激发了人们的无限遐想。如今江苏大剧院以长江水为题，借水生景，融情于水，阐释着蕴藉深厚长江水文化的内涵，体现着人类与水的精神碰撞。这些作品既是写水性，也是写人性，阐发出深刻的人类思想，将建筑与水、哲学与水巧妙地融合在一起，展示了人类文化的美丽和丰富、深厚和广博。

  万里无垠的长江下游平原宽阔平舒而蜿蜒，江面上映照着青光黛影（见图1-1）。虎踞龙盘的古都南京是万里长江玉带上的一颗灿烂明珠，两千多年来，优美的山水风光吸引了无数文人，创作了14 000余首诗词歌赋，流传青史，千古传诵。水是南京大地自古繁荣锦绣、密密交织的生命源流和汩汩流淌的血脉相牵，南京的历史自水文化启幕，也因水的滋养而源远流长。今天，建筑界在追求更为"复杂"的建筑过程中展示给人们一个完全不同以往的建筑新纪元，推出了一整套逐渐成熟的设计理念和建造策略：紧邻长江之畔，建筑形态好似八方汇聚而来的水珠，四颗"水珠"似的建

筑诗意般地栖息在"荷叶"状高架平台之上，形成了一组柔和壮美的现代艺术建筑群。她，就是江苏大剧院（见图1-2）。上善若水，厚德载物，雅儒丰厚的文化，搏动着薪火相传的文脉，悠悠水韵是浓墨重彩的画卷。

"荷叶水珠"造型取意江水之灵动，宛如漂浮在生态绿野上的水珠，饱满光润，晶莹剔透，既寓含水韵江南的文化意蕴，又彰显长江水汇流成川的包容胸怀。江苏大剧院设计理念聚集于强烈的粘连性、综合性和连续性，赋予每个相互邻接的演艺场馆和室外景观以特性，将四颗"水珠"黏接完整后放置在公共开放空间之中。建筑设计师说："我们将功能表达为一系列逐渐变化的躯壳，在公园里创造出一种新的景观，在这里人们可以流畅

图1-1 蜿蜒长江
图1-2 "水珠"造型设计

图 1-3 "玻璃飘带"造型

地从内走到外,穿越高架平台,感受东西方文化的交融。这个建筑具有非常强烈的形式,使人能立即想象到内部空间,其复杂性来自于室内以及经过建筑空间的体验。"

江苏大剧院建筑以具有悠久历史文化传承的长江水文化为元素,使其在满足基本功能的前提下,与建筑空间更好地交融配合,展现了江水文脉和历史沉淀的简洁而又现代的建筑形态,真正实现空间的多变性、顺畅感和韵律感。建筑设计建立在既满足建造要求和使用功能,又符合当地文化脉络的基础上,将两者高度地结合并表现出来。其实仔细品味可以发现设计师对古都历史的尊重和自豪,"看上去简单、纯净、通透",无处不在的曲面在天空中流淌,像水,像云,像风,人们置身其中,得到的不仅仅是遮风挡雨的庇护,更使室内外的空间毫无干扰地连为一体,而结构本身也成为可观赏的工程设计精品,其线条流畅,舒展自然,造型独特,使人看过以后倍感赏心悦目,久久不能忘怀。

为了充分展示水文化的精神特征,设计师从江水文化中获得灵感,根据流动的水形态对建筑外观进行处理,形成一系列建筑元素与自然环境相互作用的动态空间。水珠形状的屋面是由钛金属板与玻璃飘带组合而成的双曲面,玻璃飘带宛如流动的江水,强调自身的动感与变化,以优美的曲线,律动的空间,喻示着长江水内在的灵动和文化品位,设计理念将余音缭绕,流芳于天地之间(见图1-3)。玻璃飘带既为建筑物增添了曲线美,又增加了室内的光亮度,其匀称、协调的沉实风格,传递给观众一种笃实、稳重的良好感觉。夜晚的江苏大剧院,光芒从正在上演的艺术活动中漫溢而出,似水摇曳,如画舫凌波的动人意境令人难忘。江苏大剧院建筑的外部造型完整、大气,充满了高科技现代气息,竟让有些媒体将她称之为"法式风格标志性建筑"和"水韵大剧院"。

2. 总体设计

　　首先，江苏大剧院是一个宏大的项目，就大剧院内部制定的建筑模式和语言，需要一个一体化、非常完善的方案，有必要将很多重要因素置于大剧院的规划之内，尊重当地与其有重要视觉关系的南京河西新城的东西向文体轴线。该文体轴线的东部是南京奥体中心，中部是金陵图书馆和艺兰斋美术馆，西部是江苏大剧院和滨江公园；将江苏大剧院和南京奥体中心作为轴线的关键，赋予它们最大的吸引力，有意识地构建多样化的人行步道和视觉途径，将人流引导穿过江苏大剧院到达滨江公园和绿博园。音乐厅、歌剧厅、戏剧厅和综艺厅沿文体轴线两侧布置，面积达 3.6 万 m^2 的高平台将 4 个演艺场馆连接成一个整体。

　　其次，音乐厅和歌剧厅、戏剧厅和综艺厅以规划的文体轴线为中心，按照梯形形状的场地构成"八"字形布局方案，在"八"字形的中心设置了露天广场，用以满足消防扑救和采光、通风的需要。同时使观众穿行于各场馆之间的流线最简捷，步行距离最短，极大地提高了观众进场与出场的便捷和效率（见图 1-4）。江苏大剧院是一个大型城市建筑综合体，利用中庭和步行街组织空间，安排商店和为顾客服务的各种设施。沿文体轴线两侧形成商业一条街，街东侧是电影院和文化用品商店，街西侧是多功能厅(小剧场)和餐饮店、超市和小卖店。整个建筑群体错落有致、和谐统一，空间丰富而有变化。

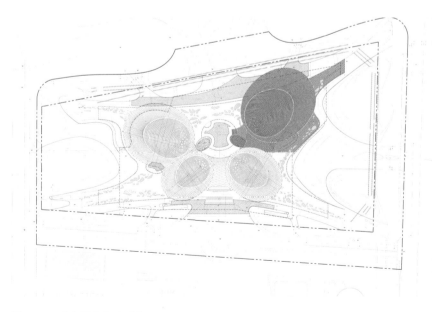

图 1-4　江苏大剧院总平面图

第三，江苏大剧院的外围沿着 4 个方向的人行坡道直达高架平台，观众可以直接从高架平台进入各个演艺场馆，创造一个将观众提升到符号化高度的平台。同时注重这个平台的实用功能：将多功能厅、电影院、艺术馆、文博馆、录音棚等配套用房设置在它的下面；构建贯穿东西的地理轴线和视觉轴线，从而体现中国传统并且和相邻建筑建立联系；确立各演艺场馆设施采用灵活多变的、可以适应市场变化和发展以及多功能原则，通过建筑物在功能方面的"韧性"，保证在持续发展过程中的最大经济收益。同样，让江苏大剧院发展成为河西新城的城市花园，用这个"人民家园"带动周边的发展，并且通过大剧院的创新精神和实用价值，以及由它牵动的交通、商业、文化娱乐，为南京河西新城的持续发展奠定坚实的基础。

第四，高架平台的设计布局极具创意，既保证了观众进出各演艺场馆在交通流线方面的顺畅，又满足了平台下各主要空间对通风和采光等方面的要求。机动车辆可以从北门和南门出入口进入地下停车场。乘机动车抵达的观众、工作人员可以从地下停车场，通过南、北综合交通厅进入各个演艺场馆。这种独特的总体布局创造了最优化的人车分流方式，大大提高了交通效率。

高架平台上精心设计了各种园林小品，种植了大量的花草树木，在新绿丛中，山、水、烟、雾协调着江苏大剧院这座现代建筑，恰如其分地平添长江滨水又一景色。当观众穿行其间的时候，各演艺场馆在建筑艺术方面产生的视觉冲击与周围自然景观产生的舒缓作用能给观众不断创造出兴奋和回归自然的奇妙效果。

3. 景观设计

(1) 江苏大剧院的景观设计同样突出了水文化的理念，成为大剧院的设计精髓所在。这一设计理念弥漫在建筑的里里外外，将水文化的元素融入景观设计之中，地域文化与建筑精神相得益彰。在遵循总体规划构图原则的基础上，尊重建筑特征与属性，将整个场地看做是一叶绿荷，大剧院的演艺场馆犹如绿荷中的水珠，在绿树的映衬下花岗岩的浑厚与玻璃的晶莹显得鲜明、轻盈而细腻。景观设计的目标是追求大气磅礴的整体效果，恰如一幅泼墨绿荷图一气呵成，同时以"兼工带写"的方法，注重周边建筑及道路的协调关系，为市民打造出一处以文化、休闲、体验为核心的景观空间。

(2) 景观设计意图托起多变的曲线和直线建筑形态，不同空间造型掩映在乔木、灌木丛中。对称轴上的广场与自由园林组成了符合地形的三维景观：形态上与江苏大剧院建筑造型、轴线相衬相应，整个地块融为一体，引导行人对空间的使用，营造稳定、连续的空间视觉变化；功能上尊重环境，以功能为前提对空间进行合理划分，满足市民休闲、办公、学习等各种不同需求，呈现出一个集观景、休憩、活动集散等多功能的综合性空间；景观小品尊重现代审美取向，文化上通过材料、植物、小品雕塑等传达江苏特色的地域文化，同时稳定成本，采用合理的材质、乡土树种、植物设计以便于日后管理。

(3) 江苏大剧院景观设计分为三个部分来进行解读：

第一部分，托起整个建筑的主场地景观（"荷叶皱"的设计手法），见图1-5。主场地无论从外形还是从寓意上来说都像一张盛开的荷叶，荷叶皱取法于荷叶筋展披拂之形，适宜表现江南土质山脉经雨水长期冲刷后形成的景观。大剧院的景观集中表现在大面积的楔形绿地上，用堆土的方式打造出一片片具有立体感的草坡，用艺术的手法大写意地描绘主体场景，形成大气磅礴的感官体验。

在分析该区域与建筑之间的空间断面关系以后，得到的景观空间规划原则是将常绿大乔木以群落的方式种植在地块边缘，这种种植方式与大剧院主题建筑形成"凹"字形空间，为宏伟的大剧院提供一个"空"间，尽量避免形成过于压抑的空间形态。

第二部分，文体轴所对应的中轴线景观（"流动"的设计手法）见图1-6。大剧院东西两个入口形成一条主轴线，作为文体轴的一部分。地块中以流线的形态来表现：一方面与大剧院形态相符合，另一方面与文体轴东西规整的形态相对应。该区域设计的特色是将流动的景观发挥到极致，通过分析"水"的五种人体感官——"闻""听""尝""触""视"，分别将这五种体验以景观的方式置入其中，以表现"闻"的雾喷、表现"听"的喷泉、表现"尝"的净水雕塑、表现"触"的地面涌泉以及表现"视"的雾喷投影将轴线景观打造成流动、互动、灵动的景色。夜间照明也遵循"流动"的理念，文体轴线在白天是一条活力的艺术之轴，到了夜间变为一条璀璨的星河。

第三部分，主体建筑周边、高架平台上方的绿化（"缤纷水珠"的设计手法）见图1-7。

该区域处在被拱起的建筑顶平面之上，绿化外形结合建筑功能产生的

图1-5　主场地景观设计手法　　　　　　图1-6　中轴线景观设计手法

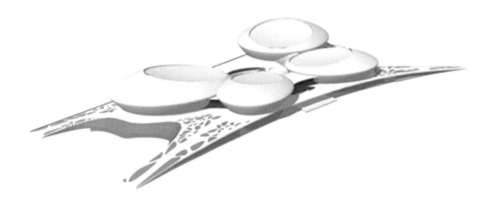

图 1-7 高架平台上绿化设计手法

点状分布的采光井、通风井等，形成大珠小珠落玉盘式的水珠状景观。这些"水珠"或草坪或绿篱，抑或是具有雕塑感的坐凳，有机地分布在高架平台之上，使现代建筑与周围的人文景观相得益彰，传递了南京深厚文化底蕴中的时代气息，成为繁华城市中心和旅游文化中的一道亮丽风景线。

4. 主要活动计划

在江苏大剧院的总体规划中，考虑到对这个区域的交通组织及举办全国和国际大型活动的管理工作，包括货物和演出用布景、道具、器械运输、存储方面的管理系统。大型活动的运作需要满足不同对象的一系列要求，所以，重要的是建立一个可信赖的、使相关人员能够顺利抵达目的地的系统。在规划中对各场馆的位置和通道进行了再三考虑，能够为下列人员提供通畅的流线：观众、演出及行政人员和技术官员；贵宾和演出组织的客人；媒体和广播人员；工作人员、雇员、志愿者和服务人员；交通车辆，特别是工程救险车辆；食品和饮料运输；游览人员；医务、保安和其他需要优先的专业人员；清洁和废物处理人员；活动的赞助者。

管理大量观众是对大型剧场、大型会议厅和活动主办者的重大挑战。为了引导观众需要足够的开放空间，也需要必要的疏散设施和分流设施，例如卫生间、餐饮服务、容易到达的坐席等。另外，给媒体设施以足够的空间，建立开放的实况转播屏幕已经成为成功举办大型会议和观幕演出的一个要素。这些 LED 屏幕设置在园林景观的周围，以及邻近的商业区等，另外在战略位置，例如交通中心的前庭、主入口两侧也都布置了大型 LED 屏幕。

第二节 建筑造型

江苏大剧院的建筑造型立足于地域文化的传承，塑造了生动有力的建筑艺术形象，她不但表现了建筑师对自然神奇的畅想，而且倾注和迸发出强烈的主观表现欲望。建筑师通过对长江水文化与历史的深刻理解和认识，用先进的技术手段来表达"荷叶水珠"，体现出丰富的地域文化精神实质和设计内涵。

第一，江苏大剧院建筑外立面设计不仅参考了所处的地理位置，还突出了某些关键特征：现代化的、启发性的、点燃幻想的设计，让人们持续感知和更新环境。大剧院建筑空间形态沿着墙体走向蔓延起伏，表达了传统与现代互相融合的设计理念。其造型奇特的外观，富于现代感的"荷叶水珠"与蓝天碧水浑然一体，创造出有机连续组合曲面，营造出独一无二的、具有流动感的建筑效果，进而形成"流动体建筑论"。设计师追求的是"像在空中飘舞的布那样轻柔的遮蔽物覆盖的建筑形象，无论如何要描绘轻快的造型"。同时要使之得以成立，需要考虑安定的结构，以及功能上、经济上、法规上的种种约束。她那充满浮游感、透明感、金属感的形象，在国内的建筑业界产生了一定的影响。

第二，江苏大剧院由钛金属板和玻璃飘带组合构成的曲面体量，造型优雅、现代、简洁、大气，功能合理、特色鲜明、整体性强。就建筑形态而言，江苏大剧院把现代精神最本质的原创融入建筑之中，昭示其品质，化直为曲，把点、线、面淹没在玻璃和石材中间，消解直角与作品的冲突，呈现给观众以蜿蜒、曲折、顿悟和明朗，大抵是建筑师赋予大剧院的设计特点。她的大尺度、舒润的气派给人以坦荡印象，建筑外形质朴、秀丽又极富于变化，这一行为本身充满着魔幻。温良敦厚的外表里，充满着智慧与技术的光芒。采用国内和国际大量的新材料、新工艺和新技术，创造了多个国内首创，乃是一个真正意义上的高科技、智能化、生态化的工程。玻璃和石材的建筑外墙与周边蓝天碧水相映成趣、协调一致，这也是建筑艺术中非常重要的组成因素。从外表看建筑，凝神观赏，使人感受到它的造型美，展现一种雄浑、典雅、绮丽飘逸的新面目；在行进中看建筑，形随步转，又使人感觉到它的空间美，浓郁的艺术氛围令人

图 1-8　江苏大剧院南部
造型
图 1-9　江苏大剧院西部
造型

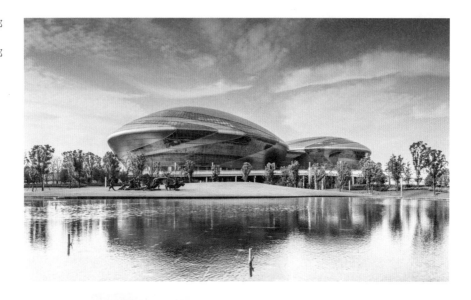

心驰神往（见图 1-8）。

　　第三，江苏大剧院三维空间的建筑体形造成一个对称平衡、比例协调和轮廓丰富的立面形象，从而体现出某种平面几何式的恬静、惬意和端庄。她在体量对比、光影效果、明暗和虚实关系上，同样显示了建筑形体美的巨大魅力。建筑物融入周围的自然景观之中，体现出当地的文化传统并具有时代精神和活力，把江苏大剧院建设成一个高雅的文化艺术殿堂和艺术本体，那构思独特、风格多彩的建筑犹如一件永恒的艺术珍品，初睹为之心动，继而回味无穷。

　　第四，大剧院的建筑造型采用竖向分割的处理手法，将竖向通条的皇室啡花岗岩与大片玻璃幕墙形成强烈对比，高耸挺拔，创作出简洁明朗、新颖大方、富有时代精神的建筑形象。努力将建筑完美地与水体、景观结合，营造了恬淡、自然温馨的自然环境，使建筑与环境达到了完美融合的境地。通过墙体石材与玻璃等材质的对比（见图 1-9），形成了丰富的空间变化和良好的呼应关系，也通过将庭院引入建筑之中，在剧院范围内形成了良好的内部环境。

第五，大剧院的建筑形态与周边环境有了很好的呼应，形成了内部与外部空间的渗透。入口空间的丰富变化，不仅成为入口的过渡，又以空间和光影的变化来体现出演艺场馆的独特魅力。它不仅将两个不同的功能体块连为一体，而且还形成了丰富的光影世界和灰空间效果。由形、材、光、色等多种要素构成的空间，其形态的构成千姿百态，这种整体之美，小到一个局部、细部节点，大到整个室内空间，既有各种不同的各具表现力的物象形态，又具有内在的有机秩序和综合的整体气质。愉悦的室内空间能吸引人，使人得到视觉快感，具有赏心悦目的功能。

第六，大剧院的外部结构体现了现代设计理念，钢架支撑的扇形物架配以玻璃屋面（见图 1-10），构成了一个动态的结构平衡体系，形成流畅、生动、富有乐感的建筑形体。"青山翠微迎露珠，秋意新雨霁绿藓"，设计采用了一个"水珠"般的流线型方案。在椭球形基础上，金属屋面和玻璃幕墙共同描绘出飞扬动感的曲线，使建筑呈现出自由流畅的动态形象，散发出一种稳重而流畅的气息。螺旋状的玻璃飘带和球体构成国内首创飘带式屋顶设计，流动的三维屋面曲线，轻灵飘逸，既像奔腾的长江之水，又具有传统江南建筑的神韵，极为壮观。各演艺场馆首尾相接，自然地沿着一条弧线排列，从城市的各部分都能看到剧场的波浪屋顶，融入在城市的天际线之中。建筑师按照使用功能组织空间，主次分明，形象高低起伏，错落有致，既增加了视觉观赏性，又为观众提供了方便。

玻璃飘带借用"曲水流觞"的意境来组织生态带，设计中利用水系串起大大小小数个园林空间，"水"的浪漫气息穿行于园林之间，"水系"的自由与优雅的曲线，在对比与统一中形成有机整体。

第七，大剧院的建筑造型由三种元素演绎，塑造出变化多端的立面。圆弧形立面由 2 000 多片不同的玻璃组成，玻璃框架上部是圆弧形的环梁，环梁由一系列柱子支撑。玻璃弧面垂直的框架源于同一点，为了强调动态感，水平的框架彼此不平行，框架呈浅灰色，目的在于减轻框架的厚重感，突出玻璃面的透明性。这样轻盈透明的弧形玻璃与坚实厚重的石材成为强烈的对比。在两个"水珠"之间有一组像树林排列成行的构筑物，它们的屋顶有如盛开的花瓣争相吐艳，有效传达出设计的创意理念和空间表情，释放出鲜明的环境特色和空间气质。设计关注材料细部特征，合理有效地选择和组织材料，使材料的色彩、纹理、质地、肌理、形态得以充分展现

图 1-10　玻璃飘带好似
"曲水流觞"
图 1-11　江苏大剧院东部
造型

（见图 1-11）。在各个角度分别呈现出不断变化的建筑造型，极大地丰富了城市景观，她不仅是一幢优美和具有雕塑感的建筑，还能激发人们的灵感和热情，丰富人们的生活，成为人们记忆的载体。

江苏大剧院建筑造型风格庄重、宁静、大气、严谨、深沉、极富文化内涵，真所谓"竹径通幽处，禅房花木深"，"万籁此俱寂，但余钟磬音"，直露中有迂回，舒缓处有起伏，让人回味。江苏大剧院采用现代技术和手法表现出建筑疏朗大气，飘逸灵动，与环境和谐共融，完整地实现了集历史文脉与现代科技于一身的设计意境。这些一流的设施和颇具艺术感的造型，为国内外游客提供了良好的参观环境，体现了南京这个大都市的文化品位，使每个来参观的观众都能在赏心悦目的活动中接受这个高雅文化艺术殿堂的艺术熏陶。

第三节　功能定位

1. 建筑功能

江苏大剧院拥有歌剧厅、音乐厅、戏剧厅、综艺厅、多功能厅和电影院等建筑，用于演出歌剧、舞剧、音乐剧、话剧、戏曲、交响乐、芭蕾舞以及曲艺、杂技、大型综艺演出和电影等功能的需要。江苏大剧院功能齐全，视听条件优良，技术先进，设备完善，经济合理，是一座集演出经营、剧目制作、艺术交流、文化艺术普及教育于一体的文化艺术综合体。

江苏大剧院采用了许多新材料、新工艺和新技术，建筑设计遵循三条基本原则：第一，具有良好的演出条件，合理地选择舞台形式、空间尺寸，主副台的配置关系，选择国际一流的舞台机械、舞台灯光和舞台音响。第二，具有良好的视、听条件，合理地选择观众厅平面形状和空间形式，利用BIM技术深入研究声学和视线设计，以及合理地确定厅内的装修材料等；大剧院的声学设计得到了欧盟一流声学专家的设计指导，以建筑声学为主，电声设计为辅，将建声设计、扩声设计、噪音控制、隔声处理融为一体，追求建声与数字化音响系统的完美结合。观众在剧场欣赏到的是演员、乐队不失真的真声传播。第三，保证安全和舒适，配备完整的火灾报警系统与防护设备，江苏大剧院设有3 200樘钢质防火门、木质防火门、防火隔音门和防火卷帘门。重要设备如锅炉、排烟机组、冷水机组等均采用进口设备。具备便捷安全的疏散通道和出口，简捷方便的进退场路线，舒适的座椅、温湿度调节和卫生条件等。

建成后的江苏大剧院坚持人民性、艺术性、国际性宗旨，致力于成为世界级艺术作品的展示平台、国际性艺术活动的交流平台、公益性艺术教育的推广平台。建成"中国一流、世界知名的表演艺术中心"、艺术家和人民群众向往的"文化艺术殿堂和精神家园"。

2. 使用功能

江苏大剧院具有四个方面的使用功能：一是艺术教育的功能。作为江苏最高的艺术表演中心和国际一流水平的艺术殿堂，在构建覆盖全社会的公共文化服务体系中具有标志性作用，在文化艺术中发挥着示范性、导向性、代表性的作用。二是文化艺术交流的平台，江苏大剧院要为省、国家乃至世界上最好的艺术家提供演出服务，组合最好的资源，为各种文化艺术互相促进、互相交流，丰富公众精神文化提供崭新的平台。三是人民群众文化艺术欣赏和审美的精神家园。公众可以在此欣赏一流的艺术作品、感受一流的艺术经历、接受一流的艺术教育。她不仅具有推动文化发展与文化创新的功能，同时也为构建覆盖全社会的公共文化服务体系起了推动作用。四是江苏省文化创意产业的重要基地。

2.1 艺术教育功能

江苏大剧院承载艺术普及教育功能，为艺术爱好者和广大公众提供多样的艺术服务和产品。在公共教育方面江苏大剧院成为大剧院艺术普及教育的品牌，设立艺术教育部，专门负责艺术教育活动的策划和实施，开展一系列公共性的艺术教育活动，如"周末音乐会""经典艺术讲堂""大师面对面""公开排练""走进唱片里的世界""戏曲知识讲座""文物欣赏"等系列活动。

大剧院的艺术教育公共性内涵，可以从"社会艺术教育"和"公共艺术教育"两个视角来理解。社会艺术教育也就是指艺术教育越来越成为社会的公共事业，是面向全体社会成员、为全体社会成员服务、为学校外的机构所承担。社会艺术教育具有公益性、公平性、共享性的内涵，江苏大剧院的服务对象是广大人民群众，目的是让更多的人欣赏到高雅的文化、艺术表演的同时，接受艺术熏陶和艺术教育，从而进一步提高群众的文化素质，推动社会主义精神文明建设。"公共艺术教育"强调艺术教育一切为公众服务，旨在为全省人民提供艺术教育，为全省人民接受艺术教育而服务。

艺术有教化作用。艺术的教化作用可以分为两种：一种是事实教育作用，它来源于对艺术的认识；一种是道德教化作用，主要是把艺术与欣赏者之间的关系放到社会中的产物。当认识了自然、社会的事物以后，人们往往会产生一个判断，从而影响言行的选择。道德教化作用有很多种表现和实现的途径，如通过欣赏者对艺术的共鸣、净化或感悟来实现。运用群众喜闻乐见的形式和生动活泼的语言，深入浅出地阐释价值体系所包含的具体内涵和要求，用最具说服力和感染力的事实、道理和语言，解答人们普遍关心的问题，消除人们思想认识上的疑虑，增强人们对社会主义核心价值体系的政治认同、思想认同、价值认同、情感认同，唤起人们广泛的共鸣，使其成为人们行为选择的价值导向。宣传和阐发讲仁爱、重民本、守诚信、崇正义、尚和合、求大同等传统美德，更好地用优秀传统文化滋养人们心灵、陶冶道德情操。用社会主义核心价值观引领文艺创作，通过精彩的故事、鲜活的语言、丰满的人物，生动形象地传递积极的人生追求和高尚的道德情操，让人们在艺术熏陶中感悟认同社会主流价值。

江苏大剧院是江苏省政府投资兴建的国际一流的现代化文化设施，体现江苏形象，展示江苏文化水平，肩负着引导社会主流文化艺术走向繁荣的使命。大剧院独具特色的公益性艺术普及教育为广大公众积极参与艺术教育活动、提高艺术修养搭建了一个平台。它不仅具有推动文化发展与文化创新的功能，同时也对构建覆盖全社会的公共文化服务体系起到推动作用。同时从服务社会大众角度讲，大剧院是面向大众开放的文化艺术场所，集演出、艺术教育、社会公益等于一身，承担着面向全省人民实施文化艺术教育，引导和提升国民文化素质的社会责任。大剧院提供多元化、全方位的文化艺术教育，开展京剧沙龙、越剧沙龙、舞蹈沙龙、音乐沙龙，提供乐器展览、戏剧服饰展示、文化艺术品展示等，力图成为国内、国际艺术教育普及的引领者。

2.2 艺术交流的平台

城市中的大剧院是文化绿肺，其功能不仅仅是用来演出，更有传播文化的重要作用。艺术交流的活跃与频繁是江苏大剧院生命活力的一个侧影，更是江苏大剧院融入世界一流艺术机构、跻身国际知名大剧院行列的重要体现。江苏大剧院是国际一流的表演艺术中心，将成为展示中外表演艺术精品的最高殿堂和中外艺术交流的最大平台。江苏大剧院致力于汇聚表演艺术精华，为中外优秀文化提供一个相互了解、相互借鉴、相互融合的平台。江苏大剧院将与全国各艺术院系、艺术团体建立长期合作关系，邀请专家教授每年为广大公众举办公益性演出、经典艺术讲座、艺术大师访谈等多种形式的艺术普及交流活动。将专业的艺术知识、精彩的艺术表演与丰富的授课形式相结合，深入浅出，让更多的普通群众特别是青少年有机会走进大剧院、走近艺术，在享受专业艺术表演的同时接受一流的艺术教育。

作为文化艺术重要的符号和载体，剧院对城市文化建设发挥着非常重要的作用。江苏大剧院是南京的城市地标和文化名片，不仅在省会城市的文化建设上发挥示范、引领作用，而且利用自身的品牌影响和资源优势，形成强大的辐射效应，努力在中国城市文化建设中发挥重要引擎作用。江苏大剧院立足于自身社会功能和品牌效应，努力在提升城市文化品位、传播城市文化形象、促进城市文化产业发展方面发挥重要作用。同时大剧院在丰富公众精神文化生活方面提供了一个崭新平台，对国民艺术欣赏水平的提升起到了助推作用。

2.3 人民群众文化艺术欣赏和审美的精神家园

应该看到，科学技术越是发展越是需要用人文精神来加以引导，形成一个有理想、讲道德、能继承和发扬我国优秀民族传统、有人文关怀的艺术熏陶，是人们提高审美修养的重要途径。对诗文、绘画、雕刻、建筑、书法、音乐、舞蹈、戏曲、园林等艺术充满兴趣，才能有极高的鉴赏水平。人是天地万物之灵，感官是心灵与世界的纽带，人们面对着物质世界之阳光、鲜花、碧草、蓝天、大海、高山、河流的感性化移情体验，从而能生发对符号世界之乐音、线条、光影、轮廓、色彩、体量、语词、文字、体象运动等形态的知性化移情体验，能使自己的身心得以进入更为深广幽远的意境，使人们的情思理想和人格命运同星辰日月、草木春秋、数码规律和宇宙秩序发生某种通感与共鸣反应，使人们可以不断地借助感官所营造的天地妙象和符号规律来滋养孕育出自己内心的新感觉、新情愫、新智思、新人格、新理想和新价值观。借助审美活动，人们方能逐步逼近主客体时空之间规律相互契通的高妙境界，包括对实体可感的物质时空、倏忽多变的宇宙妙象、深幽微奥的粒子世界、精细复杂的符号文化、人们身心的表情体象、人工创制的艺术科技对象，进行合情合理的思想预设、图式建构、理论阐释和行为规划。人们通过对音乐、美术、歌舞、科技、行为规范和生活人伦的符号化抽象体验，在自己的内心不断创造出文化形式与精神内容相耦合的审美和人格，借此实现对主客观世界的意象化美化与完善，借此具身体验和内在实现自己的精神价值。

人们除了满足物质生活的需求以外，还需要表达和交流情感，需要情感的传递。情感对人的思维、意志和人格行为的巨大影响，体现于对想象活动的动力激发、对个性意志和毅力的凝聚强化、对人格行为的有效调控和定向引导。决定人们自身情感命运的乃是深藏不露的人格理念，决定其价值意义的乃是审美观念。欣赏和审美是传播美的知识，并用美的事物陶冶人的心灵，它的意义在于完美人的知识结构，培养人的爱美情感和审美鉴赏能力，以及追求美的精神和按照美的规律进行创造的自觉，从而提升人的精神，提高人的生活质量。通过对艺术与美的追求，提高人的价值，达到个性的发展，实现人格的完善。优秀的艺术作品给人以极大的满足和快乐，这种精神需要有时甚至比人的物质需要更加强烈。伴随着经济的不断发展和人民群众生活水平的不断提高，当衣、食、住、行的物质生活需要得到基本满足以后，人们对于精神生活的需要会越来越高，追求高品位的文化休闲享受尤其如此。出于人们表达和交流情感的需要，人们愿意并且喜欢那种因欣赏艺术作品而感动、通过艺术作品与创造者的心灵产生共鸣的感受。通过艺术的欣赏，使人们情感交流的需求在与艺术大师对话的幻觉中得到了想象性的满足。决定人们精神理想的乃是人们自身厚积薄发的审美创造能力，向情感活动贡献了诗意、美感、哲理、旨趣、理念、意向等深邃隽永的文化魅力品位。审美活动有助于优化人的性情与品格，把艺术鉴赏上升到美学的高度，与正确人生观的确立、综合素质的提高紧密地结合起来。它将人类审美创造的历史知识、美学理论知识和具体生动、丰富多彩的审美鉴赏活动结合起来，得到一种心灵的净化、灵魂的提纯、素质的提升。

2.4 江苏省文化创意产业的重要基地

目前世界一流的大剧院，不管是历史悠久的维也纳国家歌剧院、米兰斯卡拉歌剧院还是巴黎歌剧院、莫斯科大剧院，甚至是最年轻的创建于1883年的纽约大都会歌剧院，自建院之初就开始生产自己的剧目，这些剧院的看家剧目非常多，每年不用引进任何剧目就可以撑起所有的演出季。江苏大剧院也将逐步开创自己的剧目，江苏大剧院不仅仅是一个物理概念上的文化艺术中心，还是我省文化创意产业的重要基地，需要有属于自己、代表民族与时代的经典作品。

第四节　总体布局

　　江苏大剧院位于南京市河西新城，东邻大剧院路，西接扬子江大道，南毗奥体大街，北侧是梦都大街。建筑面积近 29 万 m²，包括歌剧厅、音乐厅、戏剧厅和综艺厅，还有多功能厅、电影院、艺术馆、文博馆、录音棚等配套工程。

1. 高架平台

　　根据建筑和地形的特点在沿单体建筑外侧设置了高架平台，该平台高 12 m，宽 20 m，呈环形。紧靠歌剧厅和综艺厅侧面设有 18 m 宽的开敞空间，供消防、通风和采光所用。总长度 1 km 的高架平台和 4 个演艺场馆相连，形成了高架广场。高架广场在 4 个方向通过坡道与城市道路相接，并设有垂直电梯、自动扶梯和楼梯与地面相通。高架平台有以下功能：一是把江苏大剧院的 4 个演艺场馆有机地连接起来，通过电梯和楼梯，解决了人流的立体交通问题，做到了人流、车流按不同方向、不同层面进行分流和有效集散的效果；二是江苏大剧院所有的水、电、气、通风、智能化、通信、消防管线均悬挂在高架平台的梁下；三是高架平台和 4 个坡道下方除了配套建筑和商业开发用房以外，还设有公共厕所、设备和管理用房；四是高架平台具有景观功能，是市民休闲、观光娱乐的场所。

2. 总平面布置

　　江苏大剧院的空间布局着重研究了与长江、滨江风光带、文体轴线之间的关系，成为河西新城地标性的建筑及体现时代精神面貌的重要场所。基于对城市背景和功能的分析，在具体的规划设计中，江苏大剧院的歌剧厅、音乐厅、戏剧厅和综艺厅这组建筑群布置在规划地块的中心部位，以便与市政道路外部联系相结合，与各场馆之间内部联系相结合，形成有机的内部和外部连接关系。各演艺场馆沿文体轴线两侧布置，围绕室内外公共空间分布，形成半围合的空间形态。每颗"水珠"分别容纳了歌剧厅、戏剧厅、音乐厅、综艺厅等功能区块，坐落在一个公共活动平台之上。位于规划文体轴线两侧的 4 个单体建筑均在坡道和市政道路的交叉口，对江苏大剧院内部而言，观众流线、贵宾流线、管理人员流线、观众休息游览流线快捷明了，便于进出通达。同时，由于高架平台将几个场馆进行有机联系，观众或游客可以通过广场直接进入各演艺场馆观看演出或娱乐。

公共活动高架平台呈舒缓的拱形，中部高，南北两端低，充分利用了基地的长度。平台两端向南北伸展的同时逐渐与地面融合，与地面的公共活动场所相连接，方便观众到达。12 m 高的高架平台不仅为市民提供了远眺滨江风光带的开阔视野，更是提供了一处荟萃天地山水美景的交往体验场所。

江苏大剧院在空间上保存了文体轴线的延续性：平台中部开辟了约 20 m 宽的通廊，让基地东西向的城市步行人流畅通无阻；歌剧厅、音乐厅、戏剧厅、综艺厅四颗"水珠"围绕 70 m×60 m 的椭圆形室外中心广场均匀分布，歌剧厅位于基地的西南侧，音乐厅位于东南侧，戏剧厅位于东北侧，综艺厅位于西北侧；室内共享大厅处在居中位置，横跨南北并正对文体轴线，共享大厅将各个"水珠"联系起来，不仅使内部交通更加便捷，外部形态也更为紧密统一，见图 1-12。

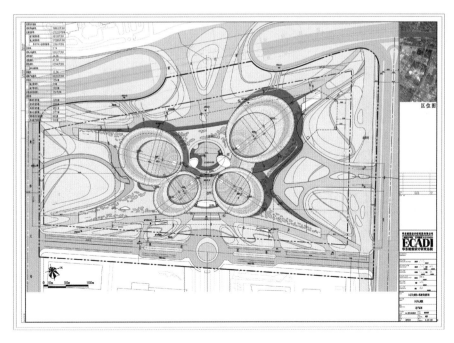

图 1-12 总平面

大剧院的外部空间规划着重强调市民活动的公共性和开放性,形成多处市民文化休闲广场及休闲空间。在±0.0 m和12.0 m标高处,建筑各主要出入口都安排了宽阔的集散广场,利用与自然环境条件相协调的雕塑、绿化、小品设计,打造出既满足大量人流集散需要又方便市民活动的公共活动空间。

高架平台上部的主体建筑由流线型的四颗水珠组成,通过动感曲线连接,彰显宏伟的气势,创造出平衡、互动、对比的生动趣味。入夜,建筑群在夜幕中焕发出美丽光华,向四周发散出信息、色彩、声浪、氛围,成为城市的活力中心。

3. 建筑景观

大剧院景观设计强化了从奥体中心到江苏大剧院至滨江公园的轴线空间关系,基地中部沿文体轴线依次设置了东部主入口广场、椭圆形室外中心广场、西侧入口广场,营造出有仪式感的空间序列。其地面采用与中心广场地面一致的花岗岩饰面,体现了建筑与道路的自然过渡,使建筑自然融入城市,展现出建筑的恢宏气势,也使城市空间大为增色。场地绿化沿基地四周成片布置,并且在基地南北两侧形成大面积水景和绿地,见图1-13。

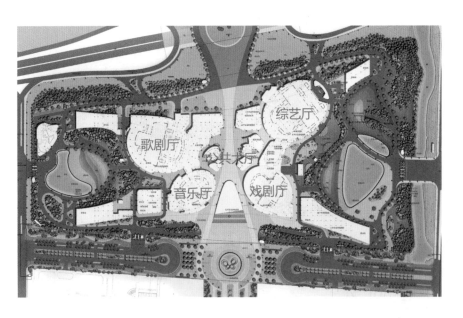

图1-13 景观平面

东广场入口是进入江苏大剧院的主要入口，它由大剧院 LOGO 形的叠水池、集散广场和巨大的树阵、各种灌木花池组成。广场可以容纳数万名群众举办大型集会、庆典等各种活动。其设计手法充分彰显了多层次的现代园林创意，观众在这里可以充分享受到具有现代水景特色的园林之美。

为了承续建筑原创理念，在园林景观的处理上大胆地采用水景主题的手法，在园林设计的巧妙布局下，南部和北部园林广场环绕着巨大的景观水池。南部和北部园林水景公园以自然、生态的造园手法，使错落有致的草坡、草坪与树林和灌木交相辉映，创造出一种回归自然的视觉感受。同时提供大小聚会的场所，观众和游客可以在这些区域里自由活动，配合适当的观众动线以满足要求。

西部公园由滨江公园组成，由美丽的树阵、花丛和草坪所环绕，与优美的自然环境共同构成了一幅独特的长江之滨园林胜景，水面、硬地、绿化反复交替出现，不断改变视觉感受。造园中的建筑、草坪、树木无不讲究的是一览无余，追求图案的美、人工的美、改造的美和征服的美，是一种开放式的园林。

4. 规划指标

江苏大剧院场地面积 19.66 万 m^2，总建筑面积近 29 万 m^2，容积率 0.75，绿地率 0.33，水面面积 1.2 万 m^2。歌剧厅 2 280 座，音乐厅 1 500 座，戏剧厅 1 020 座，综艺厅 2 700 座，国际报告厅 860 座，多功能厅 370 座。

5. 场地标高控制

场地周围的市政道路绝对标高为 6.88 m、7.67 m、7.90 m、7.30 m。北侧向阳河控制水位绝对标高 5.0 ~ 5.5 m，河深 2.0 ~ 2.5 m。江苏大剧院工程 +0.00 标高相当于绝对标高为 9.0 m。

第五节　交通组织

在进行城市新区建设时，南京市规划要求充分开发利用城市的地下空间和地上空间，改善地面交通拥挤的状况。由于江苏大剧院占地范围大，场内建筑单体的交通流线复杂，人流、车流量大，特别是省政府、市政府在综艺厅开会期间最大人流量可达数千人，所以，科学合理地组织人、车交通是一个十分重要的问题。在规划设计中，我们从城市区域角度进行了思考，在充分利用周边城市道路的前提下确保总体规划中场内道路框架的畅通，将场内交通分为行车系统、地面步行系统和立体步行系统3个层面加以组织。

1. 行车系统交通组织

1.1　基地出入口定位

基地内设计有7 m 宽的交通环道，北门开设在交通环道梦都大街一侧，作为主要车行出入口，满足主要交通流向的要求。南门开设在主干道奥体大街上，作为次要车行出入口，与北门相呼应。东北侧门、东南侧门为辅助出入口，按需开放。西北侧门、西南侧门设置在扬子江大道（快速路）南北掉头匝道上，转弯处视距不良，车辆不宜大规模出入，作为重大会议期间 VIP 出入口，见图1-14。

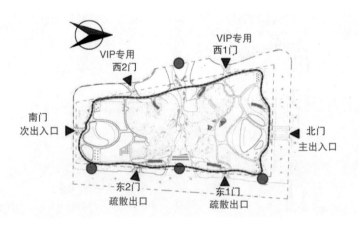

1.2 基地出入口车道布置

根据建筑方案和出入口用地条件，为了提高通行效率，减少人、车冲突，营造良好的地面交通环境，地面交通采用单向组织方案：北门出入口 6 车道 +2 人行通道，3 进 3 出，道路宽 35 m，设置卡口识别与收费系统，含一进一出超宽车道；南门 4 车道 +2 人行通道，2 进 2 出，道路宽 25 m，设置卡口识别与收费系统，含一进一出超宽车道；东北侧门和东南侧门均为 4 车道 +2 人行通道，2 进 2 出，道路宽 24 m，设置卡口识别与收费系统，全部为标准车道；西北侧门和西南侧门均为 4 车道，2 进 2 出，道路宽 15 m，无须设置卡口识别与收费系统，含一进一出超宽车道。

地面东西向人行主轴和内部道路交叉处设置隔离墩，避免机动车穿越人行通道，从而保证人、车的安全。

1.3 会议期间机动车交通组织

会议期间，大剧院周边进行交通管制，仅供参会车辆出入。考虑大部分参会人员由北往南从扬子江大道到达基地，西北侧门和西北坡道作为会议期间专用出入口，同时北门供部分大巴车和 VIP 车辆出入，南门开放给后勤车辆及其他小车出入。北门进入的小车从北坡道进入地下车库，南门进入的小车从东南坡道进入地下车库。西南坡道驶出的车辆从南门离开，东北坡道驶出车辆从北门离开，以确保会议期间车辆快速进场和疏散（见图 1-15）。

会议期间大巴车停车位需求为 54 个，西侧广场和东侧大剧院路可作为大巴车停车区，车位容量分别为 35 个和 80 个，满足大巴车停靠要求（见图 1-16）。

图 1-15 会议期间地面交通组织
图 1-16 会议期间大巴车交通组织

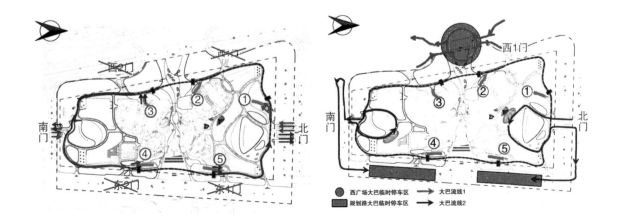

1.4 演出期间机动车交通组织

江苏大剧院交通组织方式为人、车分流和统分结合的方式，公共区及各演艺场馆都有独立、完善的交通体系，组成一个整体有机的交通网络，将各类人员及货物送达建筑内的所有区域。大剧院的人员分为普通观众、VIP观众、演员、职工等几类，通过分散布置入口以及分层组织人流等方式，使得各类人员都有单独的流线，互相间没有交叉。

(1) 演出期间，进场交通量按最不利情况考虑：三个厅同时举办活动。进场时开放北门、南门和东南侧门，北门3进3出，南门2进2出，东南侧门2进2出，其他3个门均关闭；车辆从北门、东南侧门进入场地后就近进入地下车库，北门进入的小车从北坡道入库，东南侧门进入的小车从东南坡道入库；南门主要供后勤车辆使用，让车辆到达装卸货区；西北坡道关闭。

(2) 散场时开放北门、南门和东侧2个门，北门3进3出，南门和东北侧门、东南侧门均2进2出，西侧2个门均关闭；东南坡道转换方向调整为出口；西北坡道关闭，西南坡道驶出的车辆从南门离开，东南坡道驶出车辆从东南侧门离开，东北坡道驶出车辆从东北侧门或北门离开，达到快速疏散的目的。

(3) 演职人员大巴车辆从南、北门进入后到达各个场馆下客点，然后在东侧规划路停车；观众大巴车直接在规划路停车后上下客。

1.5 平时无活动时机动车交通组织

平时大剧院无活动时仅工作人员出入，机动车交通量较小，考虑与活动期间组织的一致性，开放北门、东北侧门和东南侧门，可满足车辆就近出入的需要。北门进入的小车从北坡道进入车库，东南侧门进入的小车从东南坡道进入车库，东北坡道驶出的车辆从东北侧门离开；西北坡道和西南坡道关闭。

2. 地下停车库的交通组织

地下车库共有5个机动车地面出入口（匝道），见图1-17。在场地的东南、西南、东北、西北四个方位均衡分布，便于与基地外城市道路衔接，在北侧还另外留有1个机动车匝道。西北匝道为扬子江大道出入口，仅在重要会议期间开放，实行双向通行；东南匝道在演出期间可根据车流量情况，转换出入口功能，即高峰进场时作为入口，高峰散场时作为出口。非会议期间及非演出期间，开放北匝道、东北匝道和东南匝道，与会议和演出期

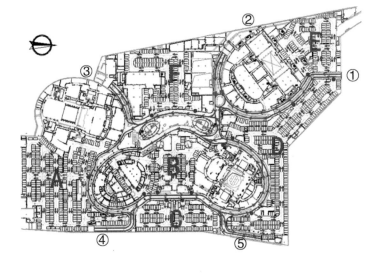

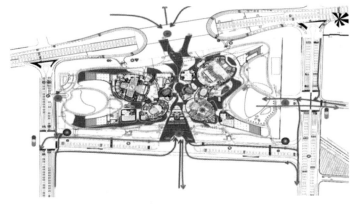

图 1-17 地下停车场车辆交通流线
图 1-18 基地人行交通流线

间组织衔接，北匝道组织单向进，东北匝道组织单向出，东南匝道组织双向通行，西北匝道和西南匝道关闭。

地下停车库交通组织设计理念是逆时针组织、就近停车、各区连通、充分循环。地下停车库以一条环形主干道为核心，串联起各个设备区及停车区。主干道宽 7 m 以上，设置单向双车道，车辆按逆时针方向行驶，拥有较快速的通行能力。主干道的两侧用墙体限定明确的界面，局部设开口通向各设备区及停车区。停车区的内部交通另设有道路系统，无需占用环形主干道。

3. 地面步行系统

西侧扬子江大道在中间行人活动区设有下穿车道，东侧大剧院路在中间行人活动区的位置设有车辆掉头的路口。基地中部沿东西向文体轴为行人活动区，常规车辆不能从地面南北穿行，见图 1-18。

以东西向通道为主轴的建筑中部的公共区是观众到达的商业活动区域，观众在此购票、娱乐、休闲、集散，并由此分流到各个演艺场馆。普通观众从东门、北门和南门进入基地以后，通过宽大的台阶或两处综合交通厅进入二层的共享大厅（标高为6.0 m），经安检后被引导至各演艺场馆的前厅，然后进入观众厅。

4. 立体步行系统

地下车库中部设有一岛式下客区，与两个综合交通厅相连通，观众在此可以选择自动扶梯、无障碍电梯或者楼梯去往地上的各楼层公共区。地下室的东侧另设有一处小型门厅，内有两部自动扶梯可直达地面层。残疾人通过首层或者地下车库内的8部无障碍电梯到达各个楼层，并在首层设有通向观众厅的无障碍入口，能够直达观众厅的轮椅席位。

各演艺场馆前厅是观众的交通空间和休息场所，在这里观众被分流到不同的楼层：歌剧厅的池座观众由二层休息厅进入，一层楼座的观众由三层休息廊进入，二层楼座的观众由四层休息廊进入；音乐厅的观众由二层环形休息厅进入；戏剧厅的池座观众由二层休息厅进入，一层楼座的观众由三层休息廊进入；综艺厅在开会或文艺演出期间，观众可以直接从地面层进入大会议厅池座，或者通过四部自动扶梯、两部电梯到达楼层的休息厅进入楼座，或者进入国际报告厅或分组讨论的小会议厅。

第六节 环境景观

江苏大剧院在环境景观设计中吸取了东西方园林艺术的精华,通过外部空间相互融合,结合水面、绿地、灰空间、小品、景观廊道、雕塑、庭院灯等进行环境规划与组合,采用各种室外空间及元素的形式构成、材料构成和材料的图案构成,遵循秩序、统一、韵律的设计原则,使整个设计变得异常富有吸引力,形成具有整体性的城市休闲公园。

1. 景观设计内涵

1.1 水景

水文化倡导一种"利万物而不争"的价值观,弘扬水一般的务实奉献精神,号召一种"先干后说""先有为后有位"的中国式职业道德。千百年来,奠定了中华水文化的深厚底蕴。为达到这个目的,设计师将水的概念深化,设置了北部的镜面水池(见图 1–19)面积达 6 750 m²。水景在环境中起到了和谐过渡和缓冲的作用,步道穿行其间,组成了实际意义上的群众休闲公园。其具有独特的视觉效果和感受,轮廓和外观变得柔和,水的神韵在建筑中得到了完美的体现:流淌着清澈的诗意缱绻,在烟雨朦胧中旖旎,"秋水共长天一色,气味幽香犹如兰",口感饱满纯正,圆润如诗,回味甘醇,齿颊留芳。真所谓"阳暖风煦,人挪影稀,云倦倚栏栅,池台映剪影,丝竹裹堤岸",有着诗情画意,让人们在公园中听听音乐,看看水景,将都市生活中的烦恼与压力统统抛在脑后。南部的镜面水池面积达 3 560 m²(见图 1–20)。

1.2 绿化

绿化种植采用常绿和落叶结合种植的手法,在保证大环境是绿色的前提下,点缀以色叶树及观花树,特别在主场地周边区域结合丰富的植被设计形成四季都有景可观,四季都具有别样风情的景观。整体植物景观大气简洁,植物品种丰富而不杂乱,为大剧院营造出简洁自然的绿色背景,这

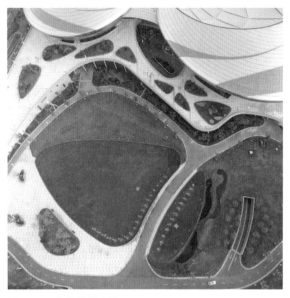

图 1-19　北部镜面水池　　　　　　　　图 1-20　南部镜面水池

部分的绿化可分为三个部分：一是形成结构感、围合感、具有一定绿量的外围防护绿化；二是满铺的、机理变化但整体统一的灌木及低矮草花；三是有韵律感的、浪漫的线性特色绿化。

1.3　铺装

场地铺装设计肌理犹如一张盛开的"荷叶"，缓缓托起主体建筑的"水珠"，在铺装的纹理表现上以荷叶的"脉络"为形式，通过不同材质相互对比加以表达，并通过深与浅的"跳色"，碰撞出与众不同的氛围感。材质尺度较大的主要广场及轴线均以花岗岩石板组成，既能隐约形成荷叶"脉络"的纹理，又凸显整个场地恢弘大气的总体形象。

广场东、西向文体轴采用透水沥青、水洗石、花岗岩以及局部木材，材料强调空间的连续性和可变性，增加铺装的节奏感和对人流的导向性，强化空间的文化内涵。

2. 景观设计原则

2.1　秩序原则

秩序作为景观设计的"大效果"或是设计的整体框架，采用了对称、不对称、成组布置等手法加以体现。东部入口广场灯饰与喷泉，大型广场绿化与铺装，都使每一个元素和区域与其他元素和区域保持对称和平衡，创造出一种庄重、规整的氛围。任何一条轴线都能在末端产生直接的对景

图 1-21　东部景观

视线,形成强有力的设计主题,将城市边缘引入江苏大剧院的景观视线区域,见图 1-21。

对称的巨型台阶分 3 层跌落,气势磅礴,可在大型演出或集会时兼作舞台使用,平时作为人流交通的重要通道。

南部和北部水景园林景观将绿色的主题规划为统一的整体,大面积的水景,大面积的绿化广场,大块的树阵,起伏的绿地配以花岗岩铺设的林间小道,采用不对称设计,曲径幽雅。不对称的均衡令人感到随意自然,形成很多景观视点,每一处都有不同的景致,达到"步移景异"的效果。水景景观的活泼、休闲与东部景观的正式、庄重形成鲜明的对照,在满足休闲、娱乐、商业服务等综合功能的前提下,起到了真正意义上的"绿色"作用。

西部景观虽然在空间序列和空间组织中融合了传统的设计观念,但具体的设计手法却采用了新的阐释。由南北两向逐渐隆起形成"山势",中轴线的主要部分几乎都与"山势"这个超大尺度的巨型结构紧密结合在一起,具有明显的标识性,形成的纵向山丘形态体现了整体的构想,序列趋于完整。景区以山、水、树、石为景观要素,反映了传统园林的内涵,在丰富了城市特色的同时减缓了对城市的压力,为市民提供了优美的环境。

2.2　统一原则

统一形成景观设计构成中各元素之间的和谐关系,使整个设计产生一体的感觉,采用了主体、重复、加强联系等手法加以体现。通过夸张一组元素的大小、形状、颜色或肌理来强调主体,形成构成中的重点、次要部

图 1-22　绿地和树阵的统一
图 1-23　围栏的虚实韵律

位对主要部位的从属关系。在环境艺术的空间中，首先确定一个主体要素用来支配和控制整个空间，这种起主导作用的要素，或通过造型的独特，或通过体量的庞大，或通过色彩的强烈等方式，获得视觉上的冲击力，而其他要素都处于从属的地位。用经典的大面积绿地和树阵构成主体空间，其他元素与主体元素产生统一感。在种植设计中，将浓荫树或引人入胜的植物，如装饰树种、花灌木、鲜花或其他独特的植物，设计成植物主体，在视觉上获得悦目的一致性，见图 1-22。

　　此外，充分应用重复技术，维持视觉趣味，在多样和重复之间取得平衡。采用加强联系的方法，把原先孤立的部分移到一起，并引入新的元素，把分离的部分联系起来，产生统一感。

2.3 节奏与韵律原则

韵律是景观设计构成中时间和运动的因素，是对节奏的感受，采取了交替、倒置、渐变等手法加以体现。高架平台是整个区域的控制点，也是江苏大剧院的交通枢纽。为了满足采光、排烟需要，以及消防扑救的需要，在文体轴线上设置了露天中心广场，广场中铺装了灰色花岗岩地面，设有树池，种植香樟、榉树，还配设采光井、花坛、花卉、坐椅、灯饰，以及各式标识系统，既有功能性，又有观赏性。设计师对这些元素以及东部景观的水体、绿地和树阵，都采取有规律的交替布置，从而使交替产生的韵律具有更多的变化，颇具视觉韵律感。

韵律的设计原则基于空间与时间中环境艺术构成要素的重复。这种重复，一方面创造了视觉上的整体感，另一方面也能引导观众的视觉和心里的感觉在同一构图中，或环绕同一空间，沿一条行进路径作出连续而有节奏的反应。这种重复提供一定程度上的趣味性，丰富人们的视觉感受，以至激发人们的情感。我们将有些铺地图案、栅栏高度、构筑物墙体的框架及灌木丛，采用倒置手法来产生视觉韵律，见图1-23。使其大变小、宽变窄、高变矮等等，这种序列变化颇具戏剧性，引人注目。同时使高架广场的铺装、周边的水体呈现渐变的理念，将序列中的重复元素逐渐增大，使色彩、肌理和形式等特征逐渐变化，产生视觉刺激。

第二章 建筑设计、演出工艺和声学设计

第一节 歌剧厅

1. 建筑设计

(1) 歌剧厅是一座综合性的专业剧院，建成后能满足中外歌剧、舞剧、音乐剧、话剧、芭蕾舞、综合文艺的演出需要。歌剧厅的观众厅呈钟形平面，能容纳 2 280 名观众。钟形平面可利用台口两侧逐渐收拢的非承重墙，既可有效利用台口两侧的死角区作为辅助空间使用，也有助于调整声场分布，削弱台口的镜框感。歌剧厅由观众厅、舞台、休息厅、VIP 休息厅、后台用房和驻场演职员工作用房、演出技术用房、临时展区、卸货区以及配套用房组成。休息厅位于二层及以上，与共享大厅相连，是歌剧厅内部的交通和空间核心。前厅的位置贴近观众厅坐席区，配套有交通、厕所、休息场所、服务用房等设施，见图 2-1。歌剧厅有独立的 VIP 门厅，设置在首层的东南侧，VIP 休息厅靠近观众厅池座前部入口，方便 VIP 观众入场。

(2) 观众厅拥有池座和两层楼座，见图 2-2。两层楼座看台的高度为 4.5 ~ 5.0 m，楼座下方观众有较好的视觉和声学效果。观众厅将池座分为上下两部分，中央设立峭壁，利用峭壁作为有效的声反射面，向池座中央大量的观众席提供反射声。

(3) 歌剧厅舞台为镜框式舞台，台口尺寸 18 m×12 m。舞台平面呈品字形，由主舞台、后舞台、左右侧台、升降乐池组成。主舞台 33.7 m×24.4 m，后舞台设旋转台，左右侧台有 6 条车台，总台深 48.8 m。主舞台可以任意升降、倾斜、平移，侧舞台可以互换或与主舞台组合，后舞台可旋转和平移。舞台的上、下方设备联动，具有各种组合模式，给演出艺术创造了巨大的空间。乐池开口尺寸为 5.7 m×18.0 m，可容纳国内最大的三管乐队的演奏。乐池形状呈弧形，可大大改善乐池内的乐师和

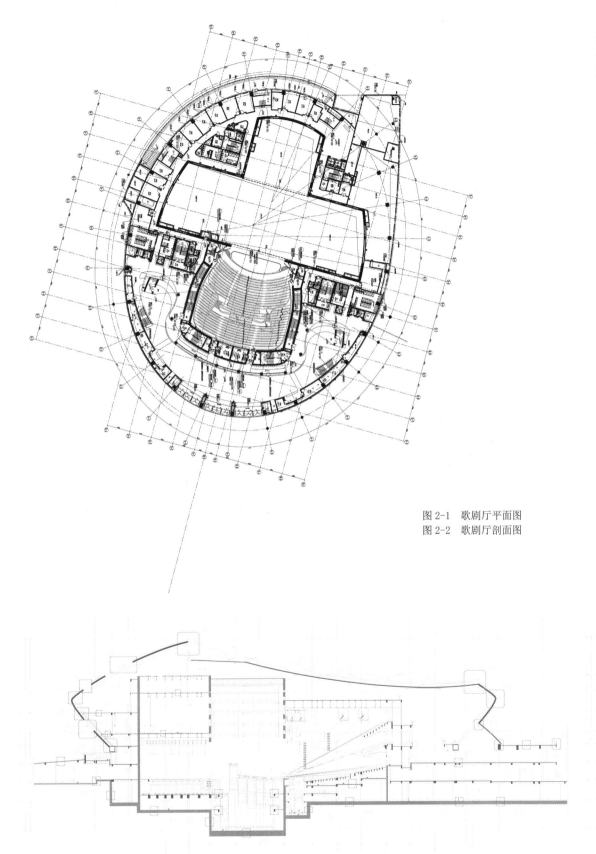

图 2-1 歌剧厅平面图
图 2-2 歌剧厅剖面图

舞台上的演员的交流环境，同时为了出声效果好，乐池的后墙反声面稍向后倾斜。

(4) 后台用房和驻场演职员用房在首层围绕舞台的侧后方布置，设置了演职人员门厅、VIP化妆间、中化妆室、大化妆室、抢妆室、服装室、道具间、布景库、候场区等用房。办公用房设置在二、三层舞台的侧后方区域，排练厅设在四层舞台的侧后方。

(5) 地面以上演出技术用房包括音视频交换机房、舞台机械控制室、灯光音响控制室、调光柜室、功放室、台上开关柜室、卷扬机房等设备用房，布置在舞台四周和观众厅池座的后方区域。地下演出技术用房包括台下开关柜室、台下调光柜室等，布置在地下主舞台基坑两侧区域。卸货区及布景库设置在歌剧厅首层的西南侧，靠近侧舞台，位置隐蔽，便于卸货。

(6) 观众厅吊顶设计为多层凸曲面，能给观众席提供均匀分布的来自上方的反射声。观众厅两侧墙面做成凸曲面形状，形成视觉空间的弧形和听觉空间的弧形，满足混响时间为 1.6 s 的声学要求。特别是舞台、乐池和观众厅的过渡区域及观众厅的前三分之一侧墙，其建筑设计充分提供了反射声。

2. 演出工艺

2.1 舞台机械

(1) 歌剧厅舞台机械具有升、降、推、拉、转多种变换形式，使表演的艺术造型、层次、动感更强，能承接国内外各类高水平大型歌剧、舞剧、芭蕾舞剧、曲艺及话剧的演出。

(2) 歌剧厅是大剧院设计的重点，设计师考虑到观众的视觉、听觉、感觉，以及几何空间的设计美学的功能要求，在舞台下方安装了 20 台电机，分管不同的舞台面积，控制台面在表演大型芭蕾舞剧时会顺时针转动，使台面产生倾斜，观众能清楚地看到每一个舞蹈的细节。同时设计了旋转台和 13 个升降台，升降台可以组合成楼梯，方便演员从任何角度进入舞台，是速度最快的舞台升降机。

(3) 歌剧厅舞台拥有高档次的配置和舞台控制系统

① 舞台上方栅顶高度为 30 m，123 道电动吊杆、30 台轨道单点吊机和 15 台自由单点吊机将 1 500 多盏演出用的灯具和 60 多道幕布点缀在舞台的上方，灯光在几秒钟内变换造型，幕布可以制造不同的演出场景。

② 舞台台口补台。

③ 主舞台的 6 个升降台，既能整体升降又可分别单独升降。左侧台和右侧台各有 6 台可以横向移动的车台，通过主舞台升降台互换位置迅速迁

换场景。

④ 后舞台配置有大小两个圆形转台，呈现大圆套小圆，更能符合演出剧目效果。后舞台下方拥有悬空的六块补台和两块储藏升降台，在其下方是专业的芭蕾台。

⑤ 两侧舞台拥有 12 个侧车台，采用当前最先进的工艺和隐蔽式齿条方式驱动。

⑥ 设置双层式升降乐池，能够按照不同演出要求调节乐池的大小，同时在升降乐池上配置有座椅台车。台车采用气垫式运动方式，减少人工搬运。

2.2 舞台灯光

(1) 歌剧厅观众厅设有两道面光、两道耳光和一道追光。舞台灯光系统设备有灯光控制系统、调光系统、网络数据分配及传输系统、舞台灯具及效果设备和安装材料 5 个部分。控制系统采用德国 MA 品牌控制台；调光系统及网络数据分配采用美国 ETC 品牌硅柜；灯具及效果设备汇集了国际一流品牌产品，如 ETC 定焦、变焦成像灯，Spotlight PC 聚光灯，Showline LED 光源灯具，ClayPaky 电脑摇头灯、染色灯、图案灯、切割灯。Robert Juliat 追光灯等。各类灯具及效果设备总数达 800 多只。

(2) 观众厅舞台灯光系统设有台上调光室和台下调光室，共有 1 115 个回路，其中调光回路 124 个，组合回路 890 个，直通回路 101 个；三相 32 A 电源箱 15 个，三相 63 A 电源箱 10 个，三相 200 A 电源箱 4 个。信号传输采用光纤双环网形式，支线网络采用星形拓扑结构形式。

2.3 舞台音响

(1) 扩声系统

① 中央声道、左右声道采用线阵列扬声器覆盖结构，分别由 4 只 D&B J8 三分频线性阵列全频扬声器组成，覆盖二、三层楼座及一层池座；左右音箱室各配置 1 只全频扬声器对一层池座侧面的补声覆盖。

② 乐池部分隐藏安装 23 只紧凑型全频扬声器，分布在台唇 6 只、乐池 8 只、乐池护栏 9 只，供乐池在不同使用状况下能得到很好的补声效果。

③ 配置 34 只全频扬声器安装于池座和楼座观众席的周边墙面上。为了使声场效果更具有临场感，在观众席的顶部采用 14 只全频扬声器进行观众席覆盖。配置 1 台 32 通道效果声处理器用于对所有效果声扬声器进行精确控制，使环绕效果更好。舞台扩声扬声器配置 4 只 12 英寸全频扬声器和 4 只 15 英寸同轴扬声器，舞台区域配置 10 只舞台效果扬声器和 2 只低频扬声器用于补充舞台低频效果。

（2）数据网络系统

观众厅内配置 1 套千兆网络系统，采用光纤和 6 类网线传输数据，通过配置 24 口的光纤配线架及 24 口网络配线架改变路由，其音频、视频、内部通信数据均可通过该网络传输。

（3）舞台监督管理系统

舞台监督管理系统包括内部通信系统、催场广播系统、灯光提示系统。配置 1 套应答型灯光提示系统，配置 1 套演出状态监听系统，通过专门的调音台及安装在台口、耳光室、观众厅楼座的麦克风，导演可监听舞台上当前发生的情况，通过舞台催场广播可以发送到要求的区域和房间内。

3. 声学设计

3.1 声学设计标准

基于歌剧厅演出歌剧、舞剧、音乐剧、话剧、芭蕾舞等剧种，其中歌剧演出是自然声（即不采用电声扩音），音乐剧是电声，而舞剧和芭蕾舞既可以是自然声（即乐队现场演奏）也可以是电声（即播放预先录制的音乐）。根据使用功能要求，观众厅内的声音既应有很高的清晰度，又应有足够的混响感以便支持歌剧演员和乐师的声音，不用电声扩音的演出节目，观众厅应能有效地把语言和歌声传递到距离舞台最远的观众席。对于需要电声扩音支持的演出节目，厅内应有较低的混响时间。因此，观众厅内必须安装可变混响时间元素，以便在上演电声节目时降低厅内的混响时间。

歌剧厅的声学设计为了满足上述要求，其手段是在观众厅内提供充分的混响时间，提供靠近舞台和靠近观众的有效的声反射表面，提供观众厅合适的容积、形状，合适的声反射板尺寸，合适的内表面材料及表面处理。歌剧厅观众厅声学设计标准见表 2-1。

表 2-1　歌剧厅声学设计标准（中频、空场）

客观参数	条件	设计标准
观众厅声学容积	—	每座 $7 \sim 9 \, \mathrm{m}^3$
背景噪声级	连续噪声（暖通系统噪声）	Leq NR20
	短暂噪声（外界入侵，交通和电梯噪声等）	L01 NR20
混响时间（RT）	自然声	$1.6 \sim 1.8 \, \mathrm{s}$
	所有可变吸声材料外露	$1.4 \sim 1.6 \, \mathrm{s}$
	低频	$RT125\mathrm{Hz} > 1.1 \times RT_{\mathrm{mid}}$
清晰度（C_{80}）	自然声	$> 0 \, \mathrm{dB}$
声强因子（G）	自然声	$> +1 \, \mathrm{dB}$

3.2 歌剧厅的声学设计策略

(1) 混响时间：确保观众厅有足够高的天花，特别是楼座下的后池座区域和楼座的后部区域有足够的天花高度。保证观众厅内表面材料具有足够的面密度和刚性以便提供较长的低频混响。

(2) 声音清晰度：确保每一位观众席接收到至少三次反射声，一次来自天花，两次来自侧墙面。

(3) 声强因子：确保早期反射声在时间和空间上分布均匀，特别对最远的观众席，具有足够的强度，并与直达声结合在一起增加声音的强度。保证观众厅表面材料不会过度吸声（吸声会降低声音的强度）。

4. 建筑设计和声学设计互动调整

4.1 观众厅的体型调整

(1) 舞台墙体的调整

歌剧厅观众厅的原建筑图纸中，台口侧墙为简单的折线，经过声线分析，发现观众厅前部和中部缺乏由侧墙传来的第一次反射声。故声学设计中对剧场台口形状进行了调整，将台口从原来的简单折线改为由两段弧线组成的渐变弧线（两段弧线分别标为 A 段弧和 B 段弧）。A 段弧线用于放置音频和视频设备，B 段弧线主要用于控制一次反射声分布。

墙体调整后的声线分析结果表明，反射声线更均匀地分布于观众区，达到无遗漏区域，并且反射声到达观众区的声程更短，有利于缩短直达声和第一次反射声之间的时间间隙，提升了观众的听觉感受。

(2) 观众厅墙体弧线的改进

由于建筑主体部分已经建设完成，台口的墙体不能改动。根据室内设计方案的平面声线分析，2 号弧线对反射声有一定的改善，但是还不够；3 号折线方向不正确，反射声全部送到侧边观众席上。因此在保证台口显示屏尺寸前提下增加了弧线 4，使声能尽量反射到中间观众区；3 号折线方向调整到使反射声向中间区域反射。

(3) 排练厅的设计

为了减少噪声的影响，在位于舞台后上方的排练厅地板下面安装了 100 多根减震弹簧，做成浮筑地板，从而使整个排练厅变成一个巨大的减震器，进一步保证了观众的听觉不会受到任何影响。

4.2 观众厅内装饰用材的声学设计要求

根据音质计算结果,确定了观众厅各界面的声学装修材料、配置及构造,具体要求如下:

① 观众厅的座椅设计:座椅靠背较大,软包内部的海绵较薄,从而使得整个大厅的声效达到最好。

② 观众厅地坪采用木地板,龙骨间隙填实,避免地板共振吸收低频。

③ 观众厅墙面选用 GRG 板,装修材料的面密度为 40 kg/m²,表面做微扩散处理。

④ 观众厅后墙面选用穿孔 GRG 板(穿孔率约 20%,板后贴无纺布),空腔内填充 40 mm 厚 48 kg/m³ 离心玻璃棉(外包玻璃丝布)。

⑤ 声学设计要求天花采用反射材料,采用面密度为 40 kg/m² 的 GRG 板。

⑥ 舞台墙面空间体积比较大,为了避免舞台空间与观众厅空间之间的耦合影响,声学设计要求舞台空间内的混响时间应基本接近观众厅的混响时间,要求在舞台(包括主舞台、侧舞台)一层天桥以下墙面做吸声处理。具体做法为:3 m 以下墙面采用 25 mm 厚防撞木丝吸声板(刷黑色水性涂料)+75 系列轻钢龙骨(内填 50 mm 厚 48 kg/m³ 离心玻璃棉板,外包玻璃丝布)+原有装饰面。

第二节　音乐厅

1. 建筑设计

(1) 音乐厅的观众厅可容纳 1 500 名观众。音乐厅由观众厅、休息厅、演职员工作用房、演出技术用房、行政管理办公用房、卸货区以及配套用房组成。前厅设在二层及以上，与共享大厅相连通，是内部的交通和空间核心。前厅及休息厅围绕着坐席区，配套有交通、厕所、休息场所、服务用房等设施，为观众提供集散、交流、休息的场所，见图 2-3。音乐厅有

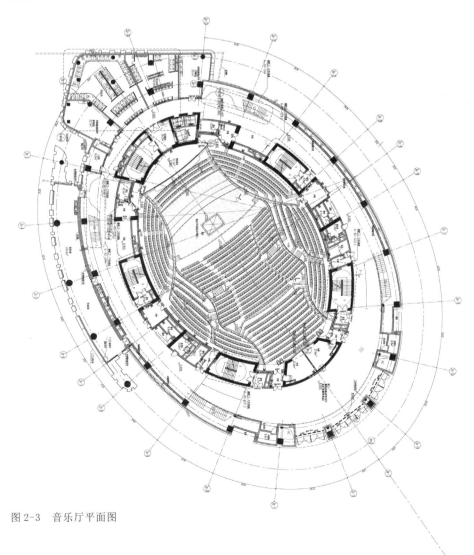

图 2-3　音乐厅平面图

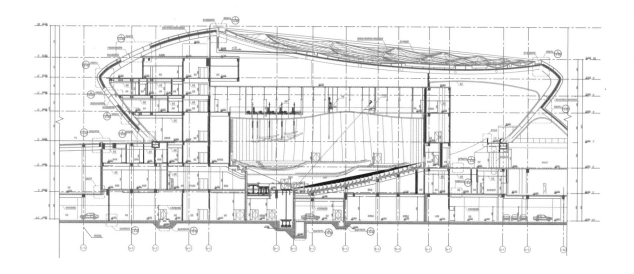

图 2-4 音乐厅剖面图

独立的 VIP 门厅，设置在首层的西南侧。音乐厅的 VIP 休息室靠近观众厅池座前部入口，方便 VIP 观众入场。

(2)后台演职员工作区设置在首层舞台南侧的范围内，有化妆室、候演室、钢琴乐器库等用房。演出技术用房在地面上的有音视频室、声控室、灯控室、监督室、调光室、功放室等用房，沿观众厅四周布置在各楼层；在地面以下的有舞台机械开关柜室。大剧院的行政管理办公用房设置在音乐厅的四层和五层。乐器储藏库在舞台下方的地下室内，并设置了升降舞台机械向舞台面运送乐器，见图 2-4。

(3)观众厅呈椭圆形，采用了世界流行的平面形状，椭圆形的空间中声音流动性好，弦乐器与木管乐器、木管乐器与铜管乐器的平衡能让音乐更具整体感、丰满感。舞台为岛式，坐席如同层叠的梯田，观众分布在舞台的周围，可以从不同角度欣赏到乐团的演奏。乐队在大厅的中间，乐队和指挥被台阶式的听众席团团围住，仿佛是莱茵河畔行人和老人小孩围绕在歌手周围，陶醉在歌曲和轻音乐的音韵之中。设计师认为"只有这种亲切感才可能使每个人在参加音乐会时直接起着共同的作用"。"音乐厅内的气氛是至关重要的"，音乐厅的设计宗旨是利用对空间的组合、技术的处理使观众和音乐更好地交融。利用形式的起伏去表现音乐，使音乐化为一种技术和艺术的形式，从而牢牢地占据整个建筑。

(4)观众厅四周的墙面和顶面均为按声学要求设计的 4 cm 厚 GRG 石膏板，其凹凸尺寸和形状均经过精确的声学计算，能使声音均匀柔和地扩散和反射，混响时间为 2.2 s。天花板上圆筒状的星空照明灯，华盖般的反声板，它们与错落的排椅、屈伸的胸墙一起极大地丰富了音乐厅的空间感受。

(5) 舞台为梯形，宽度 24 m，台深 15 m，能容纳大型的乐队演奏。设置四道乐队升降演奏台和一个钢琴升降台。演奏台前部有钢琴升降台，后部设有可供 180 人合唱队使用的观众席合唱区。安放在音乐厅的 92 音栓管风琴，发声管由多达 6 000 多根的金属管和木质管组成，能满足各种不同流派作品演出的需要。

(6) 在乐台上方安装 200 m² 声反射板，用以改善乐师之间的交流环境。反射板高度能升降调节，反射板在乐台上的投影能覆盖 80% 的乐台地面面积。演奏厅内采用了一系列现代化的建筑声学措施，获得了良好的音质、频率特性和适度的混响时间以及均匀的声场分布，以明显的厅堂声学优势吸引了来自世界各国的音乐家和音乐爱好者，使其成为国际音乐艺术交流的重要演出场所。

2. 演出工艺

2.1 舞台机械

(1) 演奏升降台采用齿轮齿条驱动技术，承载能力大，传动平稳，噪音低，具备自导向功能。各种安全辅助设备和保障设备在任何时候都能安全运行，控制系统硬件选型、软件功能、软件集成及性能指标完全符合要求。

(2) 台上安装有梅花形组成的 5 块反声板，根据音乐厅演奏风格的不同，调节反声板的高度；台上配置 14 台单点吊机，挂载不同灯具随时调节；台下拥有 4 个升降舞台和一个钢琴升降台，实现演出一体化控制。

2.2 舞台灯光

音乐厅舞台灯光配置了 2 台 grand MA2 ultra-light 4096 路灯光控制台，State Automation 96 路调光柜（含 2.5 kW 正弦波调光器 75 路）和场灯控制等调光设备。灯光控制室、调光器室设置两个网络机站，分别配置了 24 口千兆交换机、MA2Port Node E/D 转换器、DMX 放大器、光纤盒及光纤模块、跳线盘、UPS 电源等设备，保证音乐厅舞台灯光系统的网络数据有效地传输。配备 750 W 19°/26° 椭球成像卤素聚光灯各 10 只、575 W 钨丝 PAP 灯 75 只、RGBW LED 变焦聚光灯 24 只，以满足音乐厅的灯光效果。

舞台灯光系统设计正弦波回路 75 路、DMX512 输出 12 路、RJ45 以太网 12 路，分布于面光桥（正弦波回路 24 路、DMX512 输出 1 路、RJ45 以太网 1 路）、舞台栅顶（正弦波回路 36 路、DMX512 输出 6 路、RJ45 以太网 6 路）、乐池（正弦波回路 9 路、DMX512 输出 3 路、RJ45 以太网

3路）、二层楼座（正弦波回路6路、DMX512输出2路、RJ45以太网2路）等区域。在舞台栅顶、乐池区域共设置了4路三相32 A电源。

2.3　舞台音响

(1) 扩声系统采用左右双声道全场覆盖，扬声器采用全频与低频组合的形式，能够达到立体声还音效果。除常规固定安装扬声器系统外，舞台上设置了流动返送扩声系统。设置完备的信号分配和交换系统，舞台周边留有话筒接口。

(2) 舞台监督管理系统包括内部通信系统、催场广播系统、灯光提示系统。舞台监督系统采用切换方式工作，根据演出需要将摄像机摄取的舞台演出实况及观众区情况实时传送到各演职人员工作位置，包括更衣化妆间、贵宾室及扩声、灯光、舞台机械控制室、辅助技术用房和公共通道等。

(3) 舞台区设置流动舞台监督控制台，内通系统主机安装在控制台内，在必要的位置设墙面或桌面通话站，其余全部采用腰包机插接内通点的形式，便于流动使用。系统设1台2通道主站，固定安装多台墙面通话站，6个耳机的腰包机，主站、墙面通话站和桌面通话站。配置一套由6个对讲机组成的对讲系统。内部通信键盘站分别布置在信号交换机房、舞台监督台、声控室、灯控室、舞台机械控制室，VIP单人化妆间、电视转播机房直播、录音/录像。在排练厅、化妆间区域，以及舞台接线箱预留接口。

3. 声学设计

3.1　声学设计标准

(1) 基于音乐厅演出交响乐音乐会（自然声）、民乐音乐会（自然声为主）、大合唱（自然声和电声）、独唱（自然声和电声）等其他形式的音乐表演节目，应具有世界一流水准的声学环境。为了获得声学上的亲近感，一方面需要使所有的观众席距离乐台不太远，另一方面需要在围绕每一观众区域的适当位置设计多个声反射面，用以提供早期反射声。这些早期反射声将提高观众席声音的清晰度，并赋予声音空间感和围绕感。

音乐厅需要有足够大的容积，确保厅内的声音具有充分的混响感和丰满度。乐台两侧墙面应能提供乐师所需要的乐台声学支持。可变混响时间元素（用于降低厅内的混响）和乐台上方的可调反声板（减小乐台的容积）的结合使用，可以获得小乐队和民乐演奏所需的清晰度。音乐厅声学设计标准见表2-2。

(2) 声场不均匀度：进行交响乐、室内乐等以自然声为主的演出时，要

表 2-2　音乐厅声学设计标准（中频、空场）

客观参数	条件	设计标准
观众厅声学容积	—	每座 $8 \sim 11 \ m^3$
背景噪声级	连续噪声（暖通系统噪声）	Leq NR20
	短暂噪声（外界入侵，交通和电梯噪声等）	L01 NR20
混响时间（RT）	交响乐	$1.9 \sim 2.1 \ s$
	电声音乐	$1.6 \sim 1.8 \ s$
	低频	$RT125Hz > 1.1 \times RT_{mid}$
清晰度（C_{80}）	交响乐	$> -2 \ dB$
	电声音乐	$> -1 \ dB$
声强因子（G）	交响乐	$> +1 \ dB$

求厅内前区和后区的声场强度差别小于 6 dB，横向中区和左右两侧区域的声场强度差别小于 3 dB。1 500 座音乐厅声场不均匀度 $\Delta LP \leqslant \pm 3 \ dB$。

(3) 本底噪声：在空调、通风系统正常运行的状态下，厅内本底噪声不大于 NR-25 噪声评价曲线要求；空调关闭时不超过 NR-20 噪声评价曲线要求，相应的 A 声级不超过 30 dB(A)。

(4) 总体音质评价：观众厅的音质应保证观众席各处有足够的声音响度、均匀的声场分布、适合的混响特性、足够的早期反射声和侧向反射声，并有良好的清晰度和丰满度。观众厅内任何位置无回声、颤动回声、声聚焦等声缺陷。

3.2　音乐厅的声学设计策略

(1) 混响时间：确保观众厅的容积在设计过程中不被缩减，保证观众厅内表面材料具有足够的面密度和刚性，以便提供较长的低频混响。

(2) 声音清晰度：确保每一观众席接收到至少三次反射声，一次来自天花，两次来自侧墙面和天花的组合，还有来自分区的楼座栏板。

(3) 声强因子：确保早期反射声在时间和空间上分布均匀，特别对最远的观众席，具有足够的强度，并与直达声结合在一起增加声音的强度，确保厅内表面材料不会过度吸声（吸声会降低声音的强度）。

4. 建筑设计和声学设计互动调整

4.1　观众厅形体声学要求

为达到上述音质设计目标，对音乐厅的平、剖面形状以及每座容积进行了调整；在声学与建筑及室内设计师的沟通协调中对建筑及室内的方案进行了调整，尽量满足观众区各位置声学早期侧向反射声；对建筑及室内方案的吊顶进行调整，尽量满足观众区各位置声学要求的顶面反射声及厅内每座容积；调整建筑形体上的凹弧结构，防止声音聚焦；调整分割观众区用峭壁的凸弧度及其高度，尽可能结合室内装饰的风格对各个声音反射面作扩散、微扩散处理，使声场均匀。

4.2 观众厅内装饰材料的声学要求

观众厅装饰材料的选择与配置、位置及其数量关系到厅内声场的分布和扩散性能，更关系到厅内混响时间及其频率特性的控制。因此，对装饰材料提出了以下声学设计要求：

(1) 为避免观众厅地面共振吸收过多的低频声，采用实木地板并将龙骨间隙填实。

(2) 声学上要求天花具有较强的反射，同时还要求减少对低频的吸收，保证一定的刚度和防火等级要求，采用增强纤维预制石膏板（即 GRG 板）吊顶，其面密度大于 $40 \ \mathrm{kg/m^2}$。

(3) 观众厅内墙是重要的早期声反射面，这些墙面能向观众席提供较多的早期反射声能，提高观众位置上听音的空间感。声学要求墙面尽可能厚实、坚硬，主要起到声反射的作用，充分利用声能并尽可能减少声吸收，采用如下两种做法：第一种在原有结构墙面上安装 GRG 板扩散造型，其面密度要求大于 $50 \ \mathrm{kg/m^2}$；第二种在原有结构墙面的基础上贴（或外包）实木，既可以美化装修，又起到扩散作用，实木面层做防火处理，其面密度要求大于 $50 \ \mathrm{kg/m^2}$。两种做法根据室内设计方案做成竖向凹凸条纹及分层的构造，较好地解决了厅内声场的扩散问题。

(4) 座椅是最重要的吸声面，中高频的吸声量占总吸声量的 80% 左右，对厅内的实际混响时间影响很大，选择座椅的形式及用料并控制其声学性能，成为观众厅音质设计的重要环节。要求座椅在空椅和坐人两种条件下的吸声性能尽可能接近，使得空场和满场条件下观众厅内的声场音质效果无较大的变化。坐垫翻动时不产生噪声，尤其不允许产生碰撞声。座椅采用木靠背及木扶手，靠背留木边框，同时靠背软垫不需太厚，坐垫底面宜做吸声处理，选用局部穿孔木板面。

结果显示：观众厅混响时间很好地控制在设计推荐值范围内，其他参数也满足设计值或在可以接受的设计误差范围内，客观音质达到了较好的效果。观众厅采用了一系列现代的建筑声学设计，音质良好，具有适度的混响时间以及均匀的声场分布。

第三节　戏剧厅

1. 建筑设计

(1) 戏剧厅的观众厅可容纳 1 020 名观众。戏剧厅由观众厅、舞台、休息厅、VIP 休息厅、演职员工作用房、演出技术用房、卸货区以及配套用房组成。观众厅呈马蹄形，休息厅设在二层及以上，与共享大厅相连通，是内部的交通和空间核心。休息厅的位置贴近坐席区，配套有交通、厕所、休息场所、服务用房等设施，见图 2-5。二层休息厅是池座观众休息区，

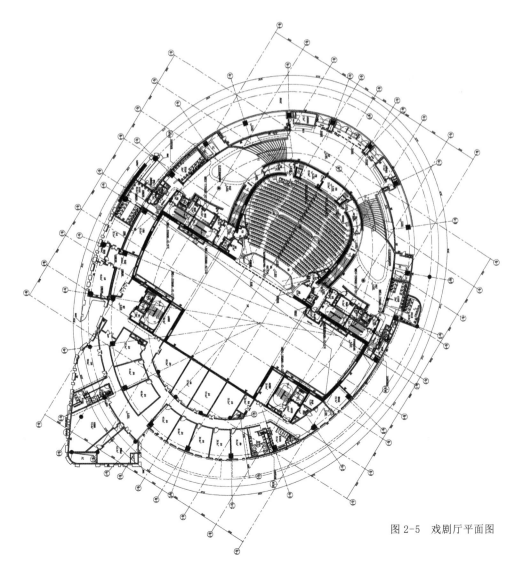

图 2-5　戏剧厅平面图

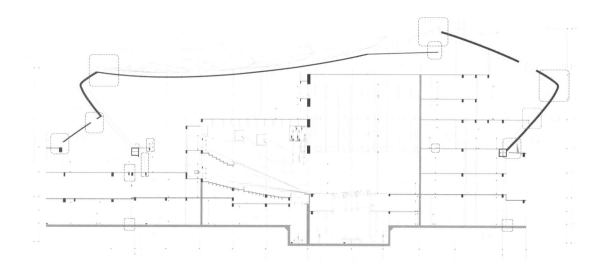

图 2-6　戏剧厅剖面图

三层休息廊用作楼座观众的休息区。戏剧厅有独立的 VIP 门厅，VIP 接待室靠近观众厅池座前部入口，方便 VIP 观众入场。

(2) 戏剧厅由池座和一层楼座组成，每层看台间的比例按视觉、听觉的要求确定，使全部观众尽量靠近舞台，从多样化的三维角度观赏演出。其中正厅座位从前排至后排坡度高达 5 m，见图 2-6，令视线大为扩展，这种安排也符合观众厅的音响要求。

(3) 戏剧厅舞台为镜框式舞台，台口尺寸 15 m×8.5 m，由主舞台、左右侧台组成，是一种灵活多变的、能适应各种演出的舞台形式。主舞台宽 27.4 m，台深 27.2 m，乐池开口尺寸 3.4 m×15.0 m。舞台上设有 6 块升降台、3 台活动升降车和五十余道电动吊杆。

(4) 后台演职员工作用房设置在 1～3 层舞台侧后方的区域内。首层设置演员门厅、办公门厅、化妆间、抢妆室、服装道具间、乐器库、布景组装场、候场区等用房。二层设置后勤办公业务用房，三层设置驻场剧团的排练厅用房。地面以上演出技术用房包括光控室、声控室、放映室、控制室、追光室、舞台机械控制室等设备用房，布置在舞台四周和观众厅池座的后方区域。地面以下演出技术用房有台下开关柜室，布置在地下主舞台基坑一侧。卸货区及布景库设置在戏剧厅首层的西北侧，靠近侧舞台，位置隐蔽，便于卸货。

(5) 观众厅天花设计为多层凸曲面，能向所有观众席提供重要的天花反射声。观众和舞台过渡区域的侧墙面亦做成凸曲面，向池座前中区观众提供反射声。

2. 演出工艺

2.1 舞台机械

(1) 戏剧厅主舞台设置转台及双层升降台，左、右侧舞台配有灵活移动的车台，台口前设置乐池升降台。

(2) 主舞台的上空布置了电动吊杆、分段式灯光吊杆、单点吊机以及侧吊杆等吊挂设备，供演出时使用。在载荷允许的情况下，各吊杆可任意组合使用，每一侧吊杆既可挂灯也可挂景。设置调节台口大小的假台口、消防专用的防火幕和具有对开和提升两种方式的大幕机；侧舞台上空布置有悬吊设备；二道幕机构可根据需要挂在任意的电动吊杆上，对舞台进行表演分区；在主舞台上方的单点吊机上有可移动的钢丝绳吊点，台唇上方设置固定单点吊机，既可单独使用，也可任意组合使用，以提高舞台布景与使用的灵活性。

(3) 台下设备包括主舞台直径 18 m 的双层鼓筒式转台，它能灵活丰富地变换舞台形状，通过升降台相互组合，改变升降高度，使整个主舞台在平面、台阶及旋转之间变化。转台内有双层升降台 3 块，台口前乐池升降台 1 块，及乐池升降栏杆 1 套。侧舞台设置 6 套侧车台以及配套的补偿升降台。

2.2 舞台灯光

(1) 观众厅设置两道面光、两道耳光和一道追光。设有调光机房 2 间，共有 96 路调光柜 7 台，主配电柜两套及工作灯、场灯配电柜一套。输出回路 626 路，其中 90 路 3 kW 调光，428 路 3 kW 调光 / 直通两用回路，31 路 5 kW 调光 / 直通两用回路，77 路 16 A 直通。另有 32 A 三相电源 10 路，63 A 三相电源 3 路，200 A 备用电源 4 路。

(2) 舞台灯光系统设备由灯光控制系统、调光系统、网络数据分配及传输系统、舞台灯具及效果设备、安装材料 5 个部分组成。其中控制系统采用美国品牌控制台；调光系统及网络数据分配采用美国 ETC 品牌硅柜；灯具及效果设备汇集了国际一流品牌产品，如椭球卤素聚光灯、椭球变焦聚光灯、LED-RGBW 变焦 PAR 灯、LED-RGBW 线性泛光灯、变焦成像聚光灯、菲涅耳透镜聚光灯、透镜聚光灯、天幕泛光灯、追光灯。各类灯具及效果设备总数达 350 多只。

(3) 采用以太网络系统并兼容了 DMX512 信号系统，能与歌剧厅内部网络系统连接。设置有 3 个数据分配柜，分别安装于灯光控制室、1 号调光硅室和 2 号调光硅室，数据交换通过网络线路使其实现网络传输。

(4) 协议转换器将以太网灯光网络信号转换成各种DMX512，通过DMX分配器/推送装置分配到接线箱的插座。网络交换器将以太网网络信号分配至剧院内的几乎全部接线盒。除了使用有线网络外，观众厅还设置了无线网络装置，方便远程控制，便于演出前的对光。

2.3 舞台音响

(1) 扩声系统

① 中央声道采用2×2分层布局结构，上、下层分别由2只全频扬声器覆盖整个楼座、池座后区及池座中前区。左右声道采用分区分层覆盖，每个声道同样采用2×2分层结构。

② 乐池栏杆前方分别隐藏安装5只紧凑型全频扬声器，乐池升起来作为舞台的一部分使用，乐池下降作为临时观众厅使用。

③ 在池座、楼座观众席的墙面上配置了20只全频扬声器覆盖全场。为了使现场的声场效果更具有临场感，在观众席的顶部采用12只全频扬声器进行整个观众席覆盖。

④ 配置1台32通道效果声处理器用于对所有效果声扬声器进行精确控制，使环绕效果更好。舞台扩声扬声器采用流动与固定结合的方式，为满足整个舞台的扩声需求，配置4只10英寸和4只12英寸全频扬声器。在舞台假台口两侧片、上片及舞台左右两侧一层马道下方、舞台后墙左右两侧离地4 m高的地方各固定安装1只或2只全频扬声器，作为舞台中央声道或前区的扩声，或作为舞台左右环绕声道、舞台前区和后区补声扩声，或用于舞台后声道或后区补声扩声。另外考虑到低频的下限效果，在舞台后墙左右两侧离地4 m高的地方各安装1只低频扬声器用于补充舞台低频效果。

(2) 数据网络系统

观众厅内配置1套千兆网络系统，采用光纤、7类网线及2层光纤交换机传输数据，通过配置12口的光纤配线架及24口网络配线架改变路由，其音频、视频、内部通信数据均可通过该网络传输。

(3) 舞台监督系统

舞台监督管理系统包括内部通信系统、催场广播系统、灯光提示系统。配置1套应答型灯光提示系统、1套演出状态监听系统。通过调音台及安装在台口、耳光室、观众厅楼座的麦克风，导演可监听舞台上当前发生的情况，通过舞台催场广播可以发送到要求的区域和房间。配置1套中央控制系统，可以实现整个电声系统的电源管理，设备的控制管理，矩阵的切换管理，主备扩声系统的切换管理等，导演通过舞台监督位上的触摸屏控制所有的信号。

3. 声学设计

3.1 声学设计标准

基于戏剧厅演出京剧、昆剧、越剧、黄梅戏等各类地方戏曲，戏剧厅的声学设计要确保充分的语言清晰度。对于舞台上或乐池里的演员的声学支持也很重要，演员应能听到他们自己发出的声音和队友发出的声音，并能听到来自观众的反响。这需要观众厅和舞台区域之间具有良好的声学耦合，并有充分的来自墙和天花的早期反射声以及精细地控制观众厅的混响。戏剧厅声学设计标准见表 2-3。

表 2-3 戏剧厅声学设计标准（中频、空场）

客观参数	条件	设计标准
观众厅声学容积	—	每座 $4 \sim 7 \ m^3$
背景噪声级	连续噪声（暖通系统噪声）	Leq NR20
	短暂噪声（外界入侵，交通和电梯噪声等）	L01 NR20
混响时间（RT）	所有吸声材料外露	$0.9 \sim 1.2 \ s$
	低频	$RT125Hz > 1.1 \times RT_{mid}$
语言可辨度	自然声	> 0.60
清晰度（C_{80}）	自然声	$> 0 \ dB$
声强因子（G）	自然声	$> +1 \ dB$

3.2 戏剧厅的设计策略

(1) 混响时间：确保在设计过程中不降低观众厅声学容积，确保观众厅表面材料具有足够的面密度和刚性，以便提供较长的低频混响。

(2) 声音清晰度和语言可辨度：确保每一位观众席接收到至少三次来自墙面和天花的早期反射声，一次来自天花，两次来自侧墙面。

(3) 声强因子：确保用于提高声音清晰度的反射声在时间上和空间上有很好的分布，并在观众席区域分布均匀。确保观众厅内表面材料不会过度吸声（吸声会降低声音的强度）。

4. 建筑设计和声学设计互动调整

戏剧厅建筑设计和声学设计互动调整的内容包括舞台台口八字墙的调整、观众厅内装饰面弧度的调整、观众厅内装饰用材的声学设计要求等，其调整过程与歌剧厅大致相同。

第四节 综艺厅

1. 建筑设计

(1) 综艺厅拥有 2 700 座的大会议厅，860 座的国际报告厅，人大、政协主席团开会用的中会议厅和省级机关、地级市分组讨论用的 15 个小会议厅。综艺厅由大、中、小各类会议厅、舞台、休息厅、VIP 休息厅、后台用房和演出技术用房、卸货区以及配套用房组成。休息厅位于二层及以上，与共享大厅相连通，是综艺厅内部的交通和空间核心。前厅的位置贴近大会议厅坐席区，配套有交通、厕所、休息场所、服务用房等设施，为各类演出提供集散、交流、休息的场所，见图 2-7。综艺厅有独立的 VIP 门厅，

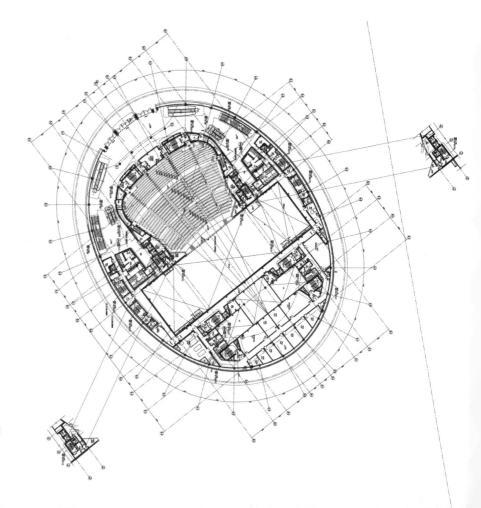

图 2-7　综艺厅平面图

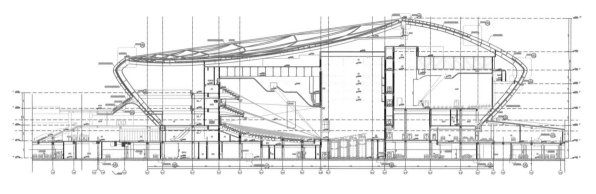

图 2-8　综艺厅剖面图

设置在首层的北侧，VIP 休息厅靠近观众厅池座前部入口，方便 VIP 观众入场。大会议厅具备大型综艺晚会的演出功能，在后台配套 4 套大化妆室。

(2) 大会议厅呈钟形平面，由池座和两层楼座组成。池座设有 1 680 个席位，一层楼座设 600 个座位，二层楼座设 420 个座位，见图 2-8。

(3) 大会议厅的舞台为镜框式舞台，台口尺寸 25 m×12 m。主席台舞台有升降台功能，主席台座位数达 200 座。

(4) 小会议厅集中设置在 3 层、4 层，由一条约 60 m 长、8 m 宽的通高中庭组织在一起。

(5) 地面以上演出技术用房包括音视频交换机房、舞台机械控制室、灯光音响控制室、调光柜室、功放室、台上开关柜室、卷扬机房等设备用房，布置在舞台四周和观众厅池座的后方区域。地面以下演出技术用房包括台下开关柜室、台下调光柜室等，布置在地下主舞台基坑两侧的区域。卸货区及布景库设置在首层的西南侧，靠近侧舞台，位置隐蔽，便于卸货。

2. 演出工艺

综艺厅主要功能用于省、市政府召开人大、政协会议和其他的政府工作会议，同时也兼有举行大型群众综艺晚会、军民联欢晚会等的演出功能。

2.1　舞台机械

综艺厅舞台机械既能满足大型群众性综艺活动、群众性集会以及其他综艺演出时舞台机械设备快速迁换软、硬布景的需要，又能在会议期间作为主席台使用。台下设备包括 4 块主升降台和台下电气与控制系统等，每块升降台可以形成进深 1.8 m、高差 0.3 m 的台阶，形成沿进深方向连续的舞台台阶，供会议期间主席台人员就座。

台上设备包括台口外单点吊机、音响链式吊机、台口字幕机吊杆、台口防火幕、大幕机、电动吊杆、灯光吊杆、侧电动吊杆、侧灯光吊架、二幕机、电影银幕架、会徽吊机、液压升降车和台上电气与控制系统。

2.2 舞台灯光

主席台灯光设计照度为 800 lx 以上，演出时舞台设计照度为 1 200 lx 以上。光源的色温为 (3 050 ± 150) K，显色指数大于 85。灯光用电容量为 350 kW，采用两路电源分列运行，互为备用方式，当其中一个电源故障时，电源故障侧的进线断路器自动断开，母联断路器自动或手动投合，由另一路正常电源带全部负荷。两路灯光用电引至调光器室，灯光不与音视频、网络、弱电工艺等系统共用变压器或回路。

为满足高水准会议灯光的需要，选用新型节能 LED 聚光灯，灯具的功率为 300 W，可以替代传统大功率舞台演出热光源灯具，使会议灯具与舞台演出灯具有效结合使用。此外配置一定数量的 12°~30° 变焦成像灯、19° 定焦成像灯、天幕灯、地幕灯。面光桥内配置 10° 定焦成像灯，耳光室内配置 5° 定焦成像灯。同时配置一定数量的电脑染色灯、电脑图案灯、追光灯、换色器等专用舞台灯具设备，以及配置了烟机、泡泡机、雪花机等效果设备，以适应节目的多种需要。

2.3 舞台音响

综艺厅以会议功能为主，演出功能为辅，厅内的声音应有很高的清晰度，又应有足够的混响感以便支持演员和乐师的声音。

(1) 大会议厅扩声设计标准

最大声压级：大于或等于 106 dB；传输频率特性：−4 dB~+4 dB；传声增益：125 ~ 6 300 Hz 的平均值大于或等于 −8 dB；稳态声场不均匀度：1 000 Hz 时小于或等于 6 dB；4 000 Hz 时小于或等于 8 dB；早后期声能比：500 ~ 2 000 Hz 内 1/1 倍频带分析的平均值大于或等于 +3 dB；系统总噪声级：NR−20。

(2) 扩声系统配置

大会议厅主扩声扬声器置于台口上方及台口两侧，分左、中、右三个声道及一组独立控制的次低频扬声器组，覆盖整个观众席。台唇位置设置 7 只小尺寸补充扬声器，覆盖前区观众席，改善前排观众放音时的听闻方位感。一层及二层楼座观众席挑台下方均布置全频吸顶扬声器，覆盖一层池座及二层楼座后区观众席，用于对主扩声系统的补充。舞台顶部吊装 5 只扬声器用于主舞台扩声，覆盖主舞台前区及后区。两侧假台口内侧分别安装 2

只扬声器用于侧台扩声。地板上流动摆放若干只扬声器作为返送扬声器以及为大幕线前就座人员扩声。

(3) 舞台监督系统

在上场门附近设置舞台监督台，舞台监督人员在演出过程中通过内通系统指挥协调各系统工作，如发布开幕、闭幕的信号和命令；指挥司幕人员工作；提醒灯光操作人员准备；发布催场信号管理舞台及后台秩序等。

在贵宾休息室、秘书室及后台化妆间分散布置若干扬声器，用于开会及演出时对贵宾和随行人员以及后台演职人员的公共广播。

(4) 视频监控及显示系统

配置一套高清摄像机拍摄主席台人员的特写图像，安装在一层楼座挑台前沿；观众席侧墙和侧舞台分别安置高清一体化摄像机用于监控。在观众主要入口等处设置摄像机，摄像机信号综合并送至侧台、各系统控制室、前厅、候场区及贵宾室等有关的场所，以便相关人员了解舞台演出的实况。高清摄像机信号送至舞台两侧大屏。

会议厅配置 2 套 200 英寸、16：9 画面、高亮度背投显示系统，主席台侧台固定安装 1 台 50 英寸等离子电视供工作人员观看会场图像。主席台插座箱预留接口，可流动摆放等离子电视作为补充或供发言人观看会场图像或流动使用。观众厅主要入口及贵宾室配置 50 英寸等离子电视机，其余位置配置 19 ~ 24 英寸液晶电视机。

第五节　共享大厅和多功能厅

1. 共享大厅

(1) 共享大厅建筑面积 9 000 m²。共享大厅具有四项使用功能：一是将歌剧厅、音乐厅、戏剧厅和综艺厅联系在一起（见图 2-9），观众入场时通过主入口东大门或者综合交通厅进入共享大厅，然后到达各演艺场馆的前厅和观众厅。散场时观众通过共享大厅向东大门疏散，或者通过综合交通厅疏散，共享大厅是用于观众集散的公共空间。二是消防性能化评审时

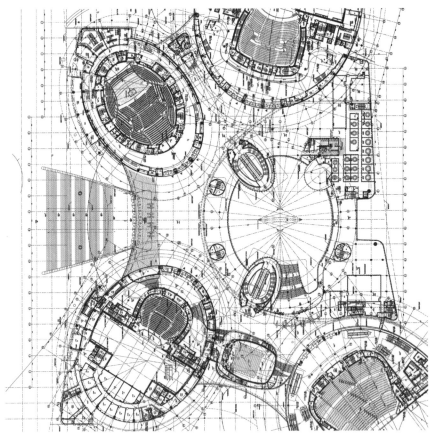

图 2-9　共享大厅平面图

对于人流集中的演艺场馆，考虑四个场馆满座时的人流量火灾时流经共享大厅，经有限元计算疏散时间能满足消防疏散要求，共享大厅是重要的消防疏散场所。三是共享大厅可以举行各种群众集会、记者招待会、新闻发布会、社团免费演出、群众的自演自唱，举办服装展销、图书展销、文化用品展销等各种展销活动，作为公众活动的重要场所。四是观众休闲、娱乐的场所。

(2) 共享大厅室内装修设计现代、浪漫、大气，充满了艺术氛围：墙面为皇室啡大理石凹缝饰以不锈钢竖线条，庄重端丽；顶面用 GRG 板和 LED 灯构成的一组组流水造型，气势磅礴；地面采用进口雅士白大理石铺设，形成深灰色水波浪图案，极其浪漫；周边为 6 樘高贵典雅的铜门直通歌剧厅、音乐厅、戏剧厅和综艺厅；设置 5 幅大尺度雍容华贵的铜雕壁画，给观众以视觉审美的享受；顶部还设计了一盏巨型春字形水晶宫灯，喜庆祥和，成为江苏大剧院的审美视觉中心。

共享大厅设计以人为本，设有为观众服务的 4 个咨询服务台和 4 个男女卫生间，以及各种标识加以引导观众，还配备各种群众集会或群众活动用的强电和弱电插座接口。

2. 多功能厅

(1) 建筑设计

多功能厅位于戏剧厅和综艺厅之间的公共区域，是一座崇尚简洁和自由的艺术空间，是真正意义上的小剧场，拥有 370 个座位，主要由舞台、观众厅、控制室、卸货区以及配套用房组成（见图 2-10）。多功能厅是江苏大剧院文化演出和文化活动的场所之一，总体设计体现了多功能小剧场的特色，既可演出地方戏、话剧、舞剧、小型音乐会、时装表演，也可举行中小型会议、展览、新闻发布会、酒会等。

多功能厅的设计理念是国际化的，其表演形式是以演员和观众融合为主，同时又兼顾其他活动，在设计上给予了空间最大的自由。舞台与观众席的位置、大小，可以根据每次演出活动的不同需要任意施展想象，采用电动伸缩座椅。座椅展开时该厅可以作为小型剧场使用，座椅收纳起来后可形成完整的超过 400 m² 、净高 7 m 的大空间，适合更加灵活的活动功能使用。它简洁的构造和可以随意调整的位置关系，给设计师带来了无限灵感。

多功能厅的顶部休息区经过潜心构思，建造了为观众服务的休闲咖啡厅，灵活而有趣地利用了多功能厅外部的空间，彰显了多功能厅的时尚气息。

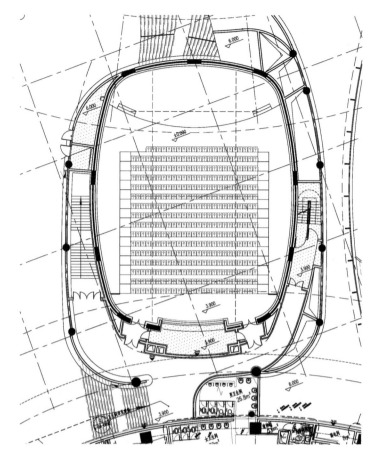

图 2-10　多功能厅平面图

(2) 舞台机械

多功能厅的舞台为拼装式舞台，能实现多种不同的舞台模式，分别为平面舞台、尽端式舞台、伸出式舞台、"T"形台和会议模式舞台，以满足不同功能的需要，充分体现其多功能性。

台上设备包括 40 套可移动单点吊机、可拆卸灯光吊杆、无影网栅顶和台上电气与控制系统。英国出品的无影网覆盖了多功能厅上空绝大部分区域，具有很好的透光性且不影响灯具的照明效果，工作人员可以携带重物在上面操作，在栅顶上布置灯具而不必担心光束穿过会在舞台上留下阴影。60 套可拆卸灯光吊杆安装在金属网平台之上，为各种模式下的多功能厅提供全方位的灯光照明。40 台可移动电动葫芦使剧场上空针对多变的舞台位置架设临时吊杆满足演出需要。

(3) 舞台灯光

多功能厅表演区灯光设计照度为 800 lx 以上，光源的色温为（3 050±150）K，显色指数大于 85。为了满足多功能厅灵活的灯光布置，电动活动吊点悬吊灯光组合吊杆，满足各种常规灯具、电脑灯具、LED 灯具的使用要求。

多功能厅灯具的功率为 750 W，灯具为多功能聚光灯，同时配置一定数量的电脑染色灯、电脑图案灯、追光灯等专用舞台灯具设备，共计达 500多只。还配置了烟机、泡泡机、雪花机等效果设备，以适应节目的多种需要。

(4) 舞台音响

① 多功能厅扩声设计标准

最大声压级大于或等于 103 dB；传输频率特性：−4 dB~+4 dB；传声增益：125 ~ 6 300 Hz 的平均值大于或等于 −8 dB；稳态声场不均匀度：1 000 Hz 时小于或等于 6 dB；4 000 Hz 时小于或等于 8 dB；早后期声能比：500 ~ 2 000 Hz 内 1/1 倍频带分析的平均值大于或等于 +3 dB；系统总噪声级：NR-20。

② 扩声系统配置

由于多功能厅使用形式多样，舞台布置和观众席摆放均有较大灵活性，因此扩声系统扬声器不设置固定的安装位置。扬声器主要以流动摆放 / 吊挂为主，配有小型有源 DSP 可控投射角度线阵列扬声器四组，每组包括一只次低频扬声器及四只全频扬声器、四只流动点声源全频扬声器、四只流动全频返听扬声器。在观众席周边墙面及灯栅层四周墙面均设置综合信号插座箱，内设话筒输入、音频输出、扬声器输出、控制网络接口及扩声系统专用供电插座。根据多功能厅不同的使用需求，扬声器组可流动摆放于地面，也可吊挂使用，信号直接由最近的墙面输入。

3. 其他公共区

(1) 售票厅设置在首层东侧对称轴的位置，位于音乐厅和戏剧厅之间。

(2) 电影院、餐厅、咖啡厅等配套商业用房围绕椭圆形室外中心广场周边布置，分别设在一、二层，为观众提供休憩、观展、阅览、简餐等便利服务。电影院设有 6 个放映厅，分别是 1 个大厅 160 座，3 个中厅各为 90 座，2个小厅各为 24 座。

(3) 职工食堂及厨房位于高架平台下的东南侧区域，文博馆、艺术馆和录音棚位于平台下首层的东北角区域和北部区域，项目西南角设有地下恒温恒湿的乐器库房。

第三章　土建工程施工重点和难点

第一节　特大地下室防水混凝土施工

1. 特大地下室防水混凝土施工重点和难点分析

江苏大剧院的满堂地下室层高 7 m，坑中坑底板标高 −16.3 m，南北宽度 350 m，东西长度 290 m，地下室面积约 10 万 m^2，属超长超宽结构。地下室结构底板、外墙板及顶板均为自防水混凝土，防水混凝土抗渗等级为 P8。

(1) 江苏大剧院地下室毗邻长江，处于长江漫滩地区，以淤泥质粉土、粉细砂层等不良地层为主，地下水埋藏浅，含水量丰富，具有流动性和承压性，工程地质条件极差。地下室防渗漏要求高、施工难度大。

(2) 地下室混凝土结构面积大，底板和外墙板结构防裂、抗裂施工及平整度控制是施工中的关键。

(3) 大面积底板和超长混凝土墙板的分次浇筑量大，施工缝、后浇带的处理是重点。通过论证保留设计原有沉降后浇带，取消设计中的温度收缩后浇带，底板改为"跳仓法"施工。"跳仓法"施工缝及沉降后浇带的防水处理是施工的难点。

(4) 特殊部位节点处理，例如歌剧厅深基坑的节点处理、戏剧厅坑中坑的节点处理，综艺厅下沉管沟、机房处的节点处理及污水管涵、箱涵处节点处理都是底板施工的难点。

(5) 歌剧厅坑中坑土方开挖最深至 −17.65 m，开挖深度大，土方开挖、深基坑支护和深基坑工程施工是难点。

2. 地下室底板跳仓法施工

2.1 跳仓法施工机理

混凝土开裂是一个涉及设计、施工、材料、环境及管理等综合性的问题，必须采取"抗"与"放"相结合的综合措施加以预防。"放"的原理是基于混凝土结构中胶凝材料（水泥）水化放热速率较快，1~3 天达到峰值以后迅速下降，经过 7~14 天接近环境温度的特点，通过对现场施工进度、流水作业、场地的合理安排，先将超长结构划分为若干仓，相邻仓的混凝土需要间隔 7 天后才能浇筑连接，通过跳仓间隔释放混凝土前期大部分温度变形与干燥收缩变形引起的约束应力。"放"的措施还包括初凝后多次细致的压光抹平，消除混凝土塑性阶段由大数量级的塑性收缩而产生的原始缺陷；浇筑后及时保温、保湿养护，让混凝土缓慢降温、缓慢干燥，从而利用混凝土的松弛性能，减小叠加应力。

"抗"的基本原则是在不增加胶凝材料用量的基础上，尽量提高混凝土的抗拉强度，主要从控制混凝土原材料性能、优化混凝土配合比入手，包括控制骨料粒径、级配与含泥量，尽量减少胶凝材料用量与用水量，控制混凝土入模温度与入模坍落度，以及保证混凝土的均质密实等方面。"抗"的措施还包括加强构造配筋，尤其是板角处的放射筋与大梁断面中的腰筋。结构整体封仓后，以混凝土本身的抗拉强度抵抗后期的收缩应力，整个过程"先放后抗"，最后"以抗为主"。故此超长地下室结构使用跳仓法施工能取消后浇带又能起到控制有害裂缝的作用。

2.2 混凝土结构抗裂防渗措施

大面积筏板混凝土应用膨胀剂可以降低不同龄期的收缩当量温差，补偿综合温差带来的温降收缩。尤其是采用跳仓法施工时，第二次浇筑的填充块产生有效体积膨胀，可以与相邻的块体接触储存一部分预压应力，增强结构的整体性。在严格控制混凝土原材料的选用和质量、设置合理构造配筋、过程严密监督的基础上，应用混凝土膨胀剂可进一步抑制大体积混凝土裂缝出现的风险。

2.3 跳仓施工缝做法

跳仓施工缝采用钢丝网，施工缝表面粗糙，不需要凿毛，清洗后即可进行第 2 次混凝土浇筑，接缝处两次浇筑混凝土粘接紧密。施工缝两边混凝土要振捣密实，每次浇筑完毕后施工缝处 500 mm 宽的混凝土表面要用人工收光两遍。

2.4 跳仓法施工

跳仓的最大分块尺寸控制在 40 m 以内，跳仓间隔施工时间不小于 7 天，施工分仓示意见图 3-1。地下室底板拟保留沉降后浇带，取消温度收缩后浇带。结构底板施工顺序与土方开挖和基坑支护顺序一致，同时考虑设计后浇带划分的位置，经过计算，跳仓分块面积最大控制在 1 600 m² 以内。

(1) 由于温度收缩应力始终与降温幅度成正比，故控制混凝土内部水化温升大小是控制温度收缩应力的关键，应努力从减小胶凝材料用量、用水量、控制入模温度等方面控制水化温升值与干缩值。

(2) 由于混凝土在早期特别是前 28 天内的松弛效应十分显著，充分利用徐变松弛效应来减小结构内部的应力叠加，因此必须保证 7 天的跳仓浇筑间隔，让应力得到充分松弛后再累加，不会引起较大的收缩应力，保证了底板不出现有害贯穿性裂缝。

(3) 在不增加胶凝材料用量的前提下，提高混凝土本身抗拉强度是控制裂缝的关键，主要从控制骨料的含泥量、优化骨料级配、混凝土振捣与收光、局部增加细而密的配筋等方面入手。

(4) 做好保温、保湿养护工作，让混凝土缓慢降温，充分利用徐变松弛效应，同时避免由于内外温差与表面干燥形成的表面收缩裂缝。

3. 地下室外墙板施工

地下室底板后浇带以及外墙板后浇带是整体刚性防水的薄弱点，通过设置超前止水带构造和 300 mm 宽丁基止水钢板，形成三道防线防止后浇带部位渗水，后浇带防水节点做法见图 3-2。超前止水带的两道防水线分别为 400 mm 宽外贴式橡胶止水带和中埋式橡胶止水带，橡胶止水带的拉伸强度为 18 MPa，撕裂强度为 50 kN/m。丁基止水钢板的丁基橡胶粘结拉伸剪切强度为 0.08 MPa。

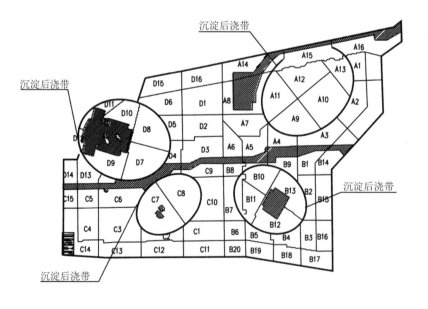

图 3-1　地下室底板施工缝及后浇带划分示意图

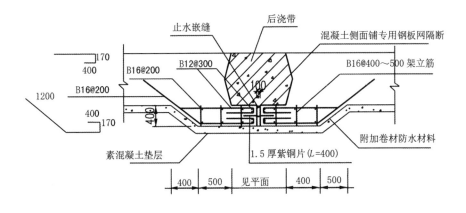

4. 地下室顶板施工

地下室顶板与外墙板卷材防水连接部位节点，将防水卷材向外墙板延伸 400 mm 收头并用密封膏密封，见图 3-3。地下室顶板防水层采用 3 mm 厚 SBS 改性沥青防水卷材 +4 mm 厚复合铜胎基 SBS 改性沥青防水卷材，同时采用 70 mm 厚细石混凝土做保护层，延伸至外墙板用软保护层进行保护。

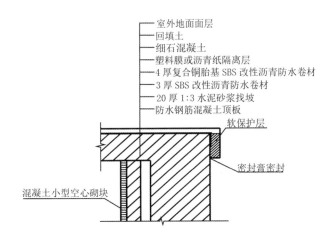

5. 细部构造措施

(1) 膨胀止水条的使用。后浇带设计形式为阶梯形凹槽，下口宽 0.8 m，上口宽 1 m，见图 3-4。先后浇筑的混凝土不能良好结合可能会形成裂缝，该薄弱环节会使地下水的渗入提供通道，采用止水条防水做法：SJ 止水条规格为 25 mm×7 mm，膨胀率 600%，它除了膨胀率高还有一个显著特点，就是遇水膨胀，水去收缩。安装止水条要求基面干燥、平整，用射钉将止水条固定在平整的混凝土表面，射钉间距 25 cm。当基面不平时，使用 SM

图 3-2 地下室底板超前止水后浇带做法
图 3-3 地下室顶板与地下室外墙交接处防水节点处理

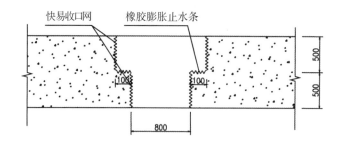

图 3-4　基础底板后浇带做法示意图

胶(SM 胶与止水条同种材料)将表面找平，然后把止水条黏在胶表面。施工过程中要避免止水条提前遇水。

(2) 对防水关键部位如格构柱、降水井、穿墙套管等的止水环焊接逐个进行检查，验收合格后方可进行混凝土浇筑。

(3) 防水卷材施工时需对阴阳角、附加层进行检查验收合格后进行大面积防水卷材铺贴，第一道防水卷材验收后进行第二道防水卷材铺贴，做到每道工序验收均有人签字确认。

(4) 在跳仓施工缝、沉降后浇带部位，严格检查止水钢板、止水带的安装质量。确保止水钢板贯通、无漏焊现象，混凝土浇筑后及时进行清理、凿毛。

(5) 沉降后浇带严格按照设计要求，在主体结构沉降稳定后进行封闭。收缩后浇带 60 天后进行封闭。

(6) 地下室底板表面和外墙板内侧混凝土表面涂刷一道 1.5 mm 厚水泥基渗透结晶型防水涂料，以封堵混凝土细小裂缝，起辅助防水作用。

6. 防水混凝土的施工措施

6.1　混凝土原材料控制

(1) 使用满足《通用硅酸盐水泥》(GB 175-2007) 要求的 52.5P.O 或 52.5P.II 水泥，碱含量在 0.6% 以内；Cl 含量不大于 0.02%；烧失量小于 3%；标准稠度用水量不大于 27%；C3A ≤ 6%。选用早期水化热较低的水泥。

(2) 使用砂、石骨料各项指标应满足《普通混凝土用砂、石质量及检验方法标准》（JGJ 52-2006）。砂采用级配良好的洁净中、粗河砂或江砂，细度模数 ≥ 2.4。石子采用 5~25 mm 连续级配碎石。控制石子和砂的含泥量分别不超过 1% 和 3%，泥块含量分别不超过 0.5% 和 1%，砂云母含量不大于 1%。

(3) 膨胀剂：依据标准《补偿收缩混凝土应用技术规程》(JTG/T 178-2009) 中对补偿收缩混凝土的技术要求，结合江苏大剧院具体的结构形式和对抗裂的要求，地下室筏板混凝土水中 14 天限制膨胀率取值不低于 0.020%，水中 14 天转空气中 28 天限制膨胀率取值不低于 0.015%。

(4) 缓凝高效减水剂：应满足《混凝土外加剂》(GB 8076-2008) 要求，

为了进一步降低混凝土的收缩，采用收缩率低的新一代聚羧酸高性能减水剂，如 PCA 聚羧酸高性能减水剂。

6.2 水灰比的控制

地下室混凝土按照《混凝土结构设计规范》(GB 50010-2002) 中二 a 类环境类别执行，并明确最大水灰比为 0.45，尽量降低用水量与胶凝材料的比例，能够有效控制混凝土干缩裂缝的产生。

6.3 有害物质的控制

地下室所处的环境类别为二 a 类，混凝土中的最大氯离子含量为 0.03%，使用低碱活性骨料，最大碱含量为 2.8 kg/m³，均比《混凝土结构设计规范》(GB 50010-2002) 中针对设计使用年限为 100 年的结构混凝土的规定更加严格，能够更有效地控制氯离子对钢筋的腐蚀作用和碱骨料反应，提高混凝土的耐久性和对钢筋保护的有效性。

6.4 配合比控制

根据现场施工条件、当地原材料性能和施工时外界环境条件，确定施工所需的混凝土工作性能，主要是混凝土的坍落度。配合比设计的原则是在保证抗压强度满足要求的条件下，尽量提高抗拉强度，同时减少水泥用量与用水量，以减小混凝土的温度收缩与干燥收缩。混凝土原材料与配合比要经试配合格、满足所需的强度和施工性能后方可最终确定。

膨胀剂掺量控制在 6% ~ 8%。根据配合比设计要求，并结合以往工程施工经验，混凝土用水量不超过 160 kg/m³。混凝土入泵坍落度控制在 140~160 mm，到浇筑仓面坍落度为 120~140 mm，同时具有良好的和易性与保水性。

6.5 混凝土浇筑与振捣

(1) 商品混凝土厂家生产能力应能够满足工程需要，保证混凝土连续供应，混凝土从搅拌结束到入泵时间不超过 90 min。混凝土在运输过程中，运输车的搅拌筒要保持一定的转速，到达后要先高速旋转 20~30 s 再将混凝土拌和料流入泵车料斗中。

(2) 混凝土浇筑前派专人对搅拌站驻场，检查原材料质量及配合比，确保混凝土质量。现场对混凝土拌和物进行坍落度抽查。混凝土浇筑前制定专项方案，做好组织安排、泵车布置、浇筑方式、劳动力投入等工作，做好技术交底工作。大体积混凝土施工前对混凝土浇筑温度、温度应力及收缩应力进行计算，确定施工阶段混凝土浇筑体的温升峰值、里表温差及降温速率的控制指标，制定相应的温控技术措施。混凝土浇筑时管理人员跟班作业，及时解决施工中遇到的问题，并指导操作人员做好振捣、收光工作。在相对湿度较小、风速较大的环境下浇筑混凝土时，应采取适当挡风措施，防止混凝土失水过快。雨期施工时必须有防雨措施，严格控制混凝土的水灰比和坍落度，根据实际情况调整坍落度损失，严禁二次加水。竖向结构严格分层浇筑、分层振捣，一次下料厚度控制在 50 cm 以内。

(3) 严格控制振捣插入间距在 40 cm 以内，振捣时间控制在 15~30 s，混凝土采取二次振捣措施。混凝土振捣时振动棒应快插慢拔。由于粉煤灰的需水量比较大，要注意避免过振，防止混凝土出现泌水。振捣时避免振动棒触及钢筋和预埋件，不容许采用通过振捣钢筋的方法来促使混凝土密实。严格掌握混凝土表面收光时间，采取二次抹压技术，最后一道抹压收光控制在终凝之前完成。

6.6 混凝土养护

(1) 及早做好混凝土养护和带模养护工作，为保证混凝土的质量，减少裂缝，在混凝土养护上采取"及早养护"和"带模养护"的方式。

(2) 养护期间混凝土里表温差不宜超过 25℃，混凝土表面与大气温差不宜超过 25℃。大体积混凝土施工前应制定严格的养护方案及混凝土温度监测方案，控制混凝土内外温差满足设计要求。

(3) 混凝土拆模时间除需考虑拆模时的混凝土强度外，还应考虑拆模时混凝土温度不能过高，以免混凝土接触空气时降温过快而开裂，更不能在此时浇凉水养护。混凝土内部开始降温前以及混凝土内部温度最高时不得拆模。

(4) 拆模后使混凝土的周围环境相对湿度达到 80% 以上，水平结构采取覆盖塑料薄膜密封保湿或蓄水养护，竖向结构柱拆模后采取塑料薄膜严密包裹养护，墙采用挂麻袋片浇水或布设喷淋管定时喷水养护。

7. 结语

江苏大剧院地下室防水混凝土的施工实践证明，通过改善自防水混凝土材料的防水性能，加强细部构造措施，优化完善混凝土浇筑方案，加强混凝土浇筑施工控制，使防水混凝土施工在江苏大剧院工程中的应用取得了显著的效果。迄今为止，10 万 m² 的满堂地下室没有发生渗漏现象。

第二节 钢筋混凝土大环梁施工

1. 施工重点和难点

江苏大剧院的4个单体建筑主体结构均为椭球形壳体，每个壳体的外罩钢结构和屋面均以超长劲性混凝土大环梁作为基础。该大环梁支座在框架结构的1.2 m×1.2 m的劲性配筋钢骨柱上，大环梁中心线总长约340 m，梁顶标高为12 m，断面尺寸2 m×2 m。大环梁内有1 400 m×350 mm工字钢劲性配筋，工字钢上设置栓钉以提高与混凝土的共同受力性能。大环梁剖面见图3-5，大环梁内弧形工字钢钢骨见图3-6。

(1) 需要确定弧形工字钢的吊装、焊接和混凝土浇筑的交叉施工步骤，其施工次序安排是否合理直接关系到大环梁的施工质量与进度。

(2) 防止大体积、超长结构混凝土收缩变形产生的裂缝，保证弧形工字钢下部混凝土的浇筑质量是难点。

(3) 劲性配筋钢骨柱植根于筏板底部，一个柱内的钢骨达8 t重，钢骨柱安装时地脚螺栓预埋及钢骨柱准确固定是难点。

(4) 根据大环梁内钢筋与弧形工字钢的位置关系，与设计方协商优化钢筋措施。核心筒剪力墙随着高度增高截面逐渐变小，钢骨柱发生偏心且钢

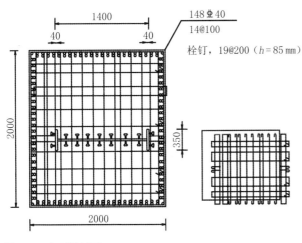

图3-5 大环梁剖面

图3-6 大环梁内弧形钢骨

骨柱截面发生变化，同时钢筋布置也发生变化，导致上层钢筋在下插时与下层钢骨柱发生冲突，无法下插是难点。

(5) 核心筒部分钢骨柱之间存在交叉斜梁、暗撑，钢筋密度大，难以施工，且水平锚固长度不够。采用弯锚，钢筋较大（最大钢筋Φ40），弯锚段长度较长，与钢骨柱加劲板碰撞，施工难度大。

(6) 部分劲性柱引出劲性梁牛腿，劲性柱竖向钢筋与劲性梁牛腿冲突，劲性柱竖向钢筋无法绑扎；同时劲性柱钢筋大（Φ40）、数量多、间距小，劲性梁牛腿钢筋数量多，梁钢筋无法深入柱筋中，梁钢筋绑扎困难。

(7) 大环梁钢筋配置量密集，主筋沿高度和宽度方向各25排，钢筋净距5 cm，主筋随大环梁椭圆形状均为弧线成型连接。梁内箍筋多，在密集的钢筋中还要加入弧形工字钢，进一步加大了钢筋施工的难度。

(8) 每个单体的大环梁混凝土是球形外罩钢结构的承重基础，需承受5 000 t荷载，施工质量要求高。大环梁为C50高强度大体积混凝土，混凝土裂缝控制是质量控制的重点，它直接影响混凝土的耐久性。

(9) 由于球形外罩钢结构安装施工的要求，预埋钢板的精确定位要求极高，给施工测量定位、固定预埋件及检测校调带来很大困难。

(10) 大环梁自重大，每米自重达12 t，为了确保模板系统的强度和刚度可靠，需要做严格的模板系统设计并通过安检专家论证。

(11) 大环梁主筋采用Φ40，箍筋14@100，混凝土强度等级C50，采用预拌混凝土泵送浇筑。总浇筑量约为5 350 m³。大环梁施工时值7~8月间高温天气，处于浇筑混凝土的不利时间。

2. 施工步骤和采取技术措施

2.1 运用BIM技术进行劲性钢结构复杂节点建模

BIM技术具有模拟性及可视化特点，利用已有的CAD结构模型和Tekla Structures系列软件进行钢构件模型搭建，在钢构件模型的基础上进行钢筋模型搭建，然后分析劲性节点及交叉关系，对其进行调整并优化，见图3-7。在钢构件复杂节点模型的基础上，根据平面设计图纸中梁、柱配筋信息，发现节点连接的问题及碰撞冲突，并对其进行处理，同时优化节点设计，确保构件制作质量，从而提高工程整体质量。

(1) 钢骨柱模型建好后，发现地脚螺栓无法预埋固定，经与设计沟通，在混凝土垫层下方按要求下挖一定深度，将螺栓预埋，提前浇筑混凝土。避免了混凝土垫层、防水层、保护层遭到破坏和重复施工。

(2) 钢骨柱偏心，须采用Tekla Structures软件三维实体建模，由于影

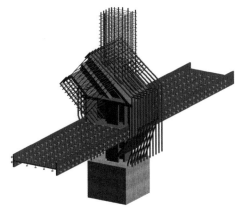

图 3-7　钢筋与钢骨连接示意图　　　　　图 3-8　钢筋马镫示意图

响钢筋下插，经与设计方沟通，调整钢骨柱方向，从而有效解决了该问题。

(3) 劲性梁与劲性柱的连接，通过建模建立钢筋与钢骨柱的位置关系，由于环梁与钢骨柱为斜交，采取接驳器连接。

(4) 劲性柱环梁处钢筋接头为直螺纹套筒连接，其余环梁钢筋采用地面拼装，塔吊整体吊装。采用单边支模，钢筋绑扎完成后再合模的方法施工。

2.2　复杂节点模拟施工

(1) 水平工字钢钢骨开孔

为了解决工字钢下部混凝土的灌注和振捣，需要在工字钢上开设浇筑孔，但又不能过多地开孔以免削弱工字钢的设计强度。经反复计算和试验，确定在距立板两侧的 1/4 位置处开设 200 mm 浇筑孔，间距 1.2 m，兼做振捣口，呈梅花形布置。同时又在两排孔中部位置开间距为 80 mm 的 ϕ40 排气孔。

(2) 钢筋工程关键技术

第一，大环梁钢骨节点处理难度大，钢筋下料前钢筋放样图由专业技术人员翻样，计算下料长度及根数。钢筋根据不同长度进行搭配，统筹排料。主筋采用直螺纹套筒连接，经过计算利用钢骨梁承担钢筋重量制作钢筋马镫，见图 3-8。

第二，钢筋绑扎顺序为自下而上依次进行，无法绑扎的钢筋采用等截面替换法，以确保结构强度。大环梁的竖向箍筋间距为 100 mm，由于箍筋间距小，无法进行上部钢筋施工，经过研究并征得设计方同意，将原来一个整体的箍筋分为 3 个箍筋代替，相邻箍筋采用连环相接。钢筋绑扎按 3 个箍筋从下到上的顺序分层绑扎，既解决了钢筋施工的操作空间，又使箍筋绑扎与混凝土施工步骤保持一致。

第三，大环梁截面钢筋密度大且预埋件多的地方，采用了部分封闭的箍筋改为上下两个相对的 U 字形箍筋的技术措施，解决了穿筋困难和箍筋绑扎等问题。

2.3 高支模

梁底高支模构造：采用 600 mm×600 mm 碗扣架、50 mm×100 mm @200 次龙骨（沿梁长），双钢管 (48 mm×30 mm) 横担主龙骨，采用方钢龙骨长 2.4 m。梁侧 50 mm×100 mm 方木竖放次龙骨，2.4 m@200，主龙骨为双，40 mm×3 mm 弧形钢管。对拉螺栓，梁体范围 4 道，梁上口和下口各加一道锁扣对拉螺栓共 6 道，见图 3-9。

立模顺序：支底模→绑扎梁筋→封侧模，侧模板采用镜面板，底模留清扫口。

2.4 混凝土施工

混凝土坍落度为（18±2）cm，坍落度扩展度为 45~55 cm。坍落度损失每小时不大于 2 cm。采用聚羧酸高效减水剂。为防止 H 型钢腹板下混凝土浇捣空鼓，采用以下措施。

(1)H 型钢腹板上留振捣孔和出气孔，其中出气孔有一部分焊接 DN25 钢管伸出梁面 20 cm，在钢构厂加工完成，沿梁中的间距 2 m，为排气和观察所用。

(2) 为防止梁底模及支撑下沉变形，采取混凝土单侧下料，采用溜槽，不能用汽车泵直接下料，以免混凝土飞溅，避免飞溅料堆积到钢骨腹板上面。

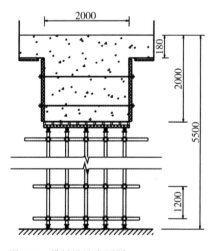

图 3-9 模板设计立面图

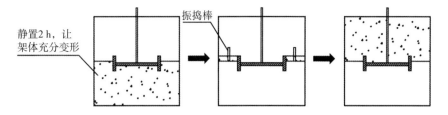

静置2 h,让架体充分变形 ← 振捣棒

图 3-10　混凝土浇筑顺序图

　　① 第一步混凝土下料浇至型钢梁腹板底，直至留在腹板上的出气孔灌浆为止，混凝土需静止 2 h（静止 2 h 让架体变形），接着再下料至翼缘板上口，见图 3-10。因支撑变形产生裂隙依靠二次单侧下料重新振捣加以弥补。

　　② 第二步将钢骨梁腹板以上混凝土浇筑完成。如腹板下仍有空鼓，则利用注浆孔注浆，采用有粘结预应力浆料压力注浆。

　　③ 沿梁方向采用斜向分层振捣，腹板下务必要振捣密实。大环梁不设施工缝，取消后浇带，一次浇筑成型。

3. 结语

　　巨型超长劲性配筋混凝土大环梁精心施工历时两个月，完全达到了设计和施工的质量要求，顺利地解决了大环梁施工中面临的超密集钢筋处理、钢骨处混凝土浇筑质量、超长大体积混凝土裂缝控制等难题。

第三节　特大面积耐磨地坪施工

1. 原材料选用

江苏大剧院 10 万 m² 地下停车库地面采用环氧耐磨地面涂料，以环氧树脂为基料，外加固化剂制成的双组分反应型涂料。厚膜型环氧耐磨地面涂料要求能够耐重压、耐磨和耐腐蚀，选用固体含量高的环氧树脂，如 E-44、E-42 或 E-51 等，使涂料具有较高的黏度，保证进行一道或两道镘涂后即能够达到要求的厚度。其他涂料组分选用质地坚硬的填料，如石英砂，以保证耐重压、耐磨的要求。选用脂环胺类固化剂能够使涂膜具有较高的硬度，为了使气泡能够在涂膜较厚的情况下顺利逸出，使用适量的高效消泡剂。

2. 垫层检查和处理

(1) 垫层混凝土要求平整密实，强度不低于 C25，地面平整度要求在 2 m² 范围内误差不大于 2 mm(用抹光机抹平并收光)。混凝土干燥至少三周，含水率不高于 6%，在养护干燥过程中避免积水，否则容易引起局部混凝土水分含量超标。

(2) 对被损坏的混凝土表面修补或找平，当采用细石混凝土找平时，强度等级不小于 C20，厚度不小于 30 mm。当垫层用水泥砂浆找平时应先涂一层混凝土界面处理剂，再按设计厚度找平；如施工过程不宜进行上述操作时，可采用树脂砂浆或聚合物水泥砂浆找平。

(3) 垫层混凝土在纵向设平头缝，纵缝间距宜采用 3~4 m；横向设假缝，横缝间距宜采用 4~6 m。假缝经锯割而成，并用 1:2 膨胀砂浆勾缝。耐磨面层与垫层混凝土不能同时一次性连续施工时，耐磨面层的施工图设计应增加结合层(或称过渡层)。

(4) 含水率的测定可用塑料薄膜法，取 45 cm×45 cm 的塑料薄膜平放在混凝土表面，用胶带纸密封四周边。16 h 后薄膜下出现水珠或混凝土表面变黑，说明混凝土垫层过湿，不宜施工。

(5) 油污较多的混凝土表面可采用酸洗法，用浓度为 10%~15% 的盐酸清洗垫层表面，待不再产生气泡后用清水清洗，配合毛刷刷光。此法可清除泥浆层并得到较细的粗糙度。面积较大的平整表面可以采用机械法处理，即用喷砂或电动磨平机清除表面凸出物、松动的颗粒，破坏毛细孔，增加附着面积，然后用吸尘器吸除砂粒、杂质和灰尘等。对于有较多凹陷的地面，采用环氧树脂砂浆或环氧树脂腻子填平、修补，再进行进一步的垫层处理。

3. 厚膜型环氧耐磨地面涂料施工工艺

垫层处理→底涂→环氧涂料过渡层→环氧树脂砂浆镘平→批嵌环氧腻子
↓
施工验收←打蜡←养护←面涂涂布←磨平、吸尘

第一，封闭底漆施工用刷涂、辊涂或喷涂的方法施工，封闭底漆一道至两道，两道之间的间隔时间在 8 h 以上，不能大于 48 h。底漆施工时注意涂布均匀，涂膜无明显的厚度差异，防止漏涂。用辊涂法施工时注意余料堆积情况，底漆封闭不完全(漏涂)时，会发生附着不牢、涂膜起泡等现象。

第二，水泥垫层存在凹坑，用商品环氧腻子或用底漆和细石英砂配制的环氧砂浆填平，在固化成膜后打磨平整。厚膜型涂料的中层涂料施工时可采用镘刀镘涂。由于涂料中使用的石英砂较多，刮痕明显时应辊压一次。涂装间隔如果大于 48 h，应进行打磨后再进行下道涂料的施工，以保证层间粘结力。

第三，环氧耐磨地面的面涂料可以采用刷涂或刮涂施工。厚膜型涂料按配比要求将双组分涂料混合均匀，待熟化后使用 1 mm 厚刮板刮涂涂料。刮涂时保持厚薄均匀，无漏涂现象，无明显余料。刮涂时刮刀的移动速度应均匀，保证涂膜厚度，刮涂道数根据厚度要求而定。普通环氧涂料可以采取刷涂方法施工，面涂料两道间的时间应在 18 h 以上，但不能大于 48 h。配制好的涂料应尽快用完，防止涂料的黏度升高，涂料中的气泡难以排出。

第四，打蜡养护。面涂料施工完并固化后(一般在面涂料施工 24 h 以上)，进行打蜡养护，两周后可验收使用。饱满度好的地面，日光灯管在涂膜上的投影清晰，不走形。

4. 硬化剂耐磨地面施工工艺

混凝土浇筑并整平→抹光机振实、刮平→第一次撒播地面硬化剂→抹

光机揉压、抹平→第二次撒播地面硬化剂→抹光机揉压、抹平→边角压光→整体抹平压光→养护

(1) 混凝土垫层磨搓、提浆施工时按常规进行施工，垫层混凝土强度需高于C25，最小水泥用量为300 kg/m³，坍落度在15~100 mm之间。垫层混凝土的厚度不小于80 mm，灰饼打点标高必须精确，严格控制边模板的整体标高。冬期施工时环境温度高于5℃，温度较低时混凝土应掺加早强剂。待垫层具有初凝强度时，启动预安装提浆盘的抹平机慢速磨搓、压浆，然后用大杆刮平，使混凝土浆面基本平整均匀。磨搓要求均匀，不得漏搓，并根据混凝土表面干湿度适度调整磨搓时间。

(2) 硬化剂硬化层施工时，将地面硬化剂撒播在已经磨搓提浆的混凝土垫层上，分两次撒播。第一次撒播总用量的2/3，模板边角和切缝处要增加材料用量，边角加强，撒播均匀。撒播硬化剂时应戴防护手套，先撒边角部位，以保证用料充分。撒料时距离混凝土面20~30 cm，沿垂直方向直线撒料，展料长度可达3 m左右，展料宽度约20 cm，然后顺序依次撒料。分条、分仓、分块浇筑时，可相应撒料。整体浇筑以3~4 m为一跨，逐跨后退撒料。撒料应厚薄均匀、走向分明、无遗漏、无堆积、边角处撒料得当。

(3) 硬化剂用量根据材料说明书和设计要求确定，一般用量为5 kg/m³。根据气温、混凝土配合比等因素正确掌握地面硬化剂的撒播时间，撒播过早会使耐磨材料沉入混凝土中降低效果，撒播太晚混凝土已凝固，失去粘结力，使耐磨材料无法与混凝土结合而造成剥离。正确的撒播时间需有施工经验的人员掌握，并在撒播施工中不断积累经验。在硬化剂表面吸水变暗后，启动抹平机磨搓、压浆，然后刮平。紧随上道工序第二次撒播剩余地面硬化剂，要求撒播方向与第一次撒播方向垂直。根据第一次撒料的厚薄程度，适量调整撒料量，最终达到硬化剂层厚度均匀。待硬化剂表面吸水变暗后，启动抹平机磨搓、压浆，磨搓时至少纵、横磨搓一遍，最终达到厚度均匀、色泽均匀、表面平整。

(4) 抹平硬化剂硬化层施工完成约2 h，此时垫层混凝土已具有足够强度，硬化剂层基本熟化，将抹平机的刀片调整为小角度，启动抹平机进行中速压抹，纵横方向反复抹平。抹平机行车线路视地面干湿度适度调整，一般采用反复包抄式，如图3-11。抹平工序中使用抹刀人工压抹，穿插进行边角手工抹平收光。收光抹平工序完成后2~3 h，混凝土垫层终凝，硬化剂层强度明显上升，行人赤脚行走无明显痕迹，启动抹平机高速抛光。抛光工序完成后硬化剂耐磨地面具有明显的镜面效果，色泽均匀，穿软底鞋行走表面无痕迹。一般情况下，硬化剂耐磨地面表面层检测强度可以达到C80~C100混凝土强度。

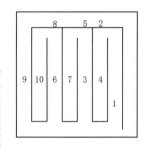

图3-11 抹光机的行走顺序示意

(5) 养护硬化剂耐磨地面，抛光工序完成后 4~5 h 开始养护，采用喷洒、涂抹养护剂或覆盖 PVC 膜保湿等方法。若有硬化剂耐磨地面损坏，凿掉面层使用丁苯胶乳胶泥进行修补。修补时将破损区清理干净，充分浸水润湿，再用丁苯胶乳加水稀释后进行涂刷，干燥后用丁苯胶乳胶泥修补。较大面积的破损需要画线锯切，凿掉面层及部分垫层混凝土，再清理润湿，扫素水泥浆浇筑混凝土，最后施工硬化剂面层。

(6) 硬化剂耐磨地面面层施工完成 5~7 天后开始切割缩缝，以防不规则龟裂。切割应统一弹线，确保切割缝整齐顺直。切缝完成后将缝内杂物清理干净，用除尘器吹干缝内积水，将 PG 道路嵌缝胶灌入缝内。

(7) 涂刷环氧树脂渗透剂前用角磨机将凹凸不平处磨平，潮湿的地方烘干，清理吸尘，使其达到平整、清洁、无松动、无油污，地面干燥，含水率 10%。环境清洁，施工时的温度在 5℃以上。底涂一遍，将调配好的渗透剂用辊筒均匀涂刷在地面上，辊涂厚度 0.5~0.8 mm，使树脂渗透到水泥内部。面涂二遍，首先对固化的底涂进行打磨，清除气泡，清理干净，达到平整无杂质，然后用辊筒把配置好的彩色面涂均匀辊涂在底涂上，第一遍完全固化后方可涂刷第二遍，最后进行收光，达到无接缝、完全覆盖、色泽一致、光洁明亮的效果。施工完毕后立即进行现场维护，固化时间 24 h 内严禁踩踏，固化完成后采取成品保护措施保护地面。

5. 施工质量保证要点

(1) 对垫层的处理影响环氧耐磨地面的质量，垫层的表面强度、平整度、养护情况、表面的酸碱性、垫层的结构和含水率都会影响地面的质量，严重时甚至可能导致施工失败。如果对垫层处理的重视不够，会在地面施工不久就出现各种质量问题，因此，严格检查和处理混凝土垫层是提高施工质量的基础。

(2) 混凝土为多孔材料，经过处理的混凝土垫层，涂料能与混凝土产生良好的粘结。由于混凝土的振捣工艺，使表面富集水泥浆形成致密的富水泥浆表层。该表层平滑、光洁、致密，粗糙度较小，同时混凝土在固化过程中，表层失水快，水泥的水化不能够完全进行，因此表层的强度低，硬度也低。所以为了保证环氧耐磨地面涂料的施工质量，需将该表面层清除掉，使环氧耐磨地面直接粘结于坚实的混凝土垫层上，这样也易于环氧树脂向多孔的混凝土层中渗透。

(3) 胶结材料为高强度等级的水泥，耐磨骨料为地面硬化剂中的耐磨组分，是粒状材料，平均粒径 1.5 mm，约占总量的 75%，具有耐磨、填充、骨架作用。非金属骨料一般为天然石英矿石经机械破碎、筛分，或天然沉积石英砂，经水洗、烘干、筛分级配制成的高纯度石英砂，或其他耐磨性能更为优异的骨料，例如金刚砂。金属骨料指金属冶炼过程中合成的耐磨合金副产物，经机械破碎、筛分制成的粒料，具有较高硬度和耐磨性，其品种很多，常用的有锰铁合金、硅铁合金等。

(4) 地面硬化剂的组成中除了水泥和耐磨骨料外，还有增加强度、改善材料施工性能、改善地面外观效果的添加剂。这类添加剂主要有粉状硅酸钠、偏硅酸钠和粉状硅酸钾等。固体偏硅酸钠是由水玻璃和烧碱加工成的白色粉末状晶体，易溶于水，合成方法有喷雾干燥法和溶液结晶法。其中，溶液结晶法具有工艺投资少、生产成本低、质量稳定等特点。这类材料加入到水泥基材料中，能和水泥发生化学反应，既能弥补混凝土结构中的微观缺陷，又能显著提高混凝土的强度和硬度。

(5) 硬化剂耐磨地面施工时除了使用一般地面所使用的振捣工具外，还需要使用除水工具和整体抹光机。除水工具即真空吸水泵或者一般塑料管。抹光机加上圆盘，主要用以除去混凝土表面浮浆及水分，卸下圆盘装上三叶钢片并调整所需要的角度，可进行地面压光。

(6) 硬化剂耐磨地面是在现浇混凝土初凝的时候，在混凝土表面上均匀播撒一层地面硬化剂材料，通过抹光机反复磨光成型的一种地面，具有表面硬度高、密度大、耐磨、不生灰尘等优点。该类地面在施工完成 48~72 h 后可开放行走，7~10 天后可行驶轻型货车，28 天后可以正常使用。

(7) 溶剂型涂料的溶剂浓度很高，在这样的环境下作业容易疲劳，影响施工质量，容易引起火灾，应采取通风措施，改善施工卫生条件。

6. 结语

江苏大剧院地下停车库特大面积耐磨地坪，采取了严谨的、可靠的施工措施，从原材料的选用到施工工艺的有力控制，做到了精心设计、精心施工。施工完成后的耐磨地坪平整、光滑、不起灰、无裂缝，达到了预期的效果。

第四章 钢结构工程施工重点和难点

第一节 钢结构空间定位、测量技术

1. 测量控制的重点和难点

(1) 江苏大剧院球形外罩钢结构各类构件共计 29 种,其中斜柱、环梁均为弧形杆件,组合形式不规则,吊装、安装控制点多。保证钢结构各杆件及节点准确就位,尤其在 50 m 的高空进行不规则钢结构三维空间的精确定位测量,不但要保证空间绝对位置,还需要精确控制各施工环节的相对精度,测量定位的难度大。

(2) 空间关系较为复杂,构件交叉多,控制点使用频率高,钢结构安装对测量的精度要求高于常规工程。球形外罩钢结构最大安装高度 50 m,覆盖直径 180 m,钢结构呈不等曲率放射状分布,距离塔吊臂长最大距离达 90 m,且为斜向布置,安装就位难度大。

(3) 钢结构安装覆盖面积大,结构变形、环境温度变化及日照对安装精度存在一定的影响。如何确保 322 根斜柱及摇摆柱分段安装、96 段顶环梁分段安装、216 根拉梁及内环梁分段安装以及 2 546 根连系杆件的精确定位安装,其测量控制是难点。

(4) 屋盖钢结构体系为超长跨度结构,结构的预起拱和变形监测是施工重点。

2. 测量控制实施原则和要求

(1) 外罩钢结构安装必须控制空间的绝对位置,同时还需要和已完成的土建结构实时联测,确保相对关系的正确。钢结构标高控制时以相对标高控制为主,以阶段性设计标高复核为辅的方法加以测控,才能确保各环节之间协调一致。

(2) 在测量控制过程中着重控制各环节的安装误差，注重中间过程的控制。当各个施工过程控制精度均在误差要求范围内时，才能保证结构安装后整个结构安装的最终精度。

(3) 为确保安装过程及最终结果的控制精度，在测量工作中注意以下几点：选择合适的控制点，保证通视；充分考虑安装过程中的结构位移，需加强复测；钢结构对阳光照射及温度变化敏感，在控制测量过程中必须加以考虑并采取措施消除其影响；控制过程中须注意整体衔接。

3. 测量方法

(1) 江苏大剧院外罩钢结构工程采用"三维高空坐标法"测量，架设全站仪在测量控制基准点上设置测站点坐标，后视2个已知点进入测量坐标系统。通过观测构件测量控制标记点，与三维深化图纸中的理论坐标进行对比得出偏差，反复微调矫正构件直至位置正确。

由于钢结构造型复杂，现场通视条件差，采用的方法是：将杆件、节点三维空间坐标分解为二维平面坐标和高程，使用高精度的Leica全站仪和水准仪进行三维空间定位测量，并在节点上标出杆件连接位置，弹出连接节点的十字中心，确保杆件中心线穿过连接节点的中心。

(2) 在构件的跨中及上、下端各选一特定点，贴上激光反射贴片。依据三维空间定位参数计算得出构件汇交处代表点的三维空间坐标值，结合当天气象指标修正空间坐标值，3个数值分别照准仪器构件上激光反射贴片，得出构件空间位置的实测三维坐标，调节构件跨中的直线度和垂直度满足规范允许范围，直线度3 mm，垂直度2 mm。

(3) 在分断口中心断面节点左右两侧，用钢尺分中找出观测控制点，计算中心点坐标值，作为构件的主控制点和辅助控制点。

(4) 构件安装测控时将全站仪架设在控制轴线上，整平对中后输入测站点坐标数据，然后将小棱镜放置到构件观测点上。用小棱镜或激光片的底部对准控制点，将全站仪十字丝中心照准小棱镜的中心，所测数据与控制点设计坐标值进行对比得出偏差，进行校正偏差直到符合规定要求为止。然后用同种方法对构件另一端进行校正，在各点坐标均满足要求后对接口进行点焊加固，接着还要对构件进行一次全面复测，并做好原始数据复测记录。

4. 测量精度分析

在钢结构定位测量中，影响定位测量精度的主要是测角误差和测距误差。采用标称精度为 2 mm+2ppm 的全站仪，设控制点至放样点距离 D=80 m，方位角 α =40°，观测竖直角 β =2°。

4.1 放样点位误差计算

$$\Delta x = 80 \times \cos 40° = 61.284 \text{ (m)}$$
$$\Delta y = 80 \times \sin 40° = 51.423 \text{ (m)}$$

放样点 x 方向精度：

$$m_x^2 = \left(\frac{\Delta x}{D}\right)^2 \times m_D^2 + \Delta y^2 \times \left(\frac{m_\alpha}{\rho}\right)^2$$
$$= \left(\frac{61.284}{80}\right)^2 \times \frac{2^2 + 0.08^2}{1\,000^2} + 51.423^2 \times \left(\frac{1}{206\,265}\right)^2$$
$$= 0.000\,002\,413\,2$$

$$m_x = 0.001\,553\,46\,\text{m} = 1.55\,\text{mm}$$

放样点 y 方向精度：

$$m_y^2 = \left(\frac{\Delta y}{D}\right)^2 \times m_D^2 + \Delta x^2 \times \left(\frac{m_\alpha}{\rho}\right)^2$$
$$= \left(\frac{51.423}{80}\right)^2 \times \frac{2^2 + 0.08^2}{1\,000^2} + 61.284^2 \times \left(\frac{1}{206\,265}\right)^2$$
$$= 0.000\,001\,743\,6$$

$$m_y = 0.001\,320\,4\,\text{m} = 1.32\,\text{mm}$$

设站点的点位误差在 2 mm 时，放样点的点位误差为：

$$m = \sqrt{m_x^2 + m_y^2 + m_{\text{设站点}}^2} = \sqrt{1.55^2 + 1.32^2 + 2^2} = 2.85 \text{ (mm)}$$

通过实际操作，放样点的点位精度满足节点中心偏移 ±5.0 mm 的施工精度要求。

4.2 测量定位点布置

每个构件至少设置 2 ~ 3 个定位点，所有的点不在同一直线上；每个定位点均要便于观测，不能设在测量盲区内；定位点尽量设在构件上表面，并且需标记清楚，便于现场测量操作。

5. 钢结构定位测量操作要点

5.1 建立定位测量数据库

(1) 钢结构构件与两端节点连接数据计算

构件与 1 号节点连接点 1 之间弧长：

$$\Delta L_1 = 2 \times \pi \times R_1 \times \alpha_1 \div 360$$

构件与 2 号节点连接点 2 之间弧长：

$$\Delta L_2 = 2 \times \pi \times R_2 \times \alpha_2 \div 360$$

构件两端节点顶高差：

$$\Delta z = z_2 - z_1 + R_2 - R_1$$

(2) 相邻节点平面投影相对距离计算

相邻节点平面坐标增量：

$$\Delta x_{1-2} = x_1 - x_2 \qquad \Delta y_{1-2} = y_1 - y_2 \qquad \Delta z_{1-2} = z_1 - z_2$$

相邻节点平面投影相对距离

$$D_{s1-2} = \sqrt{\Delta x_{1-2}^2 + \Delta y_{1-2}^2}$$

相邻节点相对距离计算

$$D_{T1-2} = \sqrt{\Delta D_{s1-2}^2 + \Delta z_{1-2}^2}$$

(3) 全站仪设站点 O 至放样点 P 进行详细的三维坐标计算。

5.2 节点三维空间定位测量

(1) 在进行节点空间三维定位时，首先将节点和构件垂直投影到水平面上，将节点中心三维坐标 (x, y, z) 分解为平面二维坐标 (x, y) 和高程坐标 (z)。

(2) 采用全站仪和水准仪进行三维空间定位测量。在控制点架设全站仪，后视另一控制点，锁定全站仪制动螺旋。

(3) 将控制点坐标、放样点坐标等计算数据输入全站仪内存，调用全站仪内置程序自动计算控制点至各放样点的方位角、距离等测量数据。

(4) 启用全站仪自动跟踪测量程序，松开全站仪制动螺旋，利用全站仪自动测量放样点并指挥安装人员安装节点。

(5) 采用水准仪测量节点高程，将节点调整到设计高度。

5.3 构件就位测量

(1) 在节点和构件安装前，须按照设计图纸对各节点和构件进行编号，保证节点和构件一一对应安装。

(2) 根据互相连接的节点半径 R 和构件投影，计算构件与节点连接角度、弧长等数据。

(3) 使用特制的全圆仪等工具在球面上放样，构件与节点连接，并做好标记。

(4) 节点安装就位后，依照编号对应安装连接构件。

6. 结语

江苏大剧院的外罩钢结构通过建立有限元模型，进行全面静力分析，从整体上验证方案的可行性并进行优化。根据模型计算的变形结果对结构进行适当预调节，施工过程中加强变形控制措施，确保了大跨度放射状双曲面钢屋盖高空安装达到了设计要求的造型及精度。

第二节　钢结构吊装、安装技术

1. 钢结构安装难点

(1) 江苏大剧院外罩钢结构斜柱呈倾斜状"L"形，向外倾斜角度不等，同时由于斜柱重量重、安装高度高，安装难度较大。根据吊装方案斜柱分为立面和顶面两部分进行安装，立面倾斜部分需要保证定位轴线的正确、倾斜角度的正确以及标高的正确。因此斜柱安装精度控制是安装过程中的重点和难点。采取以下应对措施：采用临时支撑顶部调节装置调整斜柱倾斜角度，见图4-1。

(2) 斜柱底部采用铸钢件与预埋件焊接，铸钢件与斜柱通过销轴连接。铸钢件根据斜柱的受力需要倾斜设置，斜柱柱底铸钢件安装在钢筋混凝土大环梁上。铸钢件下方的预埋件由土建单位制作和安装，钢结构安装施工与土建单位施工之间存在工艺的不同和安装误差。该误差直接关系到整个结构的安装精度，故此斜柱底部铸钢件节点安装精度控制是整个安装过程的关键。采用经纬仪和全站仪对斜柱定位轴线和标高进行监控，见图4-2。

(3) 由于顶环梁周长较长，顶环梁分为30个吊装段进行安装。顶环梁安装呈倾斜状，顶环梁分段长度最长约16 m，重量达30余t，钢管截面大，壁厚较厚。每个环梁分段的定位标高均不相同；分段间的焊接收缩和焊接

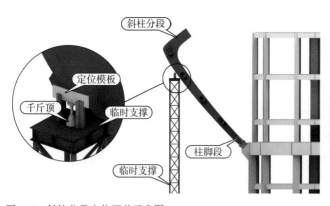

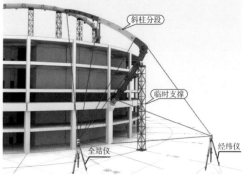

图4-1　斜柱分段定位调节示意图　　　　　　图4-2　斜柱分段测量定位示意图

变形均比较大，极易引起顶环梁定位安装后的精度误差，从而造成顶环梁与斜柱和拉梁的连接节点产生移位或者角度发生错位，导致整个结构安装产生较大的偏差，因此顶环梁的分段定位和安装是难点。采取以下应对措施：保证胎架的刚度，保证定位模板高度可调；预先设置焊接收缩余量和变形值。

(4) 在吊装、安装过程中随着球形外罩钢结构高度增高，球内与外罩钢结构连接的钢构件安装下插时与下层钢柱、钢梁发生冲突，无法下插安装。

(5) 斜柱之间的交叉斜梁，中环梁、顶环梁均在伸出的牛腿上坡口焊接，保证连接精度及焊接质量是难点。斜柱上部与钢筋混凝土框架结构屋面之间有摇摆柱，其安装精度及焊接质量亦是施工难点。

(6) 钢结构深化设计过程中对所有构件和节点进行"个性化设计"，节点和构件构造复杂多样、非标准化。外罩钢结构造型复杂，单根杆件重量大，杆件截面形式较多，截面规格变化多，斜柱截面从 1 800 mm×600 mm 渐变为 600 mm×600 mm，截面变化大，变截面处节点处理是难点。

2. 利用 BIM 技术建模及深化设计

(1) 利用 BIM 技术进行钢结构深化设计，钢结构的深化是对钢结构设计的第一次检查，包括设计数据尺寸未表明的节点，设计遗漏的节点，设计连接有问题的构件。BIM 技术深化设计分为 3 个阶段：一是根据结构施工图建立轴线布置和搭建构件实体模型；二是根据设计图纸对模型中的构件连接节点、构造、加工工艺进行安装和处理；三是对搭建的模型进行碰撞校核。

(2) 采用多种建模软件互相结合的方法建立数字信息化模型。首先在 CAD 里面按实际尺寸建立三维线模型，然后将线模型导入专业钢结构建模软件 Tekla 之中，在 Tekla 中对模型进行修改，将构件、节点赋予截面属性与材料参数，由三维线模型生成三维实体模型，最后将钢结构模型按一定的分块输出为 IFC 格式文件，导入 Revit，利用 Revit 的明细表功能输入构件的质量、尺寸等信息，生成钢结构的信息模型。

(3) 江苏大剧院土建三维模型利用 Autodesk Revit 软件绘制，要求钢结构模型转换为 Revit 模型。由于 Revit 软件主要针对土建模型绘制，绘制钢构件需创建大量的异形族，采用了基于 IFC 标准开发的插件进行 Tekla 和 Revit 之间模型信息的交互。插件共 2 部分，分别在 Tekla 和 Revit 中进行安装，在 Tekla 软件上安装 Export to Software 插件，在 Revit 软件上安装 Import from Tekla Add-in 插件。信息交换流程为：首先从 Tekla 通过插件导出 IFC 的文件格式，然后在 Revit 中通过插件导入。

由于 Tekla 不能导出轴网，为了方便在原点自建构件导出，导入 Revit 后把构件与轴网进行对应，再进行绑定链接、解组操作。与土建合模在同一轴网系下进行，合模后导入 Navisworks 中进行碰撞检查，发现影响结构安全和影响外观处，提交设计方处理。

(4) 通过对 BIM 模型整合，将钢结构与土建、机电、幕墙、装修等专业进行深化模型集成，进行多专业协调优化调整，直观地展示给各分包方，形成各专业的沟通协调，提高深化设计的准确性。合模完成后进行现场施工平面布置，材料堆放，设计构件车辆进出路线、履带式起重机行走路线等，实现小空间大利用。

3. 模拟施工

(1) 模拟施工是在施工前对工程项目的功能及可建造性等潜在问题进行预测，BIM 技术提供一个协同各方沟通的平台在计算机上执行建造过程，包括施工方法试验、施工过程模拟及施工方案优化等。达到先试后建，消除设计错误，排除施工过程中的冲突和风险，对比分析不同施工方案的可行性，实现虚拟环境下的施工方案、施工模拟和现场视频监测，减少建筑质量问题、安全问题，减少返工和整改。BIM 为施工展现了 2D 图纸所不能给予的视觉效果和认知角度，同时为有效控制施工安排，创造绿色环保低碳施工等方面提供了有利条件。

(2) 制作模拟动画展示及配合技术方案的编制，在前期准备阶段运用 Navisworks 软件制作 Animator3D、Timeliner4D 模拟动画，施工中的重点、难点通过动画清晰地进行展示。在技术方案编制中，对多种施工方案进行模拟，直至确定适合的施工方案。对工人进行技术交底时通过三维展示，把抽象的节点可视化，直接在模型上强调技术操作要点，增强施工操作人员的印象。施工期间通过控制构件的变化，及时更新构件进场、安装、验收，做到模型信息与现场吻合，便于对现场的进度、质量、安全的把控。

(3)BIM 技术为施工提供了可视化的手段，将立体形象展示在施工人员的面前。可视化能使各个施工组成部门之间形成互动和反馈，其不单单能够进行效果图的展示以及报表的制作，更为关键的是在大型钢结构建造过程中，能实现对于建造项目内容的探讨、沟通、交流，以及最终的决策实施，均在可视化条件下展开，增加施工单位的施工准确性、加强工程的计划性，从而达到合理优化施工时间、降低工程成本的目的。另一方面采用可视化的方式，有利于施工过程中的协调，精简施工过程中的工作流程。

4. 安装方法

按照 Tekla Structures 模型中的构件中心及测量控制线空间定位坐标,作为结构安装、构件定位的依据。在构件安装过程中,利用全站仪进行测量控制及调整,使构件安装符合设计、规范和定位要求。采用格构式临时支撑体系和"行走式塔吊 + 履带吊"组合吊装机械基础上的"单件高空吊装定位"工艺,并结合分区域、对称定位安装的方法施工。

(1) 安装时考虑从两侧对称安装,安装顺序依次是先内环梁,再斜柱和顶环梁分段。将顶环梁分段对应的顶盖拉梁安装完成使结构形成局部的稳定体系,然后依次沿着环向对称安装,直至整体结构安装完成。

(2) 江苏大剧院四个厅的屋盖跨度不同,最大跨度达 166 m,在安装四个厅的内环梁时分别进行预起拱,确保卸载后内环梁的标高满足建筑效果的要求。内环梁采用分段吊装安装的方法,单件下方采用格构式支撑,分段之间采用焊接的连接形式。

(3) 斜柱 27 m 以下分段安装:首先在埋件板上进行弹线,以便准确地安装斜柱根部的铸钢件关节轴承支座,再进行斜柱 27 m 以下分段安装。斜柱根部采用关节轴承与支座连接,分段的另一端临时支撑在格构式支撑上,支撑点处采用千斤顶进行定位调节。

(4) 顶环梁和拉梁安装。顶环梁分段的两端均为格构式支撑,由于顶环梁分段存在弧度,同时还有偏心,为防止定位后分段出现滑动或转动,在格构式支撑顶部设置临时固定体系,将顶环梁分段进行限位和固定,接着安装拉梁。将顶环梁、拉梁、内环梁连成整体,形成局部的稳定体系。

(5) 中环梁和斜柱 27 m 以上分段安装。中环梁安装在两个斜柱之间,支撑斜柱起到侧向稳定的作用,最后安装斜柱 27 m 以上的分段,与顶环梁焊接连接。

(6) 柱间和梁间系杆安装。交叉斜梁通过 Tekla Structures 软件建模发现,斜梁与劲性柱加劲板碰撞,通过与设计方沟通,优化取消斜梁一侧加劲板,并对此处钢柱加强处理,保证了斜柱与斜梁的连接质量。

第三节　钢结构支撑体系及卸载技术

卸载是指将结构从支撑体系受力状态转换到自由受力状态的过程，卸载过程中构件的内、应力随时变化。在选择卸载方法时必须保证杆件内、应力控制在设计允许范围内，同时应尽量保证每个卸载点卸载动作基本同步的工况。

1. 计算机同步工况模拟分析

江苏大剧院外罩钢结构采用格构式支撑作为支撑体系，在格构式支撑顶部设置施工平台，施工平台的设计必须兼顾吊装分段定位安装和屋盖卸载的需要，在屋盖钢结构分段定位安装过程中施工平台所受的荷载为结构自重和施工活荷载。

外罩钢结构卸载是将屋盖钢结构从支撑受力状态下转换到自由受力状态的过程，即在保证现有钢结构临时支撑体系整体受力安全的情况下主体结构由施工安装状态顺利过渡到设计状态。江苏大剧院卸载方案遵循卸载过程中结构构件的受力与变形协调、均衡、变化过程缓和、结构多次循环微量下降，便于现场施工操作，即"分区、分级、等量、均衡、缓慢"的原则予以实现。根据结构特点，采用计算机模拟技术对卸载施工不同的工况进行了工程模拟演算，将钢结构卸载分为内环梁区、拉梁区、顶环梁区和斜柱区四个区进行同步分级卸载，见图4-3。

2. 多点同步卸载

(1) 施工方法。采用多点、等距、同步卸载的工艺进行球形外罩钢结构卸载，每次行程为5 mm，最大理论卸载竖向位移160 mm，分32步完成卸载工作。

(2) 千斤顶选型。由于在施工过程中，千斤顶在球形外罩钢结构安装过程中长期处于受力状态，液压千斤顶会出现回油现象，这样将对结构卸载

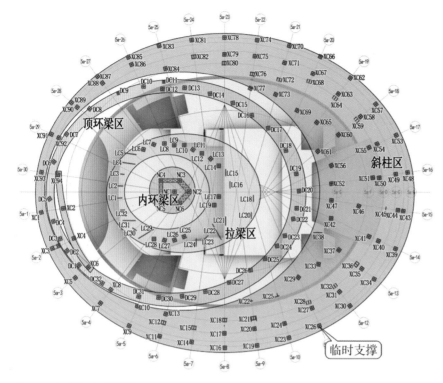

图 4-3　卸载施工分区划分

的整个过程控制不利，故对江苏大剧院钢结构选用螺旋千斤顶卸载。千斤顶选择在卸载点最大支点反力的基础上取 1.4 倍安全系数。

(3) 卸载准备。为便于工人直观掌握每次卸载行程，在千斤顶上逐一以 5 mm 为单位做出刻度。为避免支点千斤顶荷载将构件节点反顶变形，在节点上方布置 300 mm × 300 mm × 20 mm 钢板。

(4) 卸载过程组织及人力安排。现场管理人员按区域划分，每人负责 2~3 个卸载点，由总指挥统一指挥，采用对讲机联络，每个卸载工位按照千斤顶划格尺寸 (每格 5 mm) 严格控制行程。

(5) 卸载实施。为了能够进一步了解承重结构的变化情况，在卸载前一天进行预卸载，千斤顶行程 5 mm，预卸载完毕后将卸载部位承重架的变化情况、千斤顶的下降高度、结构焊缝的质量情况及屋盖挠度的变化情况进行全面的检查。各项检查无误后才能进行正式卸载。卸载时采用等距多步的方法，每个卸载行程为 5 mm，卸载时统一指挥操作人员每次下降一格，卸载应尽量做到同步。

3.卸载过程同步监测

为了对结构在卸载过程中的安全状况进行评估，对屋盖卸载过程进行同步监测，拟对中环梁、顶环梁、顶盖、斜柱和柱脚截面进行卸载过程的应力、应变、位移作三次监测。

(1) 中环梁和顶环梁共选取三个截面进行应力监测，每个截面布置4个应变测点，根据有限元分析结果，测点布置如图4-4所示。

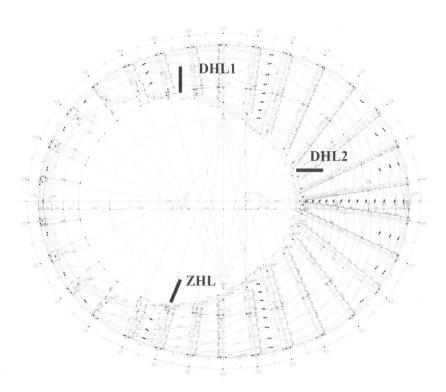

图4-4 综艺厅中环梁应力测点示意图

(2) 屋盖拉梁受力以轴力为主，因此选取1个截面，每个截面在上下翼缘各粘贴一个振弦式应变计；屋盖拉梁中心环节点受力复杂，选取上表面粘贴3个应变计；顶盖环梁受力复杂，选取1个截面，每个截面布置4个测点。

(3) 根据计算结果，选取典型斜柱XZ5a18和XZ5a30作为重点监测对象，共选4个截面进行现场监测，每个截面布置4个应变计，见图4-5。

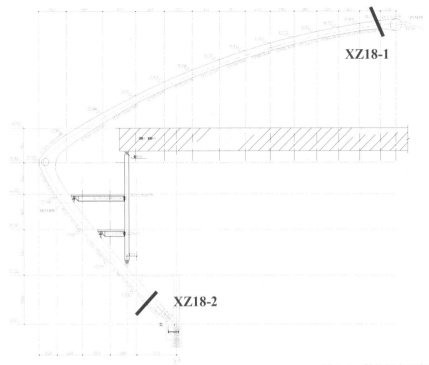

XZ18-1

XZ18-2

图 4-5　斜柱测点示意图

4. 结语

通过计算机模拟演算技术，江苏大剧院球形外罩钢结构卸载工作全过程实施平稳顺利，屋面跨中标高下降最大值为 180 mm，基本满足设计计算的自重荷载挠度值 160 mm，同时各个卸载点的变形趋势与设计计算基本一致。

第五章 屋面幕墙的施工重点和难点

第一节 金属屋面的设计与施工

1. 金属屋面设计

钛金属板幕墙重量轻、强度高，防水、防污、防火、防蚀，与玻璃幕墙等组合成不同的外观形体，赋予建筑物高贵典雅的气质。此外，可在工厂预制成型，使现场安装施工方便快捷，较环保。因此，钛金属板金属幕墙成为江苏大剧院异形外表皮的第一选择。

1.1 屋面系统耐候性

南京属温带半湿润大陆性季风气候，四季分明，夏季降雨集中。项目所在长江漫滩区域，常年受到海洋性环境的影响，屋面设计寿命不低于50年，故在屋面系统设计上采用耐候性能高的PVDF预辊涂AA3004铝镁锰直立锁边屋面板。板材名称为直立锁边铝镁锰合金屋面板，宽度400 mm，肋高65 mm，合金状态为H46，合金成分为AA5754，镁含量达2.6%~3.6%。采用与钛金属板组成双层构造，整个系统所用螺钉均为奥氏体不锈钢螺钉，天沟系统采用316L级不锈钢，同时对有可能与外部环境接触的支撑构件采用镀锌及不锈钢材质，以保证整个系统的耐候性能。

1.2 双层金属屋面构造设计

图5-1是江苏大剧院双层金属屋面构造节点图，从上到下依次构造为：

① 4 mm厚钛金属板；

② 装饰板铝骨架；

③ 1.0 mm厚铝镁锰直立锁边屋面板；

④ 1.5 mm厚PVC防水卷材；

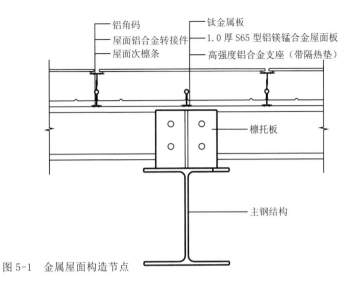

图 5-1 金属屋面构造节点

⑤ 镀锌"几"字檩条规格 30 mm×150 mm×60 mm×150 mm×30 mm×2.5 mm；

⑥ 150 mm 厚保温岩棉(容重 180 kg/m³)，分三层错缝铺设；

⑦ 0.8 mm 厚自粘 SBS 改性沥青隔气卷材；

⑧ 2 mm 厚镀锌钢板(带加劲肋 Z350)；

⑨ 50 mm 厚玻璃纤维吸音棉(容重 24 kg/m³)，下衬无纺布；

⑩ 0.5 mm 厚镀铝锌压型钢板(AZ100，冲孔率 20%)；

⑪ 屋面主檩条□200 mm×100 mm×5 mm 镀锌方管(Z350，Q345)；

⑫ 檩托板(Z350，Q345)。

1.3 铝镁锰直立锁边设计

根据项目所在地理环境及气候条件，暴雨及大风使屋面刚性防水层屋面板需要考虑具有较高防水性能的板型，同时建筑屋面体型较大，在选择屋面板型时考虑排水能力较高且有较强线条感，并需要具备较好的抗风性能。根据以上要求，选择 ALL-ZiP S65 型 AA3004 铝镁锰屋面板，此板型采用 270° 直立锁边咬合设计，安装后无螺钉外露，消除了因自攻螺钉穿透屋面所可能造成的漏水隐患。同时，65 mm 的肋高具有高效排水切面，适合于类似大跨度大面积的建筑。

1.4 屋面系统结构性能及防火设计

金属屋面系统作为建筑的外围护结构是建筑的一部分，因此其构成材料及构件自身应具备一定的耐火性能，江苏大剧院屋面系统组成材料全部为难燃或不燃材料，有效地保证了屋面系统的防火性能。

(1) 屋面及幕墙所采用的材料除 T 码隔热支座垫、尼龙垫片、PVB 防潮吸音膜、开启部位三元乙丙密封材料和自粘防水卷材以外，屋面挤塑保温板要求为 B1 级材料，其余均为不燃材料，材料符合防火 A 级标准。

(2) 幕墙除按建筑设计的采用防火玻璃幕墙外，在水平方向以每个自然楼层作为防火分区进行防火处理。采用双层不小于 1.5 mm 厚镀锌钢板将主体结构和幕墙框架之间的缝隙铺满，再在其中填满防火岩棉或矿棉，确保在发生火灾的情况下楼层之间不会发生蹿火现象。同时避免烟囱现象产生，耐火极限不低于 2 h。

(3) 同一玻璃幕墙单元不跨越建筑物的两个防火分区。若同一楼层幕墙跨越两个相邻的防火分区时，在防火分区的两侧各 2 m 范围内采取措施，满足防火 2 h 的要求。

(4) 室内位于防火分区或有防火要求的门窗幕墙采用防火构造，将上下左右周边封闭。如有管道穿过，按规定做好接缝处理，对宽度大于 3 mm 的缝隙打防火胶。有防火要求的幕墙均按防火要求选用材料，受力构件不采用铝合金等低熔点材料。

1.5　保温隔热设计

采用铝镁锰板可反射部分热量，减少夏季屋面系统导入的辐射热量。铝镁锰板是良好的导热材料，能与大气快速地进行热交换，避免夏季辐射热量集聚而导致系统表面温度骤然提升。

防水板下满铺 150 mm 厚容重为 180 kg/m³ 的保温岩棉，传热系数 0.4W/(m² · K)。ST 固定座下的改性橡胶垫隔断了金属连接件的传热通路，能有效地达到隔断冷桥的目的，减小室内热量流失，避免内侧产生结露。

1.6　安全设计

铝镁锰板在设计荷载作用下呈线弹性关系，板面最大位移不大于 9 mm。在多次荷载作用下，荷载－位移曲线有很好的重复性。若考虑摩擦力及整个系统相互连为一个整体等因素共同工作，整个系统有较高的承载能力。

屋面系统荷载为恒荷载与活荷载，恒荷载主要为系统自重，而活荷载为风荷载及维护荷载。抗风性能通过静态荷载与动态风荷载检测确定。风荷载取值参考钢结构设计规范，考虑屋面高度、体型、地理位置等因素，其最大荷载分布于屋面的边缘区域。

1.7 隔声设计

(1) 底层 0.5 mm 厚镀铝锌压型钢板，中间为 50 mm 厚 24 kg/m³ 长纤维玻璃棉，上层为防水铝板。在钢板下喷涂 25 mm 厚 100 kg/m³ 的 K13 纤维喷涂材料。按技术说明要求，屋面板空气隔声指标 R_w 不小于 42 dB，撞击声 (主要是雨噪声) 隔声指标不小于 42 dB。

(2) K13 可起到一定的声阻尼作用，改善了钢板本身的振动模式，提高钢板中低频隔声性能，从而提高隔声能力。喷涂 K13 材料后 100 Hz 的隔声量由 14.5 dB 提高到 20.5 dB，500 Hz 的隔声量由 37.0 dB 提高到 42.5 dB。K13 为密实颗粒状黏稠材料，在喷涂过程中起到了良好的密封效果。

(3) K13 材料具有良好的吸声性能，25 mm 厚 K13 的降噪系数 NRC 达到 0.75(即可以吸收 75% 的入射声音)，可降低室内噪声，起到改善环境的作用。

1.8 防雷设计

防雷设计主要根据闪电理论及防雷的六大因素进行设计。传统的避雷采用富兰克林常规避雷导体或避雷接地结合避雷网，但金属屋面的金属板较薄，无法安装高大沉重的传统避雷针。设计中利用了每隔 2.2 m 环状铝合金导轨作为避雷网接闪器，经 1.0 mm 厚铝镁锰合金防水板接入的雷电电流，通过增加导电接触点的方法导入钢结构接地并形成可靠的下引通路。

1.9 屋面天沟设计

屋面最高点至最低点的落差较大，天沟的合理布置显得尤为重要。通过精确的排水计算，确定了各条不锈钢天沟的宽度及深度尺寸，在屋面分段设置了各道天沟，结合虹吸排水系统，使整个屋面形成了较为合理的排水导向布置。

通过计算，屋面板的排水量满足设计要求。在天窗迎水面设置铝镁锰合金引水槽，将天窗上部的屋面雨水引入天窗侧面的第一块屋面板，再导入天沟。铝镁锰合金引水槽与屋面板采用铝焊连接；铝镁锰合金引水槽与天窗骨架采用可伸缩的节点连接形式。此节点设计既满足天窗处的防水，又保证了在温差影响下屋面板的自由伸缩 (屋面板的最大伸缩量约为 ±50 mm)，故铝镁锰合金引水槽与天窗骨架的间隙至少为 50 mm。

2. 直立锁边防水系统施工重点和难点

2.1 设计方案

江苏大剧院屋面幕墙由钛金属板及玻璃飘带组成，金属屋面与玻璃飘带大部分为双曲面。建筑物端部采用了异形百叶及双曲钛金属板幕墙系统，主入口位置采用了通透性好、效果震撼的全玻幕墙系统，最高处高度达到12 m，宽度为50 m，中间部位还设置了悬挑10 m的钛金属板雨篷，其顶部和底部收口位置采用异形钛金属板幕墙。屋面设置了消防要求的排烟窗，高架平台以下采用了石材幕墙作为接地设计。

异形建筑在给人们带来视觉冲击享受的同时，也给设计和施工带来很大的难度，必须突破和创新常规的节点构造及施工工艺，才能把设计师的设计理念真实地展现出来。设计方案以外形控制为出发点，其次考虑施工，再从结构、经济、美观、科学、质量、安全、定位、进度等方面进行优化设计。在实际施工时需将铝镁锰屋面板划分为条板进行铺设安装，通过GH参数化的控制手段，获得空间板块间缝隙变化，计算出理论延展系数，将其与材料实际参数进行比对验证，调整设定的板宽和板缝数据，及时反映完工效果。由于屋面造型复杂、板块单元超长等原因，导致铝镁锰板铺设时板缝不齐，因此在屋面条板安装时需对材料进行拉伸操作以调整间隙，在设计过程中需考虑材料的延展性，对划分方案进行可实施性分析。通过BIM模型出具钛金属板屋面控制点定位图，明确控制点和坐标原点后，在BIM模型中利用参数化技术确定控制点坐标系列，并按一定逻辑进行编号，同时导出含有点编号和点坐标的Excel表格，完成屋面控制点定位图，连同BIM模型一起交付操作安装，精确地完成屋面板的施工。

2.2 适应复杂的形体

利用BIM设计技术采用弧形扇状铝镁锰直立锁边防水板，其板宽沿长度方向渐变，类似橘皮状在单元中均匀变化，以适应球形屋面水平周长的需要。铝镁锰直立锁边防水板随球面形体自然衔接，作为良好的曲面平台为玻璃飘带提供了衔接的基础。

2.3 固定方式

(1) 铸压铝合金ST固定座与檩条固定，咬合式直立锁边屋面板受力与固定支架的强度有关，固定支架必须有足够的强度和刚度。ST固定座上通过4个螺钉与檩条连接，工人在高空操作时极易将螺钉打飞，如不及时补足4个螺钉，则存在铝镁锰板被大风撕裂的隐患。将宽260~600 mm的扇形铝镁锰合金板直立肋卡在带有梅花头的铝合金 ST 固定座上，并被相邻的另一块板覆盖。将卡在同一固定座上的直立大小肋用锁边机锁紧，完成直立锁边固定。

(2) 固定座在结构上按一定的间距布置，易于拟合出光滑流畅的防水曲面。与传统方法相比，这种固定方式的优势在于不需穿透板面，从而更好地解决了渗漏问题。

(3) 系统中铝镁锰板直立弧肋设有通长等压槽，可实时保持与外界等压，还可以避免虹吸现象。直立肋搭接面的缝隙可形成排出保温层水汽的通道，保持内部干燥，避免因保温棉内水汽凝聚而降低保温隔热效果。

2.4 抗风性能

江苏大剧院场地空旷，风荷载较大，系统承受的荷载通过受力杆件全部传至防水板系统上。由于特殊的固定方式，避免了螺钉固定在遭遇强风时，因反复受正负风压而在钉孔处产生应力集中和疲劳破坏。江苏省建设工程质量安全监督检测总站的抗风试验证明，在受荷 7 kPa 测试中试件无损坏。

2.5 温度变形及防腐

(1) 由于保温层设在防水板内侧，所以大面积金属屋面板都存在着严重的温度变形问题。若不合理地释放这部分变形则易产生噪声，严重时防水板会局部折屈、隆起，或因连接处应力集中而造成板面撕裂。本系统采用的 ST 固定座在构造上能保证防水板沿板长方向释放温度变形，也能释放因温度或装配误差导致的不利初始应力。

(2) 防水板采用锤纹铝镁锰合金板，直立锁边屋面防水系统不需穿透板面，更好地解决了渗漏问题，且抗风、抗变形及防腐能力强。

2.6 直立锁边防水连接系统

(1) 从主结构伸出构件的传统做法破坏了防水层，形成了室内渗漏的可能。根据以往的经验，雨水突破第一道防线后向室内渗漏的途径甚难预测，所以设计时除考虑构件能满足强度、刚度和稳定性要求外，还重点考虑系统的耐疲劳性，即在动载下不会带动防水板肋产生较大变形而造成渗漏。

(2) 在施工和使用过程中，自重、风雪、检修和清洗等荷载反复作用于铝镁锰金属板表面，为此特别设计了支撑体系。具体连接方式为：将套管套入檩条，通过铝角码将板固定在套管上，将檩条与紧固在直立锁边防水板上的夹桥相连。

(3) 在穿透 PVC 防水卷材处，采用成品 PVC 防水卷材套件设计，保证防水质量，降低施工难度。成品 PVC 防水卷材套件与立柱采用不锈钢抱箍连接。

(4) 防水层采用聚氯乙烯(PVC)聚酯纤维加强防水卷材，厚度为 1.5 mm。防水卷材搭接处采用热风焊接，搭接部位塑化成一体，保证焊缝与卷材具有相同的防水性能。卷材施工完成后进行淋雨试验，验收合格后再进行金属屋面面板施工，确保达到可靠的防水作用。

3. 钛金属板饰面

3.1 钛金属板的材料特性

日本产钛金属板由三种材料复合而成：上层为 0.3 mm 钛板，中间 3.4 mm 是非燃矿物填充芯，底层是 0.3 mm 不锈钢板，总厚度 4 mm。钛金属板是一种高档装饰材料，它具有以下材料特性：钛金属板比重小（密度等于钢铁的 60%），强度大（抗拉强度与高强碳钢相等），优异的抗腐蚀性能（可以抵抗"王水"的侵蚀），加工性能良好（与不锈钢类似的加工工艺），极低的热胀系数（钛板的线膨胀系数为 8.4×10^{-6}/℃），无磁化现象，预氧化／钝化工艺(ND20 工艺)带来统一的色泽，环保（不会释放有毒的重金属元素），记忆功能（指钛镍合金在一定温度下可恢复原有形状）。

3.2 钛金属板加工及构造

江苏大剧院屋面幕墙面板采用 4 mm 厚钛金属板，开缝形式设计，钛金属板的加强肋焊接成 U 形，加强肋与钛板的连接采用焊接，同时设置不锈钢焊钉作为加强。主龙骨采用截面 140 mm×80 mm×5 mm 的热镀锌方钢，采用方钢的优点是拉弯精度易于控制、平面方向角度易于放样、连接节点简单。

3.3 钛金属板的施工重点和难点

钛金属板装饰层设计为开放式，纬向水平缝 100 mm 宽，经向竖缝 1.5 mm 宽。标准钛金属板尺寸为 1.0 m×2.6 m。为了使钛金属板能起到美观的装饰效果，直缝挺括笔直，弯弧缝柔润顺滑，重点抓好以下的工艺要求。

(1) 钛金属板为了满足抗风压刚度和构造连接的需要，四周要进行折边处理。需聘请大型具有折边经验的企业进行折边加工，同时在折边上需适当地锯开口子才能既不影响美观又能加工成弯弧形的钛金属板，做到折边线条符合挺括、柔顺的要求。

(2) 利用 BIM 设计技术准确定位弯弧铝管，钛金属板通过铝合金夹具支承在弯弧铝管上，弯弧铝管又通过铝合金夹具固定在直立锁边上。特别需要注意的是，该夹具不能夹住 ST 固定座，否则会阻止铝镁锰板与 ST 固定座之间因热胀冷缩引起的相对位移而扭曲、开裂造成漏水。

(3) 平面控制网和高程网的建立。平面控制网遵循先整体后局部，高精度控制较低级别精度，由外而内的原则进行，既要考虑前期的测量需要，又必须考虑后期的测量需求，同时尽量采用简易的方法得到测量安装的数据，现场放线的正确性和精确度与工程安装质量存在重要的直接关系。通过以下四点措施对复杂的空间定位做了简化：一是建立 1∶1 整体模型，包含所有的主要幕墙构件；二是在模型中按标高位置切出 140 mm×80 mm×5 mm 龙骨的平面布置；三是通过延长龙骨的中心线，得出龙骨与平面轴线间的关系，将空间的定位转化到平面以后控制龙骨的两端位置；四是在模型上找出横龙骨与竖龙骨相交的位置，在钢龙骨加工时直接做出标记，安装连接基座时操作方便，精度可控，安装完成后通过全站仪进行点位校核。

(4) 在安装钛金属板时，通过径向和环向调节机构进行调节，使水平缝和竖向缝或是挺括笔直，或是柔顺圆滑，美观大方。

(5) 为了减少安装中可能存在的问题，要求所有钛金属板必须在加工厂进行预拼装，避免发生安装现场由于钛金属板加工精度不满足要求而无法安装的情况。江苏大剧院虽然是双曲面钛金属板，但其边缘却在一个曲面上，校核较为方便。

(6) 指印、手汗或油脂会引起钛金属板的污染，钛金属板表面的保护膜具有良好的保护作用。在加工、运输、安装、维护等施工过程中，要尽量保持保护膜不被破坏，只有在安装完毕后才能统一撕去保护膜，防止其他污染物对钛金属板造成污染。当工人必须在撕去保护膜的钛金属板上操作时应戴上白手套才能避免钛金属板遭到污染。

4. 结语

双层金属屋面系统的设计结合 BIM 设计技术取得了良好的效果，在符合规范等要求的前提下，科学地选择适用于特殊造型金属屋面的应用软件，达到施工金属屋面直线条挺括笔直、弧线条圆润光滑的效果，实现了外装修美观、大气的设计要求。

第二节 屋面玻璃飘带设计

1. 镶嵌在金属屋面中的玻璃飘带设计方案

(1) 玻璃是建筑最重要的造型元素之一，它的通透、光影、曲面、折反射和流动等特性无不使设计师心驰神往。许多建筑都以玻璃精美绝伦的造型闻名于世。玻璃在建筑中的运用更是由于近年来点支式玻璃技术的研究和推广，为建筑师在建筑的造型上提供了广阔的创作空间。

江苏大剧院以双曲线勾画出前厅、休息厅，平面设计紧凑，空间变化而富有生气，也就是双曲线使设计师产生了利用曲面玻璃幕墙造型的冲动。江苏大剧院屋面由两部分构成：大部分是钛金属板装饰的金属屋面，另一部分是镶嵌在钛金属板中的玻璃飘带，形成美丽优雅的屋面造型，构成了防雨功能与装饰功能完美结合的设计理念，在国内属于首创玻璃飘带式屋顶设计。

(2) 任何一个在表现材料技术特性方面登峰造极的结构体系都离不开它强大的科研和工业背景的支持。在有限的经费和诸多技术难题下，能让一个极不规则的多曲面建筑成立，这未尝不是一种尝试。每个双曲玻璃幕墙节点都必须加工成三维的节点，前厅和休息厅的玻璃幕墙是双曲面的，这在同类项目的设计、施工和建造中具有相当难度，在国内也不多见。通常的矩形点式玻璃幕墙由于无法达到四点共面的要求，无法构造出一个舒展、飘逸、富于变化的、有感染力的空间造型。曲面玻璃网壳由四边形网格组成，四边形网格组成的双曲面若要覆盖玻璃，其基本要求是：要么通过折弯每块玻璃符合网格的形状；要么能够借助于空间几何知识找出一种形式，使得每个网格的四个顶点都在同一个平面上。显然第二个方法在实际施工中要可行得多。如果用一个抛物线沿另一个相垂直的抛物线移动，就形成一个有椭圆形截线的双曲抛物面。这样的双曲抛物面就是四边形网格组成的曲面，从而由多个双曲抛物曲面可以组成江苏大剧院水珠形的曲面形状。

(3) 为了弧形玻璃飘带的结构设计达到最通透的效果，玻璃屋顶的骨架由放射形工字钢梁支撑。玻璃顶的找坡依靠焊接在次钢梁的竖向方形套管的高低进行调节，同时套管作为支点支撑玻璃飘带的铝合金横梁骨架，在此骨架上连接支撑玻璃的铝合金横框（在玻璃的短方向），为了美观与防水的目的在横框上做了铝扣板。沿玻璃的长方向在铝合金框与玻璃之间打密封胶。随着阳光的不断变化，轻巧的工字钢梁的落影投射在玻璃幕墙和地面上，光影交织，变化丰富，颇耐人寻味。

2. 玻璃飘带设计

玻璃飘带要求有好的强度、抗震性能、防雷要求、防火要求。密封型玻璃飘带还要有气密性、水密性、保温性能、隔声性能的要求。地处东南沿海地区江苏大剧院的玻璃飘带受风荷载控制，强度系指玻璃飘带抵抗风（雪）荷载的能力。

2.1 抗震性能

平面结构形式的玻璃飘带在横向水平地震作用下，玻璃飘带底部受挤压、跨度方向变形、跨中过度弯曲而破坏。在纵向水平地震作用下，玻璃错动掉落，杆件倾斜，支撑破坏，玻璃飘带倾覆。玻璃飘带抗震设计与主支承体系的连接要可靠，保证在地震时连接不被破坏。玻璃飘带平面内有抗挤压变形的能力，在分格板块角变值小于 1/190 时框格不破坏，玻璃不破坏，胶缝不脱胶。平面结构形式的玻璃飘带整体性主要靠构件之间的良好联系和合理的支撑系统保证，在端开间设置竖向支撑。

2.2 空气渗透性能（气密性）

玻璃飘带的气密性对于采用空调的建筑物有重大影响，减少玻璃飘带的空气渗透量是建筑节能的一项重要措施，因此必须提高玻璃飘带的气密性能。

2.3 雨水渗透性能（水密性）

雨水渗透性指玻璃飘带在风雨同时作用下或积雪局部融化、屋面积水情况下，玻璃飘带阻止雨水渗透的能力。玻璃飘带坡面设计坡度不小于 18°，以防结露水滴落沿玻璃下泄。玻璃飘带的所有杆件均有集水槽，将沿玻璃下泄的结露水汇集，使所有集水槽相互沟通，将结露水汇流到室外。

玻璃飘带的防水使用硅酮密封胶将玻璃与玻璃的接缝、玻璃与杆件的接缝密封。相连材料间的接缝宽度很重要，在温度应力作用下，玻璃和杆件均会产生温度变形，如果接缝设计不能满足温度变形的要求，胶缝就会被撕裂，引起渗漏。

2.4 保温性能

玻璃飘带的保温性能指在内外侧存在温差条件下，飘带阻抗从高温侧向低温侧传热的能力。玻璃飘带接受太阳辐射热量大，尤其是夏季 1 h 最多达 1 000 W/m² 左右，是建筑物重要的热源。如果靠空调来维持室内温度冷负荷很大，运转费用巨大，因此要尽量提高飘带的热反射能力。

2.5 隔声性能

玻璃飘带的隔声性能比普通屋盖隔声性能差，要保持室内安静的环境，必须控制玻璃飘带的隔声性能。

2.6 防火设计

《高层民用建筑设计防火规范》中有如下规定：当高层建筑的中庭采用玻璃屋顶时，其承重构件如采用金属构件时，应设自动灭火设备或喷涂防火材料，使其耐火极限达到 1 h 的要求；不具备自然排烟条件及净空高度超过 12 m 的中庭应设机械排烟设施；室内中庭体积小于或等于 17 000 m³ 时，其排烟量按体积的 6 次换气量计算；室内中庭体积大于 17 000 m³ 时，其排烟量按体积的 4 次换气量计算。玻璃飘带的玻璃采用夹层玻璃。

2.7 防雷设计

因无法在玻璃飘带上设置防雷装置，所以将玻璃飘带设在建筑物防雷保护范围之内。

2.8 有组织排水

把落到玻璃飘带上的雨水排到檐沟（天沟）内，通过雨水管排到地面或水沟中。江苏大剧院将屋面雨水排入设在室内的水落管排水系统中。

3. 支承结构设计

(1) 江苏大剧院采用工字钢梁结构支承的点支式玻璃幕墙，该类幕墙的荷载通过工字钢梁传递到建筑主体结构上。

(2) 驳接头的设计，其结构见图 5-2。球铰螺栓是当前普遍采用的连接方法，球铰是关键部件。球铰螺栓可在 ±10° 范围内转动，其转动中心与面板中心一致，可以减小连接处的附加弯矩，对玻璃造成的约束力就会减小。球铰螺栓既要能灵活转动，又不能间隙过大。

(3) 爪件与玻璃连接处选用活动连接头，斜面点支式幕墙采用浮头式

图 5-2　驳接头

驳接头。

(4) 点支承玻璃幕墙的支承结构单独进行结构计算，玻璃面板不宜兼作支承结构的一部分。复杂的支承结构宜采用有限元方法进行计算分析。

(5) 驳接头的轴向承载力推荐值表征的是驳接头抵抗玻璃面板传至驳接头的平面外作用的能力，用于屋顶时主要承受自重、雪荷载等。

(6) 驳接头的径向承载力推荐值表征的是驳接头抵抗玻璃面板传至驳接头的平面内作用的能力，用于有斜度时要考虑自重作用在径向的分力。

4. 玻璃设计

(1) 点支承玻璃幕墙宜用钢化玻璃，玻璃在制造过程中不可避免地在表面产生很多肉眼看不到的裂纹，所以对玻璃结构要考虑应力集中效应。断裂力学的试验表明：对于一定厚度的玻璃，当应力强度因子达到某一临界值时，裂纹迅速扩展而导致玻璃结构脆性断裂，钢化玻璃的生产方法提高了玻璃的强度。点支承玻璃幕墙、玻璃面板承受的荷载通过驳接头传递，在驳接头孔附近的应力一般大于玻璃其他部位的应力，非钢化玻璃强度低，而钢化玻璃的强度是一般玻璃的 3~5 倍，所以点支承玻璃幕墙宜采用钢化玻璃。

(2) 幕墙玻璃选用低辐射镀膜玻璃 (简称 Low-E 玻璃)，主要是考虑到 Low-E 玻璃的表面辐射率低 ($E \leq 0.15$)、红外线 (热辐射) 反射率高、隔热性能好。Low-E 玻璃的另一特点是透光率偏高 (33%~72%)，在保证室内高透光的前提下不损失隔热性。中空玻璃共有四个表面，由室内向室外分别为 1 号面、2 号面、3 号面、4 号面。Low-E 膜位于第 4 号面，以便第一时间挡住来自室外的热量。

建筑幕墙所选用的玻璃要求符合中华人民共和国国家标准：玻璃在外观上不存在夹胶层气泡、裂痕、缺角、夹钳印、叠层、磨伤、脱胶等缺陷。玻璃长度、宽度和对角线尺寸允许偏差为 2 mm。

(3) 江苏大剧院采用四点支承四边形弯弧玻璃面板，见图 5-3。点支承玻璃面板采用开孔支承装置时，玻璃板在孔边会产生较高的应力集中，为防止破坏，孔洞距板边不宜太近，孔边距为 119 mm 和 450 mm。

(4) 采用四点支承装置玻璃在支承部位应力集中明显，受力复杂，江苏大剧院工程采用爪长较小的坚朗非标 TC26(46) 系列驳接头支承装置，采用超白 Low-E 双层夹胶中空钢化玻璃，见图 5-4，玻璃厚度配置为：10 钢化 +1.52SGP+8 钢化 +16A+8 钢化 +1.52SGP+8 钢化。玻璃中空层厚度为 16 mm，超白 Low-E 膜位于第二层玻璃，采用硅酮建筑密封胶嵌缝。

图 5-3　玻璃的四点支承
图 5-4　双层玻璃构造
图 5-5　平面玻璃及配置
图 5-6　弯弧玻璃及配置

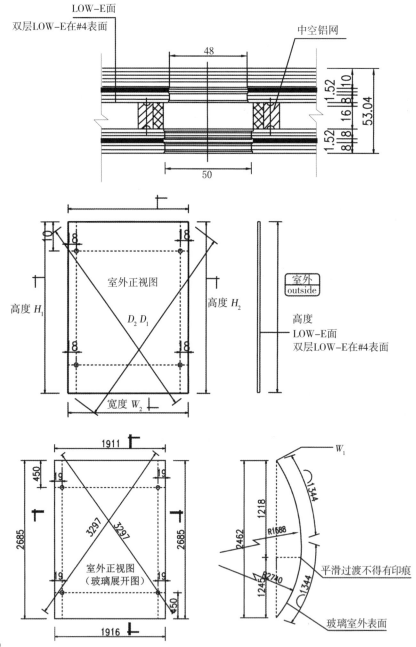

双曲面弯弧玻璃是夹层玻璃，其玻璃厚度配置为：10 钢化 +1.52SGP+8 钢化 +16A+8 钢化 +16A+8 钢化 +1.52SGP+8 钢化，玻璃中空层厚度为 16 mm，超白 Low-E 膜位于第二层玻璃，即第 4 面，见图 5-5、图 5-6。

(5) 点支承玻璃支撑孔周边应进行可靠的密封，中空玻璃其支承孔周边应采取多道密封措施。为便于装配和安装时调整位置，玻璃板开孔的直径稍大于穿孔而过的金属轴上加封尼龙套管，还应采用密封胶将空隙密封。

(6) 夹胶、中空玻璃在点支承玻璃幕墙上的应用越来越多，玻璃的开孔容易出现问题，导致驳接头装不进玻璃孔。主要的问题是夹胶、中空玻璃都是两层以上的玻璃合成，很多工程内外两层玻璃都采用同样的孔径。加工过程是先钻孔、钢化处理后合成夹胶或中空玻璃，玻璃钻孔后孔距会出现一些允许的偏差。如偏差方向相反，合成夹胶或中空玻璃后会出现孔的直径不能满足设计要求的情况，即出现玻璃孔叠差。所以，为避免以上情况发生，里层玻璃孔的直径要比外层玻璃大一些，以吸收玻璃孔的叠差。

(7) 采用浮头式连接件的玻璃厚度不应小于 6 mm，玻璃之间的空隙宽度不应小于 10 mm，且应采用硅酮建筑密封胶嵌缝。玻璃之间的缝宽要满足幕墙在温度变化和主体结构侧移时玻璃互不相碰的要求；同时在胶缝受拉时，其自身拉伸变形也要满足温度变化和主体结构侧向位移使胶缝变宽的要求，因此胶缝宽度不宜过小。有气密性和水密性要求的点支承玻璃幕墙的板缝，应采用硅酮建筑密封胶。

5. 支承装置

(1) 玻璃幕墙的驳接头构造是玻璃幕墙工程的关键。支承头应能适应玻璃面板在支承点的转动变形，支承面板变弯后，板的角部产生转动，如果转动被约束，则会在支承处产生较大的弯矩。因此支承装置应能适应板角部的转动变形，宜采用带转动球铰的活动式支撑装置。支承头的钢材与玻璃之间宜设置弹性材料的衬垫或衬套，衬垫和衬套的厚度不应小于 1 mm。另外，点支承幕墙的支承装置只用来支承幕墙玻璃和玻璃承受的风荷载或地震荷载，不应在支承装置上附加其他设备和重物。

(2) 沉头式驳接头沉入玻璃外表面层，表面平整、美观且不容易积灰污染玻璃表面，但这种形式需将玻璃开成锥形孔洞，不仅加工复杂，而且要求玻璃厚度不应小于 8 mm。浮头式驳接头夹持住玻璃孔边，玻璃需开圆形孔，玻璃厚度不应小于 6 mm。在上述两种连接方式中，驳接头与玻璃开孔之间都要用垫圈隔开，在和玻璃平面有接触的地方设置平垫片，使驳接头和玻璃之间的外力通过垫圈得到缓冲，减少玻璃孔边应力集中的情况。

6. 密封胶

玻璃幕墙密封胶采用SS611和SS615(用于中空玻璃),结构胶采用S621。硅胶采用高模数中性胶,具有良好粘结力、延伸率、抗气候变化、抗紫外线破坏,抗撕裂和耐老化等。玻璃飘带的防水主要是使用硅酮密封胶将玻璃与玻璃的接缝处、玻璃与构件的接缝处密封起来,应采用高变位高性能的硅酮密封胶。

7. 屋面排水

玻璃飘带的防水和排水依靠玻璃和构件经过构造处理形成,屋面防水基本方法是"导",即利用玻璃飘带的坡度将顶面雨水因势利导地迅速排除,使渗漏的可能性缩到最小范围;然后是"堵",即利用防水材料堵塞玻璃与杆件间的缝隙,要求无缝、无孔,以防止雨水渗漏。做到最大限度避免密封处与水的接触,同时确保渗漏水或冷凝水有组织地排出。

合理组织排水系统,主要是确定玻璃飘带的排水方向和檐口排水方式。为了使雨水迅速排除,玻璃飘带的排水方向应该直接明确,减少转折。把落到玻璃飘带上的雨雪水排到天沟内,通过雨水管排泄到地面或水沟中。

第三节 屋面玻璃飘带施工重点和难点

1. 玻璃的加工要求

由于玻璃表面的裂纹大小直接影响其脆断的强度，因而在玻璃的切割及钻孔等深加工中，减少表面裂纹和提高加工精度尤为重要。

(1) 切割：用电脑切割机进行切割，使玻璃边缘精确笔直，角部圆滑或倒角，倒角宜为 45°。

(2) 磨边：玻璃切削后，应进行机械磨边，磨削加工余量不少于 0.3 mm。磨削边缘应光滑，不得有肉眼可见的裂纹和缺陷。

(3) 钻孔：用金刚钻头钻孔，通过电脑定位、钻孔及磨削一气呵成。

(4) 孔壁磨削余量不小于 0.2 mm，磨削后尺寸公差宜符合规定。

(5) 玻璃上的孔宜在玻璃的上下两面用两部钻头同时完成操作，其同心度差距应小于 0.5 mm。

(6) 垂直面倾斜 5° 以上的幕墙宜用夹层玻璃，其中空玻璃外片采用夹层玻璃，采用浮头式球铰驳接头。

2. 屋面玻璃飘带施工顺序

测量放线→预埋件校准→工字钢梁安装、焊接→校准核验→测量放线→安装驳接件→安装驳接头→安装玻璃→调整检查→打胶→修补检验→玻璃清洗→清理现场→交工验收

3. 专业协调

专业协调是 BIM 基础应用的核心功能，从软件的操作上可以理解为将各专业模型汇总后做碰撞检测，见图 5-7。屋面工程的工序是在具备完整的主体结构后开始施工，可与机电工程并行施工。屋面专业与其他各专业在空间占位上联系紧密，复杂幕墙系统通过 BIM 加强了如下空间占位管理：

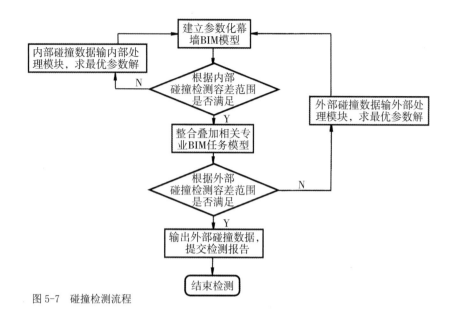

图 5-7　碰撞检测流程

(1) 屋面系统主檩通过檩托将荷载传递到主钢结构，BIM 技术可以检查结构梁尺寸是否满足檩托安装，避免屋面安装时与主钢结构发生冲突。

(2) BIM 技术能处理好屋面工程与精装修的占位关系，如二次隔墙与屋面龙骨的对位关系、检修孔与检修走道的位置关系等。

(3) 屋面专业与机电专业协调，如在施工图设计时泛光照明系统方案无法完善，其线路与灯具的布置需要与屋面专业在深化设计时进行协调；屋顶机电设备布置密集与屋面专业需要大量的协调工作等。

(4) 屋面与标识的专业协调，如主体建筑 LOGO 与屋面系统的关系。

(5) 屋面与景观的专业协调，如屋面与景观地面收口的交接。

(6) 屋面与虹吸排水、太阳能专业厂家的空间占位协调。

项目的实施过程中出现了设计"不一致"问题或者施工过程中产生新的空间占位问题，BIM 模型可以真实地还原物理空间，通过计算机处理设计阶段的碰撞，项目合作各方进行讨论协调，使问题更早暴露，并在早期得到解决。

4. 测量放线

测量放线是确保施工质量的关键工序，为保证测量精度符合施工图纸要求，采用激光经纬仪、激光指向仪、水平仪、铅垂仪、光电测距仪、电子计算机等仪器设备进行测量放线。测量放线前，首先复核土建施工单位的建筑轴线和标高控制点，分别对工字钢梁三维定位和驳接件三维定位测量并弹上墨线，做好每一个预埋件的三维坐标记录。注意测量分段控制，

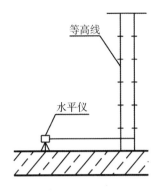

图 5-8 确定等高线示意图

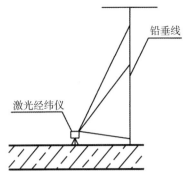

图 5-9 确定垂直线示意图

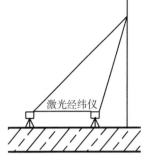

图 5-10 校核空间交叉点

以免误差积累。由于建筑物受气温影响有侧移，所以测量应在每天同一时间测量，测量时风力不应大于四级。

4.1 主控点的确定

为了测量准确、方便、直观，根据点支承玻璃幕墙在建筑图中的平面分布情况，确定尺寸精度及主控点的位置，应在主控点位置设立标识牌，以便在测量时基准点不变。控制点的测量：使用水平仪和 50 m 钢卷尺确定等高线见图 5-8；使用激光经纬仪、铅垂仪确定垂直线见图 5-9；使用激光经纬仪校核空间交叉点见图 5-10。

4.2 施工精度单元控制

为减少安装尺寸误差积累，有利于安装精度的控制与检测，可以人为地将幕墙分成多个控制单元，每个单元根据实际工程玻璃分格的情况确定，一般可按九宫格的形式进行。当控制单元确定之后，应从测量放线到结构安装、驳接头安装、玻璃安装，每次测量、核对、调整都以同一个单元尺寸作为控制安装精度。

5. 玻璃安装及控制

(1) 玻璃到达施工现场后，由现场质检员与监理对玻璃的表面质量、公称尺寸进行 100% 的检测，同时使用玻璃边缘应力仪对玻璃的钢化情况进行全检。

(2) 玻璃垂直运输采用塔吊进行垂直提升，使用 12P 重型真空吸盘垂直提升到安装平台上进行定位、安装。在安装过程中减少尺寸积累误差，每个控制单元内尺寸公差带为 ±3 mm。

(3) 驳接系统在全部结构校正结束、报验合格后进行安装。按照爪件分布图安装定位爪件，再复核每个控制单元和每块玻璃的定位尺寸，根据测量结果校正定位尺寸。

(4) 玻璃安装前，首先把驳接头安装在玻璃上并锁紧定位，然后将玻璃提升到安装位置与爪件连接固定。

(5) 玻璃安装按自上而下、先中间后两侧的顺序进行，玻璃安装质量应符合要求。

(6) 在玻璃安装结束，经调整报验后再进行打胶处理。

6. 减少点支承玻璃幕墙破裂故障的措施

点支承玻璃幕墙在垂直于玻璃面板的荷载作用下，最大应力通常发生在孔边缘附近。目前点支承玻璃幕墙的玻璃面板按照《玻璃幕墙工程技术规范》（JGJ102—2003）仅对玻璃进行大面强度计算，忽略了孔边局部应力的分析。孔及其支承结构的边缘效应对玻璃面板的承载力有极大影响，不进行孔边局部应力分析往往会使结构存在安全隐患，这就是点支承玻璃破裂故障较多的原因。而且与孔径、孔边距、孔边支承条件、金属连接件及其支承体的连接状况等有关。因此，在做点支承玻璃幕墙设计时，除了对玻璃面板的大面应力进行计算分析外，还应该对玻璃孔边应力进行分析，以确保结构的安全。

6.1 提高点支承玻璃钻孔质量

(1) 为了防止与钻孔相对的一边发生剥裂，必须从玻璃两边同时钻孔。两边同时钻孔的钻头要共轴，如钻头不完全共轴的玻璃孔会有一个孔肩，这样的孔肩会产生比光滑孔高的应力集中。

(2) 钻孔处的剥裂可能是钻头发钝、孔中异物、玻璃缺陷或钻头润滑不足引起的钻孔缺陷造成的，有剥裂的玻璃孔会导致应力分布不均。此外，剥裂产生裂缝状缺陷，加上玻璃固有的易碎性，裂缝会在荷载下瞬间扩展。

(3) 钻孔建议采用牛奶做润滑剂。

6.2 铰接装置位于玻璃平面中心

如果铰接装置安装在玻璃平面外部，则弯曲荷载或扭曲荷载会施加在玻璃上；如果铰接装置位于玻璃平面中心，则可保证玻璃不承受弯曲或扭曲荷载。

6.3　驳接头安装倾角要正确

实验结果显示，驳接头连接有约束，与孔边有附加弯矩，孔边应力可增大 2.25 倍。尽管点支承玻璃安装了铰接驳接头，但驳接头安装倾角过大，连接有约束，不能适应玻璃变形，致使孔边应力增大导致玻璃破裂。

6.4　驳接头为适应玻璃变形，要有适度偏转角

点支承玻璃幕墙玻璃受荷载变形可以近似为弧形，根据几何关系可知，驳接头为了适应玻璃变形，要有适度偏转角。驳接头偏转角估算为：在选择平面幕墙用驳接头时，驳接头应满足 $\pm 5°$；非平面点支承玻璃幕墙也即当玻璃飘带的相邻玻璃不在同一平面时，除驳接头应满足玻璃变形的需要外，还要满足驳接头的偏转角 $\pm(\alpha/2+5°)$ 的要求。实现对玻璃夹角的补偿的同时，爪件要具备吸收幕墙平面变形的能力。

6.5　驳接头与玻璃之间垫片要采用铝垫片

钢永远不能与玻璃直接接触，通常要在驳接头和玻璃孔之间加一个热塑型衬垫。一般用铝来代替，衬垫最后镀一层特氟龙镀层，以防止不锈钢螺栓与铝衬垫之间的双金属腐蚀。安装时使用 1 mm 的硅酮压条以保证该装置的水密性。

第六章　BIM 设计及其应用

第一节　建筑专业 BIM 设计及应用

1. 项目难点

在长江之畔兴建的江苏大剧院取意水之灵动，造型如同漂浮在生态绿野之上的 4 颗"水珠"，"水珠"坐落在一个公共活动平台上，设计师用流水的笔触塑造了自然有机的外部空间，彰显层次丰富的立体空间体系。

形态复杂——水滴状的建筑体量给幕墙设计、结构设计、机电设计都带来一定的难度，基于复杂曲面进行多专业设计，必然需要 BIM 技术的介入与支持。BIM 的可视化设计将传统设计的平面施工图纸，由 2D 的平面视图转化为可视化的 3D 模型。这种可视化的三维视图，不仅让管理人员快速了解项目的建筑功能、结构空间和设计意图，同时将任意的模型剖切及旋转，使得复杂工程结构一目了然。

2. BIM 技术在建筑空间规划上的应用

空间规划是建筑设计的第一步，在选定建筑地点后可以对当地的空间进行地形分析，尤其是在地形比较复杂的建筑基地上地形分析必不可少。通过 BIM 技术对建筑基地进行空间分析，例如具体的坡高、斜率以及坡向等分析，对于建在地形复杂地区的建筑物可以利用 BIM 技术进行初步探索，为设计工作提供有力的支持，开阔思路。坡度分析利用 GIS 建模，并对其中的各项参数进行模拟，设计人员能够根据需要从不同角度进行探索，并生成一系列基础数据，供后期设计参考。地形探索完毕后即可进行建筑物的空间规划，空间规划一般利用 BIM 技术的可视化分析技能，将建筑通过3D 技术立体呈现出来，并进行室内的视野分析、规划可视度分析、道路可视分析等。在进行各项分析前首先建立相应的模型，并利用 BIM 技术进行调试，结合各因素综合参考，得出最佳的空间规划模型。江苏大剧院室外环境分析见图 6-1~ 图 6-3。

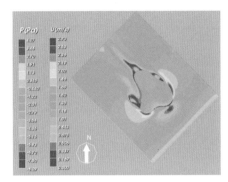

图 6-1　夏季工况室外风速云图

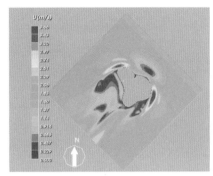

图 6-2　过渡季室外风速云图

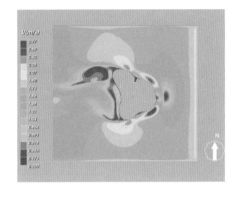

图 6-3　冬季室外风速云图

BIM 技术可以实现高效的协同设计，在可持续发展设计中发挥着重要的作用。借助 BIM 模型，设计师通过 Autodesk Vasari、Autodesk Ecotect Analysis、Autodesk Green Building Studio、Autodesk Simulation CFD 等专业分析软件，结合其他软件在方案设计阶段反复测试和分析设计方案的建筑性能，以完善设计方案，提高设计品质。

3. BIM 技术在建筑设计中的应用

3.1　BIM 的参数化找形

江苏大剧院单体建筑造型如同一滴水珠，为构建这一复杂的曲面造型，运用了 Rhino5.0 软件及其参数化插件 Grasshopper，利用软件在曲面表达参数化关联方面的优势，实现了建筑设计意图的完美表现。首先确定"水珠"

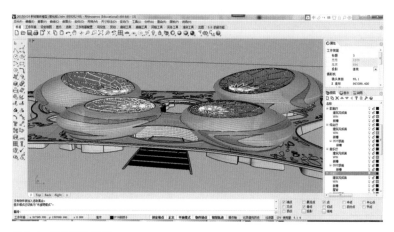

图 6-4　建筑整体模型

的边界条件，并绘制参数可调的简单曲线作为屋盖的轮廓，见图 6-4。水珠的纬向可以用横波来描述，利用单弧线控制波峰和波谷的高度，并将波峰和波谷的平面位置与轴线一一对应。通过横波线和轮廓线可以确定屋盖造型的经向控制线，从而生成屋盖的参数化三维模型。

在 BIM 软件中完成建筑外壳找形，标高、放样曲线、断面曲线均可由参数控制。在确定建筑外壳后，依据结构设计形式在模型中构造结构中心线模型，为结构计算提供准确定位，其中立柱个数、位置、结构厚度等均为可调参数。结构形式和位置确定后，对幕墙进行单元划分，其中单元的长宽比例、大小均为可调参数。幕墙划分确定后，依据一定数学关系确定开窗的位置和大小，大小为可调参数。由参数控制的建筑形体便于设计师依据专业分析结果，快捷地完成调整，高效直观。

3.2　仿真技术应用

BIM 技术相比于传统建筑设计不仅实现了建筑的参数化设计，还有效地将计算机仿真技术应用起来。设计人员在建筑设计完成后可以通过计算机仿真技术对建筑的各项标准进行检验，确保在受力以及各部分建筑协调上具有可行性，最低标准是在使用期内不能发生结构安全事故，同时在建筑过程中应该体现经济性特点。在设计中除了要满足日常使用需求外还要考虑一些突发情况，例如受到重物的冲击或者地震等因素的影响，保证承受一定范围外力的影响，保障人们的生命财产安全。在设计中考虑到相关因素可能造成的影响，利用 BIM 技术对设计方案进行演练，并结合仿真结果在设计之初利用力学原理，从不同角度进行受力分析，例如建筑物的抗震能力可以通过仿真来实现。

3.3 BIM 设计流程

BIM 模型作为一个信息传递的统一载体贯穿了项目的全过程，各参与方通过这一载体完成了交互式协同，提高了工作效率，保证了项目高品质地顺利实施。以复杂的屋盖系统设计流程为例说明 BIM 设计流程：

(1) 利用参数化技术完成复杂屋盖形体的找形。

(2) 在 BIM 模型中构建结构计算单线模型，并导入专业分析软件中进行演算，完成结构设计。

(3) 将结构设计数据整合到 BIM 模型中进行设计校核，并进行三维协调、修改设计。

(4) 利用已确定设计的 BIM 模型直接导出屋盖部分施工图。

(5) 将屋盖 BIM 模型提供给施工单位进行深化设计，并对其深化 BIM 模型进行校核。施工单位依据 BIM 模型进行下料、加工、安装。

(6) 当现场安装出现问题时，利用 BIM 模型比对现场照片，结合现场实地测量，找出问题，快速加以解决。

3.4 技术设计

技术设计阶段可以随时切换三维模型和二维图纸工作，将建筑所需要的构件如门、窗、楼梯等构件添加到模型上，确定构件尺寸及位置，平面图纸上的每个部分在三维视图中都是真实可见、相互对照的。对于复杂的建筑形体，可随时在任意位置做出剖面进行分析，大大降低了设计盲区，只要在明细表中添加一个公式就可得到想要的面积。Revit 利用三维可视技术和数据管理，真实反映建筑构件的物理属性，随着方案的深化，逐步添加或者修改构建属性，直到施工图纸的完成。

3.5 排水设计

复杂、异形屋面的排水设计是一个极为重要的问题，通过编写 GH 程序，可以在屋面 Rhino 模型中平均选取一些采样点进行排水坡度的分析，找出排水不利点，通过调整曲面造型或者增加排水设施等方法满足屋面排水设计的要求。同时，利用 BIM 模型可以快捷地统计出汇水面积，为排水设计提供准确的数据支撑。

4. BIM 的视线分析

观演类建筑尤为关键的是观众厅座位的视线分析，借助 BIM 软件参数化的特性，将观众厅座位给予一定排布逻辑，同时通过编写计算规则，计

图 6-5　观众厅座位视线分析
图 6-6　观众厅声学分析

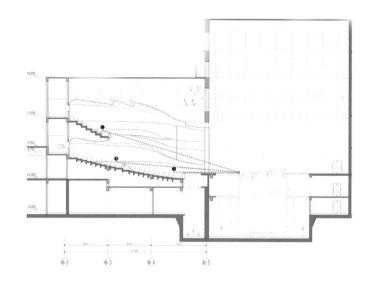

算设计方案中每一个座位观众的水平视角、最大俯角,通过逻辑判断,找出不符合剧院设计规范的位置(见图 6-5),为设计优化提供依据。通过参数的变换,及时进行座位布置的调整,以求最佳布置方案。

5. 基于 BIM 的声学分析

观演建筑要具有良好的视听条件,声学设计显得十分重要。为了保证声学分析的准确性,通过已完成的观众厅 BIM 模型直接导入 Autodesk Ecotect 软件和声学软件进行专业声学分析,见图 6-6。在分析过程中利用准确的 BIM 模型和一定的数据格式转换,能够在短时间内获得精确的声学分析结果,反馈到设计师手中进行设计调整。BIM 模型的重复利用性为项目的实施节约了时间,提高了效率。

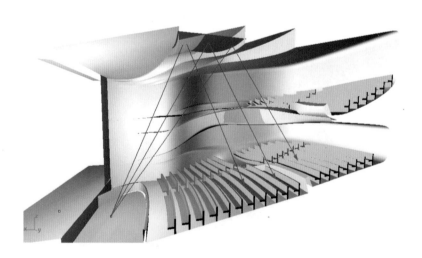

第二节 结构专业 BIM 设计及应用

1. BIM 技术用于钢结构设计方面

　　江苏大剧院的单体建筑主体结构均以地下室顶板作为整个主体结构的嵌固端，各单体均为框架－剪力墙结构体系，屋盖及外围结构采用大空间钢结构。在确认建筑造型 BIM 模型后，依据结构设计方案在 BIM 模型中构建结构中心线模型，为结构计算提供准确定位。首先分别完成屋盖和主体结构中心线定位模型，然后整合形成钢结构模型，见图 6-7。钢结构模型以 dwg 形式导入专业结构计算软件中进行计算，综合计算结果确定最终钢结构设计方案，完成 BIM 钢结构模型。

　　江苏大剧院的复杂屋面形态带来了结构跨度大，结构单元超大、超长，支撑结构受力不均等结构设计难点，通过 BIM 构建的模型可以准确地反映结构空间布置和精准三维定位，为结构分析打下了扎实的基础。其结构分析流程如下：

　　(1) 构建上部结构中心线所在曲面的 BIM 模型

　　上部结构中心线所在的曲面由建筑完成面偏移而来，偏移距离为建筑构造最小厚度与最大结构杆件管径之和，前者由建筑设计构造方式决定，后者需要由结构估算、试算确定。

　　(2) 确定结构平面网格

　　上部结构平面网格是指上部结构斜柱、内环梁、顶环梁、中环梁及钢

下部框架、剪力墙结构体系　　　　　上部大空间钢结构　　　　　主体结构模型

图 6-7　结构 BIM 模型

筋混凝土大环梁在 xOy 平面上的投影。在建筑完成面基础上,依据给定的建筑轮廓,确定合理的结构单元尺寸和形式,利用参数化的手段依次绘制平面网格,并将其分层、分颜色。

(3) 完成钢结构单线模型

利用绘制好的结构平面网格投影到结构曲面模型上,形成上部钢结构空间模型,连同支撑结构单线模型,最终形成单体钢结构单线模型。

(4) 结构试算

将钢结构单线模型导出为 dwg 格式,与 PKPM 导出的混凝土单线 dwg 文件进行整合,完成单线模型。用 3D3S 软件打开结构单线模型,分图层赋予结构杆件相应的材性、属性,按导荷载的方法在构件上施加恒、活、风荷载,施加地震力与温度作用,最后在柱底施加相应的约束,进行结构试算。

(5) 结构验算

3D3S 软件试算完成并初步判断模型正确后,可将模型导出为 S2K 文件,同时用 SAP2000 软件读入 S2K 文件,在 SAP 文件中重新施加地震质量源、地震荷载、温度荷载,将计算结果与 3D3S 软件结果进行对比,如果相符则完成结构验算,结构分析结果可作为下一步结构设计的依据。

(6) 基于 BIM 的设计校核

在完成钢结构施工单位的深化设计模型后,为保证设计质量,把控最终的施工效果,需要对模型进行校核。将模型以 3dm 或者 dwg 格式整合导入 Rhino 软件中,通过软件自带功能检测各专业模型是否发生碰撞,确定发生碰撞的位置和碰撞的程度,并及时反馈给设计人员,同时进行 BIM 模型的修改。

2. BIM 技术用于钢结构施工方面

基于建立的土建结构模型,引入时间参数,将 4D 的概念与 BIM 技术相结合,对施工进度进行模拟,实现了对现场施工进度的实时指导与监控,并提前排除了设计图纸中存在的问题,提高了工作效率。同时更重要的是能利用 BIM 模型所带来的数字信息指导构件精细化制造、运输、定位和安装。

2.1 BIM 实体建模

(1) 确立单体建筑的轴网。根据平、立、剖面图初定关键控制点标高及位置,然后定位柱脚、顶环梁与斜柱交点、中心环梁中心点等,再依据斜柱剖面的外轮廓线形拉出实体三维模型和拉梁、环梁等其他构件实体模型,

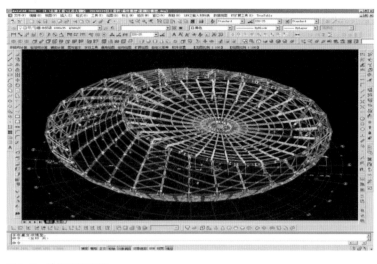

图 6-8 单体结构建模

见图 6-8。

(2) 歌剧厅与音乐厅设计存在相互咬合的方式，建筑外观通过犀牛软件模拟绘出外壳网格罩面并抽取相应斜柱外包线，然后根据建筑外包线采用犀牛软件自身的功能内退 400 mm，找出钢结构斜柱的外观轮廓控制线，根据软件计算出的截面规格模拟绘出相应的斜柱剖面图，见图 6-9。

图 6-9 "M" 形斜柱剖面图

2.2 复杂节点建模

采用 Tekla Structures 软件开展钢构件复杂节点深化设计，实现钢构件 3D 实体建模。在钢构件复杂节点模型的基础上，发现节点连接问题及存在的冲突，并对其进行处理，同时优化节点设计，达到确保构件制作质量的目的。

(1) 斜柱支座节点模型建好后，发现斜柱与预埋钢板连接在理论上无法实现（见图 6-10、图 6-11），设计要求预埋钢板中的 A、B、C、D、E、F 六点，每点的 x、y、z 坐标的误差不超过 2 mm。否则要么斜柱下端 G 点处与支撑的销轴无法合模，要么斜柱上端与坡口无法精确合拢。基于此，经设计方研究同意将 C、D 两点的误差放松，保证 E、F、A、B 四点的精度为 2 mm，从而确保了施工顺利进行。为了避免斜柱偏心现象发生，采用 Tekla Structures 软件三维实体建模，快速而有效地解决了这类问题。

(2) 交叉斜梁处通过 Tekla Structures 软件建模发现，构件无法插入坡口焊接，通过设计优化取消斜梁一侧加劲板，并对此处斜柱加强处理，保证了斜柱和交叉梁的焊接质量。

(3) 对环梁进行节点深化设计，发现并解决构件间碰撞、安装死角、尺寸错误等问题，逐一加以解决。

2.3 钢结构制作、加工

(1) 斜柱的制作加工

斜柱形体呈"L"状，柱肢由下至上单向弯曲，截面渐变，保证弯曲弧度的准确率是制作过程中的重点和难点。数据提取整理、三维实体的消隐与投影以及图形标注是图形绘制的主要内容，利用模型中实体的点线面属性以及记录的关键特征几何点，采用空间消隐算法生成二维图形，最后绘

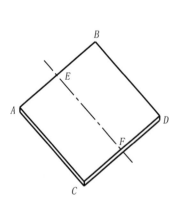

图 6-10　斜柱支座预埋钢板示意图

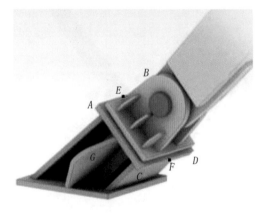

图 6-11　斜柱柱脚节点

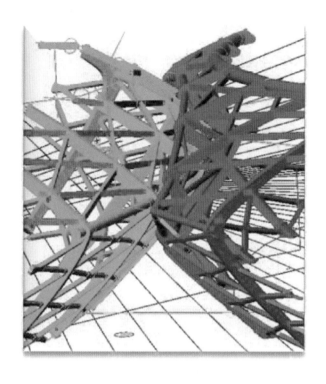

图 6-12　咬合模型碰撞校核

制引注和尺寸标注。

(2) 采用 BIM 模型进行预加工模拟校核

斜柱外形尺寸较大，钢板最大厚度 80 mm，分段最重重量约 40 t。由于斜柱大部分焊接坡口均为全熔透焊缝，焊接收缩变形较大，易产生各种变形，造成斜柱截面尺寸发生误差。为了保证斜柱现场安装的精度，利用 BIM 模型对三维空间结构进行数字化预拼装及碰撞校核，见图 6-12。

(3) 运用 BIM 模型放样、套料、加工制作

利用 FastCAM 套料软件为数控切割提供便捷，精确地下料切割。将已经建立的 BIM 模型自动生存的加工图导入 FastNEST 软件套料模块，实现钢板自动套料。

(4) 其他

外罩钢结构斜杜是曲线造型，顶环梁外部箱形牛腿及销轴耳板均为空间定位尺寸，精准测量困难较大，尤其在斜柱加工施工中如测量不准造成无法安装。通过 BIM 模型模拟出斜柱整体结构的造型，提取斜柱的三维实体模型进行模拟复核，使构件的加工制作准确性得到了保证。

3. 钢结构辅助措施绘制

江苏大剧院的球形外罩钢结构安装过程中需要用到大量支撑胎架，为

保证施工安全，胎架承受能力及楼板承受能力要通过 MIDAS 软件进行受力分析。通过专业计算土建楼板不能支撑钢结构安装者，要在平台处布置转换梁，把荷载传递到主体结构框架柱上。在 BIM 技术的支持下，在 Revit 土建模型上绘制转换梁与胎架，避开与土建翻口、平台梁相碰。需要预留孔洞处通过断开胎架，分段立在土建结构上，再通过 MIDAS 软件进行受力分析保证结构安全。同时还完成了在 Revit 同一坐标下相应节点处设计固定支撑胎架用的埋件。

4. 运用云平台进行现场管理

采用云平台支持多种数据文件格式，支持三维模型在线实时浏览，并基于模型进行数据在线分析，从 3 个方面形成各类统计报表：

(1) 在施工方面，施工现场在 iPad 上打开模型，与现场实际施工情况进行对比，可以进行尺寸标注、构件属性查询。如发现问题可直接进行注释，并保存视点，通过云平台传送给相关人员，在云平台实时接收并进行回复。

(2) 在工程文件传输方面涉及大量的资料，云平台很好地解决了这一问题。在云平台上通过权限设置，方便了资料的传输沟通。

(3) 云平台有时间提醒功能，对现场图纸会审、施工节点的工期设置，云平台会进行相应的警报与提醒。

5. 结语

江苏大剧院钢结构之复杂表现在尺寸偏心、变截面偏心、大截面变化，斜柱与环梁之间刚性连接等，通过 BIM 技术强大的可视化、模拟性及优化性等优势，利用 Tekla Structures 系列软件对节点模型建模、提前发现问题、提出解决方案，并向设计方反馈，最终优化施工，不仅节约了工期、成本，同时为后续专业的施工赢得了时间，使工程得以顺利进行。

第三节 机电专业 BIM 设计及应用

1. 施工难点

江苏大剧院机电工程管线错综复杂，种类繁多，有以下管线：用于舞台机械、舞台灯光和舞台音响的强电电缆和弱电电缆，舞台工艺的控制管线，用于一般民用建筑的强电电缆和弱电电缆，空调、给排水、通信和燃气管线，消防控制管线，机电控制管线，等等。并且在设计图纸中出现很多错漏，引起大量的碰撞和矛盾。通过 BIM 技术进行管线综合汇总，可以提前发现错、漏、碰、缺的问题，优化了机电管线深化设计和施工方案，提高了施工质量，确保了施工工期，节约了施工成本。

2. BIM 技术工作流程

BIM 技术在江苏大剧院机电项目中应用得十分广泛，BIM 的工作流程如图 6-13 所示。

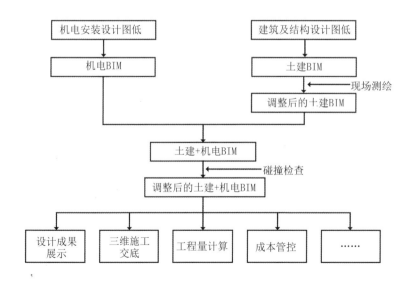

图 6-13 项目中 BIM 的工作流程

3. BIM 技术在机电管线综合中的应用

3.1 可视化和模拟性是 BIM 的基础

江苏大剧院机电材料设备数量多，异形规格多，尺寸复杂，BIM 技术将以往线条式的构件模拟成三维的立体实物图形进行展示，机电管线之间具有互动性和反馈性，相互间的影响都以三维的方式清楚地展现。

针对机电安装工程的专业多、系统复杂的特点，在软件中对各专业系统进行颜色分配设置，使界面内复杂的管线变得清晰明朗，识别度高，见图 6-14。

BIM 技术的模拟性实现了机电模型的可视化，将土建和机电的各部分、各系统都呈现出来。模拟机电的所有专业，将全部管线集合在三维模型之中，使施工方对复杂机电管线的施工有高效的管控能力。三维模型能清晰表达各种构件的空间位置关系，如空调水管和线槽的位置关系、排水管与母线的空间距离、风管与梁的距离，不必通过翻阅十几张图纸来确定一个位置到底通过多少管线，再去核算它们是否有碰撞，BIM 可以明确地表示两个物体间的空间距离是否满足规范要求，对不满足要求或有碰撞的管线进行调整，避免施工现场重复拆改，达到了预期的施工要求。

3.2 BIM 的可出图性沟通了现场施工与设计方

BIM 模型可以根据需要导出各种平面图及剖面图，图纸根据模型自动生成，并且根据模型的改变而自动改变，提高了工作效率，减少了出错概率。

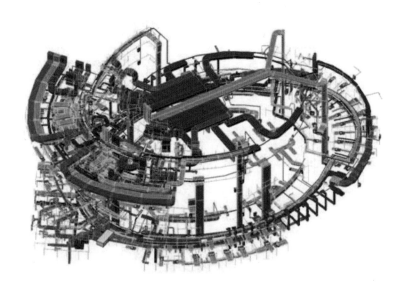

图 6-14 音乐厅机电模型

同时，机电管线综合排布和发现的问题及时提交设计方，及时地解决存在的"错、漏、碰、缺"的问题。

3.3 BIM 的协调性可满足各专业进行深化排布

BIM 三维模型加入各种计算能力可在保证功能的前提下，减少机电管线对精装修的影响。例如对许多通风管道可在不减少截面面积的前提下改变规格，以减少占用净高，对水系统进行水力计算，通过核算管径确保系统正常工作等。

3.4 BIM 有效协同三维可视化功能

BIM 技术加上时间维度后可进行进度模拟施工，直观地将施工计划与实际进度进行对比，进行有效协调。通过采用 BIM 技术并结合施工方案、施工模拟和现场视频监测，可减少质量问题、安全问题，减少返工和整改。

利用 BIM 技术进行协调，可高效地进行信息交互，加快反馈和决策后的周转效率。另外，利用模块化的方式，BIM 信息建立后可被同类型单体建筑引用施工，避免进行重复工作。

4. 地下停车库 BIM 设计及应用

江苏大剧院地下停车库停车位为 1 000 辆小车，需将管线合理排布，提升管线标高，创造美观的地下室空间环境。但是通过模型显示车道交叉处管线极其复杂，梁底标高为 6.0 m，例如某处梁下需要安装管线分别为：纵向 DN500 的冷冻水管两根，DN250 冷冻水管两根，DN150 冷冻水管两根，1 600×300 补风管一根，DN150 消防水管三根，DN150 无压污水管一根；横向 DN250 冷冻水管六根，DN125 冷冻水管四根，50×25、75×75、100×50、100×100、200×100、300×100 桥架各一根，生活给水管 DN150 一根、DN100 两根，DN150 消防水管两根。经过多次管线综合协调沟通，将两根 DN500 的冷冻水管从车道位置移到车位位置以提高车道上方的净高，桥架绕开冷冻水管集中的区域，风管利用梁空上翻让冷冻水管从其下方通过，一根 DN150 的消防水管穿梁以避开与冷冻水管的碰撞，这样在满足空间高度的情况下，满足了管线布局的美观合理，见图 6-15。

图 6-15　机电管线综合现场实体

5. 冷冻机房利用 BIM 技术进行施工方案优化

机电安装项目中冷冻机房是工程施工的难点，也是体现工程施工质量好坏的关键部位。江苏大剧院冷冻机房建筑面积 1 000 m²，位于地下室负一层，层高 7 m。面积大，系统多而繁杂，管道多，空间狭小，给安装造成很大困难。施工方通过 BIM 技术的应用，顺利地克服了这些矛盾和障碍。

5.1　建立模型

为了确保冷冻机房的顺利施工，施工方对图纸进行深化设计，依据测量土建的标高和尺寸建立模型，将机电各个专业的模型与土建模型进行整合，通过协调和调整，使机电和土建之间的模型没有碰撞和差错。

5.2　确定施工方案

通过 BIM 技术不断虚拟优化冷冻机房管道施工方案，见图 6-16。施工方案初稿从三维模型中发现以下问题：消防管紧贴梁底敷设，设置在最上层，风管在消防管下部；冷冻水管和冷却水管、强弱电桥架与水管并排布置。冷冻水管管径较大，最大管径 750 mm，而将冷冻水管放在最下层就给支架的安装造成了困难，有必要重新设计施工方案。

第一轮修改：按照修改要求重新调整方案，将冷冻和冷却水管调整到第二层，在消防管道下敷设，风管调整至最下方敷设，方便安装吊架。根据新的方案，施工难度大大降低，但造成材料浪费，必须对施工方案再进行调整。

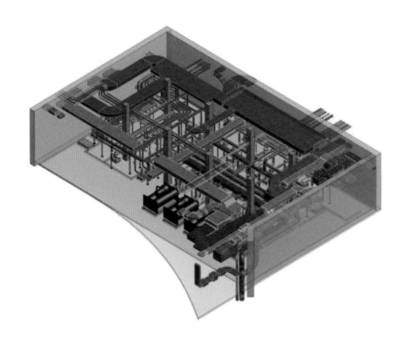

图 6-16　冷冻机房 BIM 模型

上篇　技术篇　≫　第六章　BIM 设计及其应用

123

第二轮修改：本着节约材料、施工方便、排布美观的原则，对图纸进一步修改，在原有 BIM 模型中完成了修改调整工作，最后终于达到了要求。

5.3　碰撞检查

确定冷冻机房 BIM 模型后，通过云碰撞检查系统 (BIM Works)，仅冷冻机房共检查出 12 个需要调整的碰撞点。针对检查出的碰撞点，施工方与设计方进行沟通，在符合设计和施工双重要求的前提下，将碰撞点进行调整，充分满足施工要求，最终确定最优施工方案。

5.4　三维技术交底

运用 BIM 的三维可视化的特点，向机电各个专业进行交底，使施工人员在三维状态下查看各自专业内管线的排布和标高位置，对各自施工内容有深刻印象，将完成后的三维模型打印出来，指导现场施工，按照三维模型完成。

6. 结语

通过应用 BIM 技术，改进了机电管线安装工艺流程，提高了机电管线安装的一次合格率，节省了工期，减少了不必要的拆改，取得了良好的社会效益和经济效益。

第四节　内装专业 BIM 设计及应用

1. 江苏大剧院室内装饰工程的特点

江苏大剧院室内装饰大量采用 GRG（Glass Fiber Reinforced Gypsum）板（玻璃纤维增强石膏板）以及装饰石材，其造型和图案复杂，均为连续多变的曲面，施工交接面的数量亦十分巨大，对装饰施工提出了挑战，见图 6-17。

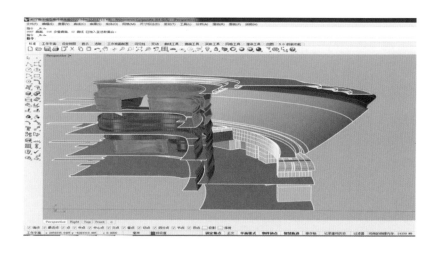

图 6-17　歌剧厅前厅墙面造型

图 6-18　共享大厅吊顶点云模型

2. 现场数据采集和深化复核

图 6-18 是共享大厅顶部的点云模型，针对土建和一次钢结构产生的施工误差、复杂的机电管线排布、现场二次隔墙和装饰深化隔墙不一致、现场情况对装饰深化造型的约束、墙体定位和吊顶标高的确定形成了很多矛盾和障碍。江苏大剧院的室内装饰运用 BIM 技术、3D 激光扫描仪对现场数据进行了高效的采集和处理，生成了点云模型，并对扫描结果与深化平面进行比对复核。

3. 复杂形状的绘制

室内装饰"卡通"柱和墙面的装饰线条类似"象腿"，"象腿"高度为 10 m，象腿中间设转换层钢骨架，外表采用厂家定制 GRG 板。利用 BIM 软件类似医学上的 CT 切片原理，可以间隔 1 m 自动切出各个剖面图，用该剖面图即网格图指导现场施工，并提供 3D 数据给厂家加工。

4. 参数化设计

将各专业深化设计数据存储在中心文件数据库中，所有设计内容都参数化并相互关联。BIM 系统对模型的信息进行统计与分析，生成和导出所需要的各专业信息与数据。这种双向关联性加上即时全面的变更传播，可实现高质量、一致、可靠的信息输出，有助于深化设计和现场施工等数字化工作流程。装饰阶段建筑信息模型的参数化包括完整的工程信息的描述：如对象名称、装饰类型、建筑材料、工程性能等深化设计信息；施工工序、进度、成本、质量及人力、机械、材料资源等施工信息；工程安全性能、材料耐久性能等维护信息；各施工对象之间的工程逻辑关系等。

江苏大剧院使用 Revit 软件进行装饰参数化设计、虚拟模型展示、材料统一等一体化设计，将其运用到装饰施工中，无论是墙面、地面、顶面的深化设计，都对内部构造及材质进行详细记录，在绘制模型的同时还生成详细的明细表、剖面施工图和重点区域施工详图等。

5. 模拟施工

运用 Navisworks 软件进行装饰阶段模拟施工，以天为单位对施工进度进行虚拟仿真模拟，实现装饰施工阶段工程进度、人工、材料、设备、成本和场地布置的动态集成管理及施工现场实时模拟。

利用 BIM 模型虚拟化施工，可模拟展现施工工艺，三维模型交底，提升各部门间的沟通效率；模拟施工流程，优化施工过程中的管理。通过施工进度模拟，可以直观地反映装饰施工各道工序，方便总包方协调各专业的施工顺序，提前组织专业班组进场施工，准备设备、场地和周转材料等。同时，Navisworks 还可在模型内以第三人称视角进行漫游，选择在装饰的某一时段，对每个房间的装饰做法进行视点效果观测，及时发现问题并逐项解决。利用施工进度模拟具有很强的直观性，使现场施工准确地把握工程进度。

6. 多专业数据整合及协调

装修单位集建筑、结构、机电、装饰、智能化、灯光照明、舞台设备等多个专业，做好各专业深化交接和协调，并直观地展示给各分包方，提高深化设计的准确性。基于 BIM 整合平台，对各专业的不同类型数据进行整合和协调，提前规避施工过程中可能存在的问题，实现各深化设计的无缝对接，为后续施工打好基础。

7. BIM 辅助生产和施工

7.1 BIM 辅助下料和生产 GRG 板

江苏大剧院共享大厅和各演艺场馆的观众厅、前厅大量使用了异形 GRG 天花、GRG 墙面和弧形石材，设计对造型和弧度控制有着很高的要求。BIM 技术依据设计模数和优化的模型进行板块的精确分割、生产、编号和安装，以及相应板块生产数据的提取，见图 6-19。模型对接 CNC 设备进

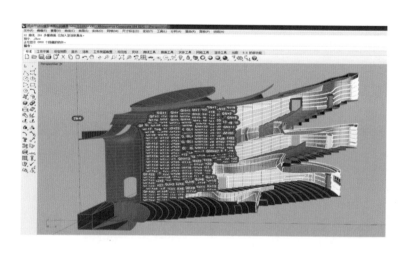

图 6-19 歌剧厅观众厅墙面 GRG 板排布

行数控生产，实现材料和模型完全一致，为现场板块安装的弧度控制提供保障。

7.2 协同作业

江苏大剧院装饰阶段分包多，专业多，施工总包须每时每刻做协调及配合工作。按传统做法遇到问题须召集各分包有关人员召开协调会，找到问题的原因及解决办法，随后变更洽商，制定相应措施，其过程颇为繁琐。应用 BIM 技术将解决方案录入建筑信息模型形成数据存储，在施工前解决各专业间碰撞及设计不合理等问题。

7.3 自动全站仪放样（配合板块安装）

为了高效实现 GRG 板块的批量安装，引入自动全站仪放样。从模型中提取数据，进行各控制点的精确定位，确保施工成果质量优良；同时利用全站仪放线大幅度提高工作效率，加快施工速度。

考虑到施工误差，利用全站仪分区域采集现场完成数据，辅助项目进行实测实量验收工作，进行安装板块施工质量区域化检测，并将其整合到设计 BIM 模型中。根据对比结果调整后续板块尺寸或施工方式，消除累计误差，确保 GRG 施工安装质量和板块拼接效果。

8. 可视化施工的应用

(1) 传统的施工图纸只是将各构件的信息采用线条绘制在图纸上表达，真正的构造形式还须参与人员自行想象。在江苏大剧院复杂建筑的情况下，BIM 提供了可视化的手段，将以往的线条式构件形成三维的立体实物图形展示在人们面前；而且 BIM 提供的可视化是一种能与构件之间形成互动和反馈的可视。在 BIM 建筑信息模型中，由于整个过程都是可视化的，其结果不仅用于效果图的展示及报表的生成，更重要的是项目设计、深化和现场施工过程中的沟通、讨论、决策均在可视化的状态下进行。

(2) 在装饰施工阶段 BIM 的可见性得到了充分运用。由于工程的专业分包多，各分包方遇到的问题多，协商次数多。通过 BIM 可视化施工，所遇问题都能通过模型逐条解决，减少了因专业问题导致现场停工的现象。利用 BIM 模型的可视化还可提前反映施工难点，避免返工现象，可将从顶面到地面的装饰施工工序一览无余地展现在眼前，有助于现场施工顺利进行。例如建筑空间地砖铺设与天花板龙骨搭接也可在 BIM 模型中进行深化，达到与现场一致，避免材料浪费，提高施工效率。

9. BIM 建立数据库、快速算量

进行构件设计、生产及施工等相关参数信息的录入，建立项目级数据库，通过 BIM 模型提供统一的基础数据。利用 BIM 强大的工程量计算和数据处理能力实现计算工程量和信息处理自动化，动态掌握项目资源计划和变更情况，数据及时更新，同步联动，按时间、按材料、按部位、按构件分类统计进行快速算量，配合完成各分包进度款的支付。

10. 结语

江苏大剧院装饰施工应用 BIM 信息化技术，解决了二维空间不能解决的问题，同时通过空间优化、深化设计、施工过程的优化和仿真等，大大减少了"错、漏、碰、缺"问题的发生，达到了对安全、质量、进度和成本控制的要求。

第五节　外装专业 BIM 设计及应用

1. 项目难点分析

(1) 江苏大剧院外观造型独特，建筑外表形态变化无规则可循，外幕墙设计由钛金属板和玻璃飘带组成，尤其是中环梁以上的钛金属板及玻璃飘带，经向的最小弯曲半径 1.4 m，纬向的最小弯曲半径 4 m，加工难度已达到国内双曲钛金属板和玻璃加工工艺能力的极限。建筑外轮廓由弧线组成，每一层平面的直径都不相同，这就导致每一层单元板块都是不同的板块，板块种类多，数量大，且大部分为梯形板块，板块尺寸多变，加工工艺复杂，信息量大，工厂单元板块生产及现场板块吊挂容易出现差错。

(2) 为保证钛金属板和玻璃飘带柔润的外观效果，为了防止后期硅酮密封胶对钛金属板污染而破坏建筑形象，对钛金属板装饰层采用开缝式设计，横向缝宽设置为 100 mm，竖向缝宽为 15 mm。作为一个在长江漫滩地区的项目，基本风压达到了 0.85 kN/m^2，金属幕墙和玻璃飘带的结构安全及防水性能面临大的挑战。

(3) 江苏大剧院在外层金属表皮上镶嵌了许多形状奇特的玻璃飘带，并且在中环梁以下的玻璃飘带呈倒挂状。金属幕墙及玻璃飘带的龙骨布置、定位及玻璃边缘的防水设计是工程的难点。

(4) 不锈钢装饰线单元尺寸逐渐收缩，现场放样难度大，生产工艺复杂，现场吊挂、安装会出现上下装饰线条配合不当，导致装饰线条整体外观不光滑，影响建筑效果，这也是难点。

2. BIM 在深化设计上的应用

BIM 技术可使设计可视化，BIM 可视化的需求主要是节点研究和施工工序模拟，几乎所有的节点设计都可以通过三维模型进行协调，施工过程可以通过仿真模拟工序，从而减少了设计返工带来的经济损失和工期损失。

2.1 BIM 技术设计参数化

(1) 外形曲面分析及建立参数方程表达式

为了在施工图中准确反映方案设计的意图，体现立面变化曲面的设计效果，经过方案模型分析可知，建筑物立面的渐变曲面看成由竖直平面 yOz 上的曲线为基线，沿 x 方向旋转移动而成的双曲面；或者可以解释为曲面是水平面 xOy 上的一条曲线，在沿着轴 z 方向移动一定距离的同时旋转一定角度而形成的双曲面。根据标高和幕墙完成面的距离、每一层平面之间的变化角度已有的数据，采用后者，选择水平面 xOy 上的基线，在沿着 z 轴方向移动一定距离的同时旋转一定角度而形成旋转曲面，从而建立曲面方程，方程表达式如下：

$$\begin{cases} z = Ht, t \in [-20,19] \ , \ H = 12\,000 \\ y = x \tan \theta \ , \ x \in [819, 36\,964] \end{cases}$$

以曲面方程为建模基准进行 BIM 模型构建，可精确表现出建筑物的形体及其变化规律，同时也忠实还原了建筑师的设计意图，给幕墙系统方案设计提供有效的依据。

(2) 现场钢结构扫描

因整体建筑的造型不规则，球形外罩钢结构加工和安装的精度存在一定的误差。为保证建筑效果，采用三维激光扫描仪对现场钢结构进行扫描分析，判定现场结构是否与理论模型有较大冲突，以便在设计阶段进行调整。

经现场实测，实际钢结构整体安装精度控制较好，偏差大部分在 50 mm 以内，且基本都是往内侧偏移，并在幕墙安装偏差可接受范围内，不致影响钛金属板、玻璃飘带和骨架的安装。

(3) 利用方程进行参数化建模

① 在建筑、结构表皮建模的基础上进一步建立屋面的分格及其各种构件模型。屋面系统模型主要包括金属板、支撑龙骨、直立锁边板、固定支座、次檩、主檩及檩托等构件内容。

② 利用 BIM 专业软件开展建模，核心的建模软件为 Rhino(犀牛)、Autodesk Revit Architecture、Solidworks。其中犀牛用于建筑整体幕墙分格的生成以及曲率分析；Revit 用于幕墙工程施工 BIM 模型的建立及应用；Solidworks 用于幕墙单元加工板块的参数化建模，并指导材料的统计、下料与加工生产。三者之间的关键数据、信息传递，利用软件自身功能或自行编制的软件程序进行。

③ 江苏大剧院的屋面为双曲面水珠造型，平面曲线和立面高度均不规则，CAD 无法表示平、立面清楚的关系。用 BIM 软件建成模型，直观生成双曲面造型，生成二维等高线，自动生成平面、立面、剖面图，并提供 3D 数据给厂家加工。

④ 根据建筑整体模型在 BIM 软件中完成建筑外壳、定位结构形式和位置、划分幕墙，以及确定经度、纬度总长度和划分数等的可调参数，由参数控制的建筑形体便于设计师依据专业分析结果完成调整，高效直观。

⑤ 在深化设计阶段，使用 Rhino 软件建立外立面模型，通过 Rhino 软件将其导入 Revit 模型，与建筑结构模型整合为一体。Rhino 软件具有强大的曲面建模功能，可以在 Windows 系统中建立、编辑、分析和转换 NURBS 曲线、曲面和实体，不受复杂度、阶数以及尺寸的限制。Rhino 软件跟 AutoCAD、Revit 等软件有对接接口，可以互相导入，进行无缝链接，具有良好的兼容性。配合 Grasshopper 插件，可以实现参数化建模，使修改模型变得容易、快捷，通过链接功能，在 Rhino 里面的修改内容能够马上反映到 Revit 软件里面，便于与设计方协调。

⑥ 直立锁边板排板设计、排板方式是否合理对整个屋面工程的施工质量、工期有重要影响。屋面造型、屋面曲率分析、等高线分析、屋面坡度分析直接影响到屋面板的排板及屋面排水。采用 Rhino 参数化软件将屋面划分单元进行曲率分析，并进行屋面板空间三维排板，见图 6-20。同时对每单元划分的板块进行三维量化分析和优化，确保每个单元板块能满足生产加工和现场安装的要求。

⑦ 钛金属板即金属板外表皮设计，根据对原建筑模型的综合分析，屋

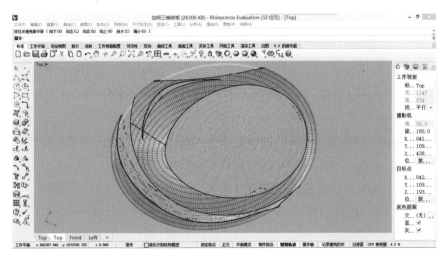

图 6-20 空间三维排板

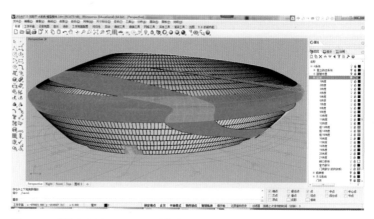

图 6-21 幕墙表皮的 Rhinoceros 模型

面表皮为三维空间曲面，且左右不对称，见图 6-21。将双曲面转换成平面网格，利用 Revit 将表皮划分成许多网格，对应于屋面板块的分格简化为平面板块。表皮模型板块纬度方向上下边弧长 1 000 mm，端点间连线测量拱高值小于 1 mm，故初步确定纬度方向拼板可采用直线逼近弧线的方式。同时将经度方向板块进行纬度划分，共 22 个纬度。对经度板块进行曲率分析：上半球 1 ~ 12 纬度和下半球 16 ~ 22 纬度弧长 2 600 mm，端点间连线测量拱高值小于 1 mm，也可采用直线成弧方式；13、14、15 纬度采用单方向曲面板块。

⑧ 导入 Revit 软件并利用其信息统计功能，对逐个金属屋面系统、玻璃飘带系统的构件、嵌板进行编号，并对定位坐标、颜色、材质、加工尺寸和到场时间等信息进行统计梳理，可以方便快捷地导出板块清单和材料清单。

2.2 直立锁边铝镁锰板 BIM 技术应用

(1) 根据球形屋面外形的特点，针对双曲面单元幕墙，直立锁边层最高点大圆顶向屋面四周方向扩散，屋面 80% 面积的铝镁锰板采用 ALL-ZiP S65-300 直板排板布置，在屋面下部位置存在特殊造型曲面，是整个直立锁边设计及制作安装的重难点部分。

对于整体或局部带有特殊造型曲面的金属屋面构造，传统的二维设计无法准确、全面地保证项目设计阶段与加工安装环节形成良好的衔接。BIM 模型的应用能够进行可视化三维建模、参数化曲面分析、构件尺寸精确控制，使所设计完成的内容能够满足构件加工制作及现场安装的要求。

(2) 屋面工程设计阶段采用 Tekla 软件建立屋面主钢结构及次檩条三维模型，完成主结构及次檩条构件深化设计；其次将 Tekla 钢结构模型导入 Rhinoceros 软件，结合 Grasshopper 插件进行特殊曲面部位的参数化分析，形成精确的外表皮三维模型，并在外表皮模型上完成排板布置。通过 BIM 系统三维建模设计得出的数据，屋面铝镁锰直立锁边层局部曲面位置，通过 ALL-ZiP 扇形屋面板、反向弯弧加扭曲的加工工艺得以实现。

(3) 在直立锁边层的 Rhinoceros 模型中进行钛金属板的建模和分割排板设计，随后在 AutoCAD 中完成初步加工图，待现场铝镁锰直立锁边层施工完毕，复测返回数据后进行最终的钛金属板加工图调整。通过 BIM 模型系统设计的应用，可以获取钛金属板的加工数据，包括定位坐标、尺寸大小、弯弧加工所需数据及各块板不同的构件编号。有了这一系列数据，可以缩短众多不同尺寸板材的加工时间，提高加工精度，保证外装饰层施工完成后的表面平整、顺滑。

2.3 玻璃设计 BIM 技术应用

玻璃板块的设计、加工，通过 Rhino 软件曲线命令生成规则线条，与原建筑曲面比对，在误差允许范围即可采用，克服了以往采用 CAD 模拟线段的人工操作繁琐及随意性大的缺点。

(1) 对玻璃进行曲率分析发现如下特征：1~12 纬度和 16~22 纬度区域，曲率范围 $r = 30\,000$ mm；按玻璃经度方向分格 2 700 mm 模拟直线与原建筑外观对比，误差值为 3 mm，在加工容许范围内，故经度方向采用直板玻璃代替，达到成弧的效果，见图 6-22。

(2) 经度方向最小半径为 $r = 1\,500$ mm，对 13~15 纬度这三纬度分析，采用人工模拟曲线确定半径。在经度方向玻璃板块间拼接成角度为 178 度，理论拱高与实际放样拱高相差 4 mm，满足构造调节要求。模拟线段后将其在 Rhino 软件运用曲线命令进行空间绘线再通过所成弧线，生成纬度方向面板，见图 6-23。

(3) 在模型中切割出每一块玻璃并编好号（见图 6-24），有的排布成平

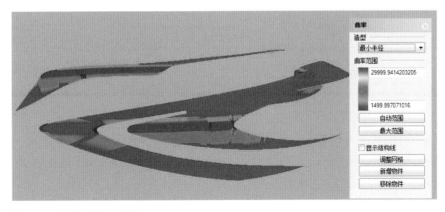

图 6-22　玻璃板块曲率分析

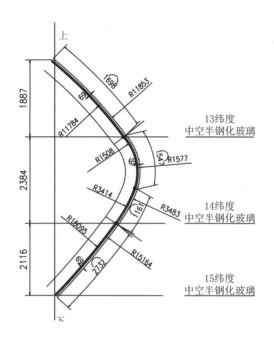

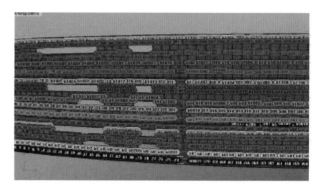

13纬度
中空半钢化玻璃

14纬度
中空半钢化玻璃

15纬度
中空半钢化玻璃

图 6-24　每一块玻璃都具有唯一编号

图 6-23　13、14、15 纬度
模拟线段

板玻璃，有的排布成弯弧玻璃。用这种方式去复合原先的模型，达到最优化的幕墙表皮。根据每一块玻璃的独立编号，按照现场的施工分区进行材料的下单进场，保证了材料尺寸的准确，确保幕墙工程的精确施工。

2.4　钛金属板设计 BIM 技术应用

(1) 直接在 Revit 中建立异形曲面有一定难度，异形曲面的建模需采用多种软件结合的方法。首先在 CAD 中确定三维线模型，然后将 CAD 文件导入到犀牛软件中，利用该软件的参数化找形功能，根据模型生成金属屋面的曲面，输出为 sat 格式文件，导入 AutoCAD 软件，存为 dwg 格式，在 Revit 软件中新建体量，读入 dwg 文件，生成金属屋面模型。

(2) 通过幕墙单元系统内的可调节插接构件，调整板块之间在 15 mm 范围内错位拼接的阶差 (显示相邻 2 个板块之间进出位置有偏差)，并利用该数字化模型中单元板块的三点控制定位技术，解决曲面形成的板块之间微小的角度，以达到矩形平板单元拼接成曲面的效果。

(3) 根据检测任务的需要，在选定的碰撞检测软件平台中导入完整的参数化幕墙 BIM 模型，选择幕墙系统内不同的模型构件、类型或范围，对模型进行内部碰撞检测。通过 Revit 软件建立模型，完成整个工程的碰撞检测，以碰撞检测报告的方式报设计方解决问题。

(4) 钛金属板立面分格优化设计是异形金属幕墙、玻璃幕墙设计的关键步骤，结合目前双曲金属面板的加工生产能力，划分适宜的面板分格，既能保证建筑的整体效果，同时也为项目的可操作性奠定基础。在江苏大剧院项目中考虑到双曲钛金属板加工安装的特殊性，将曲率较小部位竖向分格线采用平面，确保钛金属板的分格线在同一平面内，如此降低了双曲钛金属板的加工难度，幕墙龙骨定位及校核也较为方便可控，而且不影响建筑的整体形态。

(5) 对钛金属板进行曲率分析，结果与玻璃板块一致，见图 6-25、图 6-26。

(6) 在经度方向，钛金属板间直板拼接成角度为 178°，理论拱高与实际放样拱高相差 4 mm，满足构造调节要求，见图 6-27、图 6-28。

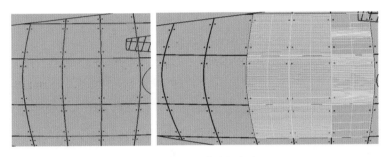

图 6-25　曲线绘线　　　图 6-26　曲线生成面

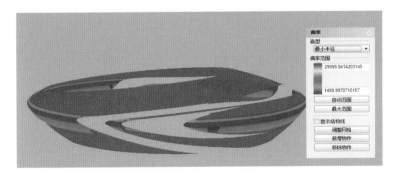

图 6-27　钛金属板区域曲率分析

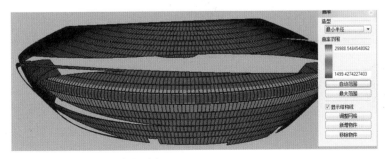

图 6-28　参数化成弧板块分区图

3. 双曲钛金属板和双曲玻璃飘带的节点设计 BIM 技术应用

江苏大剧院位于长江漫滩地区，基本风压较大，常年有台风经过，对幕墙的抗风压性能要求较高，且钛金属板表皮与结构之间、玻璃飘带与结构之间的距离和方向不断变化，同时由于建筑给幕墙预留的空间距离较小，幕墙构件可调节范围有限。为满足安装及性能要求，利用 BIM 技术设计了特殊节点：节点设计可三维调节，随着曲面面板与主体结构间变化的差异而调整，角度及距离的充分可调节性确保了钛金属板和玻璃的安装精度，使得加工定位方便，给异形金属面板和玻璃提供了较好的安装条件，见图 6-29 ~ 图 6-32。

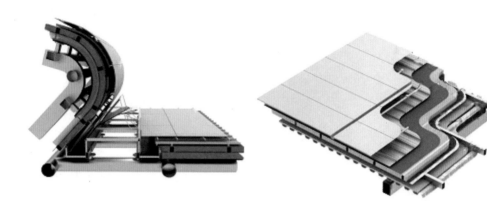

图 6-29　玻璃屋面与天沟间的防水构造设计　　　　图 6-30　金属屋面构造示意图

图 6-31　中环梁处屋面构造节点　　　　　　　图 6-32　玻璃屋面与金属屋面连接处

4. 钢龙骨加工设计

钢龙骨的加工精度对幕墙安装有着至关重要的作用,同时钢龙骨吸收了由于主体钢结构安装偏差带来的影响,因此对于钢龙骨的加工偏差进行了严格控制。对每一根龙骨都进行编号,在实体模型中进行放样,同时出厂的钢材都做 100% 的 1∶1 检测,钢材在外边线以内都为合格。通过上述控制,大部分钢材加工误差控制在 3 mm 以内。

5. BIM 在金属屋面及玻璃飘带施工中的应用

对于江苏大剧院特有的双曲面造型,在施工与检测中现场复核三维坐标,跟设计模型坐标进行对比。由于整体造型为弧形、椭圆锥体形状,使得每块钛金属板及玻璃都有其自身尺寸,相互之间不能代替更换。通过 BIM 技术的应用可以自动生成带编号和三维空间坐标的加工图纸,通过精确测量技术、误差消减技术和 BIM 技术的联合测量校正,使得每一块钛金属板及玻璃在拼装时做到严丝合缝,见图 6-33。

6. 结语

异形建筑幕墙的曲面形态、较为特殊的立面及空间效果是其主要特色,现有的幕墙构件加工生产能力制约了异形幕墙的设计,只有运用 BIM 技术做好分格设计、生产工艺设计及优化安装条件设计,才能建造出优美的异形幕墙。在复杂曲面设计、施工和协同工作方面,BIM 技术展示出了强大的解决实际问题的能力,通过上述各项控制措施,江苏大剧院的外装幕墙工程取得了较为理想的效果。

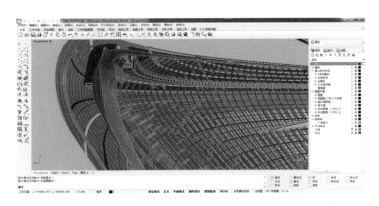

图 6-33　钛金属板模型模拟

第七章　机电综合技术

第一节　变配电新技术的应用

　　江苏大剧院包括歌剧厅、音乐厅、戏剧厅、综艺厅、共享大厅和多功能厅等5个区域，每个区域都有观众厅、舞台、台仓、管理(办公)室、演员化妆室、休息室、走道通廊等。在建设期间通过应用变配电新技术，为剧院工作者、演员、观众创造出了高水准的观演场所。

1. 电力工程概况

　　江苏大剧院电力工程为一级负荷运行，内设2个10 kV高压中心站，引入四路10 kV高压电源。下设7个分变电站：1-1和1-2号变供共享大厅等，2号变供歌剧厅，3号变供音乐厅，4号变供戏剧厅，5号变供综艺厅，6号变为冷冻机房低压设备专用。7个分变电站分别位于各负荷中心，共安装20台干湿变压器，总安装功率为29 800 kV·A。由"三站四线"供给的10 kV电源，正常运行方式为两个高压站四段母线分别由四条10 kV电缆进线受电，两站间采用双联络环网系统。消防负荷和特别重要负荷及4个演艺场馆内的舞台机械、灯光、音响、观众厅照明均考虑双电源供电。

　　两路10 kV电源分别运行，同时使用，互为备用，10 kV单母线分段，中间设联络开关，进线隔离柜与进线总柜之间加电气联锁，也即两台进线柜与母联柜之间三台合成两台。

2. 电力系统安装要求

　　(1) 制定合理的安装方案及工作流程，并对大剧院部分电力安装人员进行单独的培训，以保证安装质量。

(2) 桥架安装过程中保证横平竖直，在桥架进入各机房处做好桥架破口处处理工作，保证在破口处无毛刺，并做好防腐及防火处理，电缆桥架在穿越楼板、墙时，做防火封堵。

(3) 电缆敷设时，首尾两端、转弯两侧及水平每隔 5 m 处采用电缆卡子固定。沿桥架敷设时，每层最少加装两道卡固支架。敷设时，应放一根立即卡固一根。电缆在首端、末端、拐弯和分支处设标识牌，在标识牌上应注明电缆编号、规格、型号及电压等级。敷设时要保证电缆顺直，不得出现电缆敷设后凹凸不平的现象。电缆敷设时应配置专用放线架，电缆敷设前及通电前进行绝缘遥测或耐压试验。

(4) 桥架进配电箱应预先在箱体上部划好尺寸，再进行开槽，保证桥架与箱体对接严密，不可出现缝隙，并在接口处做好密闭处理。配电箱、柜开孔整齐并与管径匹配，要求一管一孔，不得开长孔，不得漏洞。管进箱盒一管一孔，内外锁母固定。管口露出锁紧螺母的丝扣为 2~4 扣，管口套丝处要刷灰色防锈漆，管口处平滑无毛刺，管口封堵严密，箱内管头长短一致，间距均匀，排列整齐。

(5) 施工完成后认真清理施工现场，特别是配电箱、柜内部，对施工残留的铁屑及时清理，对配电箱、柜内部的接线进行认真的核实，并保证接线牢固可靠。

3. 通电试运行及系统测试

通电试运行时根据设计要求严格实施，做好处理意外情况的准备。HEPS 系统通过模拟进行市电失电情况下的测试，保证在市电失电情况下 HEPS 系统仍能运行 15 min，并在市电失电或供电时切换开关动作时灯具不出现断电现象，在测试过程中对主要元器件及电缆压接处进行温度测量，保证元器件在适宜温度内。在测试后检查 HEPS 设备运行情况，查看各项数据是否正常。

各弱电机房 UPS 系统测试采用切断市电的方式，对下端全部设备开启进行满负荷供电，保证在最恶劣的条件下设备可继续运行 90 min，并在测试后检查 UPS 设备运行情况。

4. 智能应急照明系统的应用

(1) 江苏大剧院应急照明系统是高智能应急控制系统。系统由系统主站／控制分站子系统组成，采用中央电池控制系统，是一个独立的对各个厅内绝大部分应急照明灯具进行统一控制和提供直流备用电源的照明控制系统。

(2) 控制系统按照楼层、竖井位置将整个建筑分为多个区域，每个区域内设有一个智能应急照明子系统。子系统主要由系统主站和控制分站、灯具监测模块、外部总线模块等组成。系统主站和控制分站主要分布安装于各区域的配电间内，是子系统的集中供电和监视控制的核心。各个系统主站和控制分站之间通过联网总线相互连接，并与总控室连接。一楼的消防总控制室，对整个系统进行集中监控和管理。

(3) 系统主站 / 控制分站的供电采用交流主电 AC220V 50 Hz 和直流备电 DC220V 两种模式，交流主电由 2 路市电及 1 路发电机提供（其切换在控制系统主电供电进户端前），直流备电由集中放置在每个系统主站柜体内的直流蓄电池提供（为直流 220V），控制分站不含直流蓄电池，所需直流备电由邻近的系统主站引出和提供。每个区域内的应急照明回路集中从位于本区域的系统主站（或控制分站）接出，灯具监测模块安装于每个智能应急照明回路上的灯具内（或邻近位置，以置于灯具内为佳），由系统主站 / 控制分站对本区域的应急照明回路与灯具进行集中供电和监控，以及实现基于每个应急照明灯具的智能监控。

(4) 外部总线模块用于监测外部交流电的状态、外部照明开关的状态以及接收一些外部信号（如来自火灾报警系统的强切信号），系统利用这些信号，通过软件编程的设定实现应急切换，或实现对兼作正常照明应急照明灯具平时的开关控制功能。本系统正常时使用 2 路市电提供的 AC220V 50 Hz 对应急照明回路和灯具进行供电；当市电失电后，系统可自动切换到发电机供电或直流备电供电，并强制接通连在应急照明回路上的所有类型的应急照明灯具；或在消防应急状况下，当火灾报警系统发出强切信号后，可强制接通连在应急照明回路上的所有类型的应急照明灯具。

5. 减振降噪及净化电源

(1) 为满足江苏大剧院安静的声学环境要求，配电系统干式变压器铁芯选用的是 0.27 mm 进口优质硅钢片，5 步进叠片工艺，本体噪声低于国家低噪声变压器标准，同时在底部加装了减振阻尼弹簧装置。由于设备会产生 50 Hz 及其谐频段的振动，设计人员在支撑系统的尺寸和参数上做了精心的设计，保证其自振频率低于 5 Hz，静态载荷下的下沉度大于 10 mm，有效地阻隔了物体传导振动。所有机电设备均选用节能降噪环保产品，并在现场采取减振措施。

(2) 为确保扩声系统不被其他变频设备产生的噪声(如电梯、舞台机械及灯光用电)干扰,各个厅的扩声系统采用单独相线供电。同时为保障供电质量,在舞台音响、功效等共 16 处供电回路末端(配电箱前级)专门配置了隔离变压器,并在线圈间装设屏蔽铜板,以使供电电源更洁净。

(3) 使用低压智能电力监控仪表对所有低压回路的三相相电压、线电压、电流,中性线电流,有功、无功、视在功率,以及有功电度、无功电度、频率、电流、电压总谐波含量、电压三相不平衡度进行监控。同时在三个剧场的重要设备、重点回路加装电能质量监测装置,实时监测运行状态、分析指标,为治理方案的制订积累数据。

6. 安全高效接线

鉴于经过交联改性的聚乙烯可使其性能得到大幅度的改善,不仅能提高聚乙烯的力学、耐环境应力开裂、耐化学药品腐蚀、抗蠕变性和电性能等综合性能,而且可明显提高耐温等级,使聚乙烯的耐热温度从 70℃ 提高到 100℃ 以上。为最大限度地确保剧场安全高效运行,大剧院高低压系统配电干线及支干线共计 180 km 长度,全部使用交联聚乙烯电力电缆,并根据用电区域不同,分别使用钢带铠装低烟无卤阻燃、金属屏蔽低烟无卤阻燃等类别电缆。长度达 48 km 的消防系统低压干线,全部选用氧化镁矿物绝缘电缆。经过舞台区域电缆全部选用矿物电缆,大大提高耐火功能。

低压配电系统使用基于德国墨勒公司生产的紧凑型 MODAN6000 配电柜和与之配套的密集母线,采用上进上出接线方式解决了剧院用电负荷大、建筑结构复杂、有效使用空间狭小的问题。

7. 特殊的防雷接地体系

江苏大剧院工程属于第二类防雷建筑,防雷接地体系包括防雷接地、建筑物等电位接地、雷击电磁脉冲防护等项。防雷接地采用整体独立的钢结构肋架作为防雷网,利用钛复合板屋面及屋面下的 ∟605 作为接闪器,玻璃幕墙构架作为接地引下线。地上防雷引下线采用钢网架,地下采用 95 mm² 铜绞合镀锡裸铜线环形接地体,以及室外护坡桩工字钢。基础底板内上下层利用主筋,按一定间距采用,ϕ20 以上钢筋可靠地焊接为一体。共设 6 处等电位接地母排(即 MEB 端子箱)。由于防雷引下铜线与地下基础主筋可靠焊接,钢筋已被利用于防雷及接地。以上 6 处接地点,其接地预埋件与环形接地极之间,以 95 mm²+240 mm² 铜线沿途与钢筋可靠焊接。

且 MEB 引出接地端子板就分别设在预埋件处，并与其可靠焊接。每一电源进线都作等电位联结，各个等电位联结端子板互相连通。

为防止直击雷和感应雷对设备造成损坏，在低压进线开关处及供室外末端装置的配电盘，加装第一级电涌保护器。保护电压等级 U_p=2 kV，最大放电电流 I_{max}=65 kA。在重要负荷和消防、楼宇、安防、通信、有线电视、录音录像、音响、灯光控制、舞台监督控制等弱电机房的总配电盘，加装第二级电涌保护器。保护电压等级 U_p=1.8 kV，最大放电电流 I_{max}=40 kA。在环绕大剧院四周的接地体附近绿地上，分别设置了 8 个接地井，以便于接地电阻的检测及以后加打接地极。

8. 智能监控系统

(1) 江苏大剧院变配电设备配置了智能监控系统，高压北站和高压南站采用 RCS-9000 系列综合保护测控单元，采集高压系统信号。设置专用远动通信管理机，通过光纤电路与城区配网自动化主站系统实现通信。所有低压回路配置独立的三相综合电力监控仪表，具有遥测、遥信、遥控、远方参数设置及网络通信一体化功能。

(2) 系统采用分层分布式结构，分为站控层、前置层和间隔层。站控层负责整体配电系统的集中监控。前置层具有数据处理及通信功能，用以实现间隔层设备和站控层设备之间信息的上传下发，并监视和管理各保护及测控单元等设备。间隔层负责各间隔就地监控，测控单元通过现场总线网络与现场通信管理机连接及通信。当市电正常时，由市电经过互投装置给应急负载供电，同时进行市电检测及蓄电池充电管理，然后再由电池组向逆变器提供直流能源。市电经由 EPS 的交流旁路和转换开关所组成的供电系统向用户的各种应急负载供电。与此同时，在 EPS 的逻辑控制板的调控下，逆变器停止工作处于自动关机状态。当市电供电中断或市电电压超限（超过 ±15% 或 ±20% 额定输入电压）时，互投装置将立即投切至逆变器供电，在电池组所提供的直流能源的支持下，应急照明负载所使用的电源为通过 EPS 的逆变器转换的交流电源，而不是来自市电。当市电电压恢复正常工作时，EPS 的控制中心发出信号对逆变器执行自动关机操作，同时还通过它的转换开关执行从逆变器供电向交流旁路供电的切换操作。此后，EPS 在经交流旁路供电通路向负载提供市电的同时，还通过充电器向电池组充电。

第二节　LED 照明系统应用技术

　　LED 光源是目前光效发展最快的新光源，继白炽灯、气体放电灯之后新兴的固态照明光源(SSL)，也常被称作第三代照明光源。LED 在光色展示灯具艺术化上显示了无与伦比的优势：彩色 LED 产品已覆盖了整个可见光谱范围，且单色性好，色彩纯度高，红、绿、黄 LED 的组合使色彩及灰度的选择具有较大的灵活性。灯具是发光的雕塑，由材料、结构、形态和肌理构造的灯具物质形式也是展示艺术的重要手段。可以灵活地利用光学技术中明与暗的搭配、光与色的结合，材质、结构设计的优势，让灯具成为一种视觉艺术，创造舒适优美的灯光艺术效果。江苏大剧院在室内照明和室外照明领域全方位地加以应用 LED 照明系统。

1. 室内照明应用 LED 灯具

　　江苏大剧院室内大型公共空间，歌剧厅的观众厅和前厅、戏剧厅的观众厅和前厅、音乐厅的观众厅和前厅采用了 1 800 套 LED 照明灯具，在共享大厅采用了 6 060 根长 7.5 m LED 线性灯，配置以柔和、优雅的光线，使高大公共空间的艺术装饰更加浪漫和富于情趣，见图 7-1。

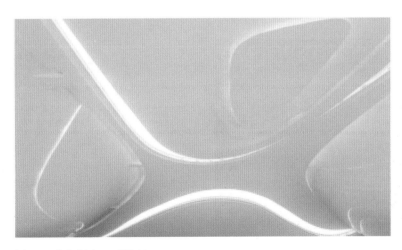

图 7-1　共享大厅 LED 线性灯

可停车 1 000 辆的地下车库，由红外移动传感器或微波传感器、智能控制器及 LED 照明灯组合在一起，实现地下车库的照明节能。当有人有车在停车场活动时，LED 照明灯呈满功率运行，满足车库照明的需要。当无人无车时，灯光处于休眠状态，保持低功率照明，维持在安全所需的最低照度，此措施照明节能的效果非常显著。

2. 舞台灯光应用 LED 灯具

江苏大剧院采用 LED 舞台灯具，LED 舞台灯具色彩和饱和度可实现连续变化，利用多种颜色混合产生的白光可以实现理想的照明效果。LED 模块从单基色、四基色，到七基色，所有可见光光谱都有对应的 LED 发光，图 7-2 为七基色 OLED 光源，现在单个功率可以达数百瓦至上千瓦。OLED 具有自发光特性，采用非常薄的有机材料涂层和基板，当电流通过时，有机材料发光，且 OLED 显示屏可视角度大，更加节省电能，它是一种面光源。图 7-3 所示为无限方向旋转的 LED 摇头矩阵灯，这种灯具的效果更好，并且可以起到一种渲染舞台感染力的效果，让舞台表演者看起来更加具有魅力，所以特别适合应用于舞台灯光。有时为了达到舞台灯具所需要的大光通量的要求，LED 舞台灯具大多采用大功率的 LED 或 LED 集成模块。七基色 LED 模块的舞台灯具可以直接控制几种基色的 LED 不同亮度配色舞台色彩，不需要传统灯配的滤色片和换色器。

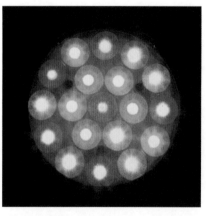

图 7-2　七基色 OLED 光源

图 7-3　LED 照明

3. 景观照明应用 LED 灯具

随着人们的生活质量和工作方式有了质的改变，夜景照明丰富了夜生活，营造了夜间活动的气氛。LED 照明系统能创造优美、和谐、温馨、娱乐的光环境，铸造令人流连忘返的夜景观。图 7-4 是江苏大剧院的景观照明，采用 5 593 个发光二极管作为点光源布置在球状的屋面幕墙钛合金板的板缝中，形成满天星的照明效果。LED 点阵显示系统是一个集计算机网络技术、多媒体视频控制技术和超大规模集成电路综合应用技术于一体的大型电子信息显示系统，具有多媒体、多途径、可实时传送的高速通信数据接口和视频接口。同时采用 LED 线性灯 4 966 套勾勒高架平台外沿轮廓，采用 LED 轮廓灯 5 592 套勾勒屋顶内凹部分的菊花造型，见图 7-5。夜景照明采用平时、节假日和重大活动三种控制模式进行操作，利用这三种模式可以达到在色彩上、灯光造型上和亮度上有多种变化，呈现出优美的韵律感并具有向心的内聚力。

江苏大剧院的金属屋面幕墙由钛复板和玻璃飘带组成。在玻璃飘带部分采用 LED 线性灯内光外透进行装饰。由于玻璃飘带之间有许多钢结构杆件，空间复杂、狭小，通风散热不好，检修维护条件差，无法安装体积较大、发热量较大的光源和灯具，比较适宜安装尺寸较小和寿命长的光源和灯具。LED 寿命长，可达 5 万小时，是 T_5 管的 2.5 倍；LED 不含汞，低辐射，废弃物可回收，有利于环保；LED 发光体小，光分布易于控制，通过一次、二次光学设计，采用适合的光学透镜可使光投射到需要的部位；LED 易于集成，集计算机、网络通信、图像处理等技术为一体，可在线编程，适时创新；LED 可纳秒级快速响应，瞬时场景变换；更主要的是 LED 色彩丰富，利用三基色原理，可形成 256×256×256 种颜色，形成丰富多彩的照明场景。此外 LED 灯体外形可以按需加工，易于与不同规格玻璃飘带的边长尺寸配合。

LED 照明玻璃飘带可呈现出不同的"表情"——不同的亮、不同的颜色。动感水波也可以从海蓝色主题转变成其他色系，正如海水在不同时间段内可反射出不同色调的天光一样。红、绿、蓝 LED 可以合成 16 777 216 种颜色，再加上能对每个灯具模块的控制，所以完全能实现玻璃飘带"霞光"这种丰富色彩的效果。采用一种新型照明方式——空腔内透光照明，即将灯具安装在靠近内层玻璃的钢结构框架上，灯具投射光线直接集中投射于玻璃表面上，均匀照亮玻璃表面。按照这一方案光线集中照射，减少了玻璃对光线的反射，照明效果较好，能够满足景观照明要求。在实际工程实施后达到了理想的照明效果，玻璃飘带在夜间呈现出了晶莹的水体形象。夜晚的灯光使建筑变得更加绚丽多彩，成为南京市的璀璨明珠。

图 7-4　泛光照明夜景
图 7-5　泛光照明顶部荷花
造型

4. 景观照明 LED 灯的控制系统

　　江苏大剧院泛光照明控制系统控制点数达几万个，且每个点均要实现 RGB 三基色 256 灰度级的单独控制，总控制点数超过了 3.5 万个，是庞大的 LED 照明控制系统。如此庞大的照明控制系统对场景编辑和效果影响最大的就是控制系统的响应速度。江苏大剧院 LED 灯具控制器可以控制每套灯具的每一组 RGB LED 芯片，每组单色 LED 芯片的亮度可以 256 灰度级连续平滑调制，变化速度不小于 24 帧 /s，同步延时小于 25 ms。这样高的响应速度使得瞬间的场景变化成为可能，呈现出梦幻的"魔方"。

第三节　大空间通风空调综合技术

1. 暖通空调工程概况

　　江苏大剧院建筑体量大，不同建筑功能区域对空调的控制形式和运行方式要求不同。按照建筑范围分为 5 个区域：音乐厅、戏剧厅、歌剧厅、综艺厅和共享大厅等。这些区域的空调系统主要为全空气定风量系统和风机盘管新风系统。地下室车库采取机械排烟、排风系统；4 个演艺场馆均设有观众厅、舞台、台仓、演员化妆室、休息室、走道通廊、空调处理设备机房等，采用风机盘管新风系统，同时配置与新风系统相匹配的排风系统；各演艺场馆的追光灯室、灯控室、放映机房、舞台机械开关柜室、淋浴间、卫生间等设置机械排风设施，楼梯间、消防前室设置机械加压送风系统；各观众厅及舞台灯光公共区域、走道设置机械排烟或排风兼排烟系统。冷冻机组、冷冻水、冷却水及冷却塔提供制冷循环系统，满足夏季各种条件下的温湿度及个人的舒适度；锅炉房及热水管道系统、天然气供应系统及锅炉燃油供应系统提供供热系统。

2. 暖通设备及其控制特点和控制方式

2.1　冷热源系统

　　为便于集中安装、运行管理及消除噪声影响，冷热源设备远离大剧院核心区，设在西南区地下一、二层的锅炉房和冷冻机房内。夏季空调系统采用冷水机组制冷，采用 4 台制冷量为 1 200 RT 的离心式冷水机组和 1 台 1 758 kW(500 RT) 变频离心式冷水机组，供应 7 ～ 12℃空调冷水。冬季由锅炉热水供热，通过 3 台板式制热器制取空调采暖用的热水。

　　空调水系统为四管制二级泵系统，一级泵定流量运行且与冷水机组对应，采用变流量运行，压差控制。根据公共空间、歌剧厅、音乐厅、戏剧厅及综艺厅 5 个用户冷热负荷需求和路程远近分别设置 5 组二级冷热水泵变流量运行。从实际运行上看，冷热源均满足实际使用需求，而且在室外超出设计极限时，也能使大剧院内温湿度保持在室内设计值。

2.2 冷却塔冬季供冷技术

由于舞台机械、信息中心机房等空调系统需全年供冷，大剧院采用了一套冷却塔供冷系统。冬季冷水机组停止运行，利用冷却塔作为自然冷源，流经冷却塔的循环冷却水通过与冷水机组并联的板式换热器间接向系统供冷。

此外针对公共区域的特点，在设计上为这些区域单独设计了新风处理机组。运行中可利用新风作为冷源，适当降低送风温湿度，以节省风机盘管的冷量。由于在制冷系统中制冷机的能耗占有很高的比例，冬季采用冷却塔来代替制冷机供冷，制冷效果很理想，能够保证这些区域所需冷量，同时也为大剧院节省了运行费用。

2.3 空调采暖通风系统

(1) 剧场空调及要求相近区域空调控制特点及方式

歌剧厅、戏剧厅及音乐厅、综艺厅的观众区、乐池，以及排练厅、录音室和演播室，此类区域空调特点是温湿度及噪声控制要求严格。夏季散湿量较大，需要进行冷却再热，空调控制方式采取全空气空调系统，设置送、回风双风机。根据室外空气焓值调节新风比，过渡季采用全新风。

观众厅空间高大，适用于采用椅下送风方式，将较低温度的新鲜空气送入，再靠热浮升力作用，达到置换效果，排除热浊空气。考虑到高度不同的池座和楼座所受热压的影响不同，按照座席所在高度划分不同的空调区域，分别设置空气处理机组，以便各区座椅采用不同的送风量，使用时也能够分别调节送风温度。在剧场顶部灯光密集处设置空调回风，在及时将热空气排出观众区的同时，也将灯光热量带走，改善技术层的工作环境。

(2) 剧场舞台、前厅等区域空调控制特点及方式

各演艺场馆舞台、前厅等公共区域，温湿度控制及噪声要求不严格，但都属于大空间。为避免玻璃幕墙和屋面玻璃飘带结露，空调控制方式采用全空气空调系统，设置送、回风双风机，过渡季采用全新风，机房冬季利用部分回风维持送风温度防冻。

① 舞台空调

舞台空调最难以解决的问题是送风时幕布晃动。设计采用了舞台变速风机并在侧台分设空气处理机组的方式。在施工过程中对出风口的位置反复进行优化设计，选择最佳出风口的位置，以避免送风时幕布晃动。侧台

在整个演出和休息期间保持舒适的室温，舞台因使用时间相对较短，有些仅是瞬间负荷，有延迟和衰减，靠预冷和间断供冷，或在演出时减少送风量，降低风速，基本可以满足要求。

由于音乐厅的舞台被观众区包围，因此并未设置空调，这主要是参考国内外音乐厅舞台也不设专门空调的通常做法，以及从专业声学角度考虑也不宜设置空调。使用中 CFD 模拟表明，演出期间舞台温度基本可以满足要求。

② 公共区域高大空间

江苏大剧院各厅的公共区域构成高大空间，各演艺场馆的公共区域上方与下方的空调区域直接相连，冷热空气在接触面上会发生掺混，影响公共区域中的温度分布、气流组织和负荷大小。各厅的公共区域受热压影响，将出现上下温度不均匀的问题。在 0.00 m 标高处的地面设置了热辐射地板，在冬季弥补下部热量不足，并兼做夜间采暖。实际运行中，在冬季可以将建筑物顶部空调系统全新风运行，夏季可以将加热盘管通冷水增大冷量。

(3) 其他区域空调特点及方式

① 日常办公及后勤用房

办公室、会客室及会议室等办公及后勤用房温湿度控制要求不严格，但是人员长期停留，使用中央空调的时间与观众厅、舞台的演出时间不同步，为了节约能源，采用单独的 VRV 空调系统，可以灵活掌握。

职工餐厅采用风机盘管加新风空调系统就能满足要求。但是，餐厅、厨房炉灶排风量很大，安装专门抽油烟机，可将就餐区空调机组多余新风引入厨房，在冷藏间安装专门排风机，靠近厨房外围区域安装散热器，以备冬季采暖防冻。

② 设备机房

给排水机房设备管道需要防冻，其内安装一级过滤的直流式新风机组供给新风。空调机房人员不长期停留，所需相关设备发热量不大，仅设置排风机排风。电梯机房设备发热量大，需要对温度进行控制，设置单冷风机盘管。制冷机房需人员值守，设备发热量较大，控制设备要求清洁，夏季需降温。水箱水管要求冬季防冻，设置全空气空调系统。

3. 空调自动控制

3.1 控制原则

风机盘管采用风机就地手动控制、盘管水路二通阀就地自动控制；热力、制冷机房（包括机房使用的空气处理机组、风机等）在机房控制室集中监控，但主要设备的监测则纳入楼宇自动化管理系统总控制中心；乐器库恒温恒湿机的制冷、加热、加湿及温湿度控制和监测系统，由机组生产厂负责设计制造，房间温湿度由楼宇自动化管理系统监测，当偏离运行范围时报警；其余空调通风系统纳入楼宇自动化管理系统。除风机盘管、乐器库恒温恒湿机外，设备、自控阀均要求就地手动和控制室控制，控制室能够监测手动及自动控制状态。

3.2 水路系统控制

(1) 冷水机组和冷冻水一级泵

冷水机组和冷冻水一级泵主要监控功能见表 7-1。

表 7-1　冷水机组和冷冻水一级泵主要监控功能

序号	监控内容	监控方法
1	设备运行状态的监测及报警	冷水机组电脑的监测数据（蒸发器冷凝器进出口温度、压缩机进排气压力温度、油泵出口压力、冷凝器和蒸发器水流开关状态），冷水机组的启停和工作状态，一级冷水泵开关状态，冷水泵入口水流开关的水流状态显示，设备故障过载报警，启停次数、累计运行时间、定时检修提示
2	参数设定	冷冻水出口温度
3	系统运行参数监测记录	冷冻水流量，供回水温度，室外干湿球温度
4	冷水机组联锁控制	顺序打开或启动冷冻水泵—冷水泵入口水流开关确认水的流动—冷水机组启动。以相反顺序停机
5	冷负荷计算	根据冷冻水流量和供回水温度的测量值，计算空调总冷负荷和能耗累计计算
6	冷水机组台数控制	根据总冷负荷控制冷水机组运行台数，当负荷量≤200 RT时，使用小冷水机组
7	冬季停开冷水机组	当室外湿球温度≤5℃，停开冷水机组，使用冷却塔制冷

(2) 冷却水系统

冷却水系统主要监控功能见表 7-2。

表 7-2　冷却水系统主要监控功能

序号	监控内容	监控方法
1	设备运行状态监测报警	冷却水泵、冷却塔风机、自控阀、室外管道电伴热设备的工作状态，冷却水泵入口水流开关的水流状态显示，设备故障过载报警，启停次数、累计运行时间、定时检修提示
2	系统运行参数监测记录	冷却水总流量，冷凝器进出口水温度，冷却塔出水温度（低于 5℃报警），室外干湿球温度，冷却水箱高低水位报警
3	冷水机组联锁控制	顺序启动对应冷却塔进水阀—冷却水泵—冷却水泵入口水流开关确认水的流动—冷却塔风机—冷冻水泵、冷水机组。以相反顺序停机
4	冷却塔出水温度控制	水温≤24℃时停开冷却塔风机，高于 29℃时重新打开正在运行的冷却塔风机
5	冷凝器进水温度控制	根据冷却水温度控制供回水旁通阀开度，使水温不低于 15℃
6	室外冷却水管道防冻控制	采用自控电伴热设备，使室外管道水温不低于 5℃
7	冷却塔制冷	当室外湿球温度≤5℃，停开冷水机组，使用冷却塔制冷，解除冷水机组与对应泵、冷却塔风机的联锁关系（泵与冷却塔进水阀及风机仍联锁），打开换热器电动阀，关闭冷水机组电动阀。室外温度升高时，回到冷冻机制冷状态
8	冷却塔制冷水温控制	冷却塔出水温度控制环节重新设定温度，冷却塔风机停开温度变为 5～7℃
9	冷却塔制冷冷水水温控制	根据二次水出口水温（7℃）控制二通阀，调节进入换热器的一次水流量

3.3　空调机组的自动控制

空气处理机组和通风设备统一监控功能见表 7-3。

表 7-3　空气处理机组和通风设备统一监控功能

序号	监控内容	监控方法
1	设备运行状态的监测及报警	（1）风机、加湿器、水路和风路自控阀的开关状态； （2）设备故障、过载报警，启停次数、累计运行时间、定时检修更换提示； （3）过滤器过阻报警； （4）风机运行时，进出口压差计（风流开关）无风报警； （5）冻结报警
2	温湿度的监测记录	新风温湿度、回风温湿度、室内温湿度、新回风混合温度、加热盘管温度、冷却器露点温度、出风温湿度
3	风阀联锁	空调机组新风阀与送风机联锁开闭，空调器的排风阀与回风机联锁开闭，排风机出口阀与排风机联锁开闭
4	运行时间预设定	根据管理人员预先设定的程序，空气处理机组和通风设备等自动在预定时间启停，并根据需要随时改变和设定设备工作的时间程序
5	盘管防冻保护	加热盘管温度低于 5℃时风机停止运行，新风阀和排风阀关闭，加热盘管水路二通阀全开

序号	监控内容	监控方法
6	风机联锁	(1) 空调器送、回风机联锁启停（火灾时除外）； (2) 空调器送风机与对应排风机联锁启停； (3) 车库送、排风机联锁启停； (4) C2 型 PAU-S8 空调器送风机根据厨房排风机 EF-S6、S7 的开启数量改变风机风速； (5) 加湿器与空调器风机联锁启停
7	季节转换状态点的设定	(1) 夏季：室外焓值高于回排风焓值； (2) 过渡季：室外焓值低于回排风焓值、高于冷却器露点的设定状态点的焓值； (3) 冬季：室外焓值低于冷却器露点设定状态点的焓值
8	火灾控制状态	(1) 火灾时切断该火灾控制区中与消防无关的空调通风设备的电源，解除兼做排烟补风空气处理机组的送风机与回风机的联锁关系，其排风和回风阀连锁关闭；合用设备（仓库通风设备、总排风机、兼做排烟补风的空气处理机组）转为火灾控制状态； (2) 排烟和平时空调通风合用的风道上设置电动常开或常闭风路转换阀门，火灾时该火灾控制区的转换阀自动转换为排烟和补风状态

环境改变做出相应反应，不仅能短时间完成目标参数的控制，还能减少系统波动，减少能源消耗。结合实际运行，又引进了无限测温调节系统，精确并优化了空调机组的运行。

4. 空调系统节能运行

4.1 节能设计

歌剧厅在冷冻机组配置时，冷冻机组按照负荷进行大小搭配原则设置，为解决过渡季及夜间等小负荷时专门设置了 500 RT 的小机组，避免开启大机组供冷。空调水二次泵系统进行变频控制，根据实际运行冷量大小调控水量供给。在排练厅和舞台这类短时间人员变化大、平时使用较少的地方，直接采用变速风机空调机组进行空调调节节能。冬季使用冷却塔制冷，采用与冷水机组并联的板式换热器及 2 台冷却水循环泵供应冷源水，可节省制冷电能。

4.2 节能运行

(1) 空调变频设置

观众厅内空调基本划分为演出和非演出两种运行模式，即使在演出期间，由于上座率的不同，当上座率小时，观众厅负荷小，但空调风机设备也是最大负荷运行，造成能源浪费。根据上述特点，对四个演艺场馆空调机组进行了变频器设置，降低风机转速，减小送风量，大大降低了空调机组的耗电量。

(2) 无线温控

江苏大剧院空调自控包括，冷冻机组、一二次水泵、冷却塔、空调机组本身及室外天气等，实际运行证明了设计基本实现了当初设定的自动控制和节能运行的目标。在空调运行实际工作中发现，空调末端随时精确反馈，对空调运行和节能有重要作用，如在观众厅内部安装了有线测温点，但是基于技术原因只能安装在厅内围护结构上，不能对观众区进行监控，空调参数反馈效果不佳。利用江苏大剧院的网络资源，将所需监测区域的数据都传到485总线上，485总线上放一台无线测温数据转换器，用于采集485总线上的数据，通过中继器（需要有485总线接口）把若干相邻的区域联系起来，然后把数据通过无线方式汇集到无线汇集终端，通过以太网传到中控室的工控机上，最终整合到OA系统。

无线测温采集装置很方便地安装到了观众席、VIP室、大的公共空间等原来不能进行采集工作的区域，利用原有信息网络，实现了数据的传输。多点采集数据的实现，不仅极大地丰富了原有空调自控系统数据量，增强了系统调整功能，并且实现了数据的随时记录，实现了利用OA系统对空调实际运行情况的监控。及时调整空调系统的运行模式，保证了高质量的空调效果，使得整个空调系统始终处于平稳工作状态，大大减少了调整幅度过大引起的能量损耗，达到了节能效果。

第四节　屋面雨水虹吸排放系统应用技术

江苏大剧院有 4.5 万 m² 的屋面面积，采用了先进的虹吸雨水排水系统，共有 62 个子系统，每个子系统独立采用一根雨水立管将雨水排到室外。共计 13 650 余米直径 DN50~DN200 不等的 HDPE 管和不锈钢管，在屋顶钢结构不规则的构件内穿插布置，以连接屋面的 418 套雨水斗。将雨水收集并采用重力流内排水方式排至室外，与场地及道路雨水汇合排入雨水管网，最终排入向阳河。

1. 虹吸雨水系统工作原理

(1) 虹吸雨水排水系统也称为负压法或压力流排水系统，利用伯努利定律，充分利用屋面与地面的高度差产生的能量，即悬吊管中的负压和立管中的正压使系统产生虹吸效应，抽吸屋面雨水，并在满流状况下快速排泄雨水。系统由虹吸式雨水斗、雨水悬吊管、雨水立管和雨水出户管等组成。

(2) 排水系统在降雨初期，屋面雨水高度未超过雨水斗高度时，整个排水系统工作状况与重力排水系统相同。随着降雨的持续，当屋面雨水高度超过雨水斗高度时，由于采用了先进的虹吸式雨水斗，通过控制进入雨水斗的雨水流量和调整流态减少漩涡，从而极大地减少了雨水进入排水系统时所夹带的空气量，使得系统中排水管道呈满流状态。利用建筑物屋面的高度和雨水所具有的势能，在雨水连续流经雨水悬吊管转入雨水立管跌落时形成虹吸作用，并在该处管道内呈最大负压。在屋面雨水管道内负压的抽吸作用下以较高的流速被排至室外。

(3) 虹吸的形成过程按管内流体形态共分为 5 个阶段：

① 波浪流，虹吸效应还未形成，与普通重力流没有不同。

② 脉动流，虹吸效应正在形成，管内流态、流量均呈波动变化，立管内开始出现局部满管流和负压段。

③ 拉拔流，随着流量增加，所有管道内出现大量的满管段和负压段。

④ 乳化流，管道内基本为满管流，流体中均匀分布有大量微小的气泡，

气、液两相分界已不明显。

⑤ 满管流，管道内满管流状态稳定，不存在气体，流量已达到最大，虹吸效应已经形成。

(4) 以 Bernoulli 方程式为基础，分析系统内各部位的压力、流速等，达到有效水头以形成压力排水。

$$B = p/r + v^2/2\,g + h + \sum h_\text{L}$$

式中：p——压力；r——容重；v——流速；h——水头；h_L——水头损失。

2. 系统特点

(1) 虹吸雨水排放系统由雨水斗、连接管、悬吊管、立管、排出管（虹吸终止管）等组成。它比传统重力流排水系统的管径约小一半，管道安装要求的空间较小。悬吊管为水平安装，不需要坡度，管道安装方便灵活。每个系统的雨水斗个数不受严格限制，并且每个斗的泄水能力不会因为斗的个数增加而变化。雨水在管道内产生的较高流速可保持较好的自清作用，不容易发生管道堵塞现象。由于每个系统流量大，排出管的数量少，因而减少了室外雨水检查井的数量。

(2) 虹吸雨水排放系统的关键是选择压力流雨水斗和精确的水力计算。计算目的是平衡不同管段的流量和压力，使管道总摩擦阻力等于雨水斗面与临近点（排出横管虹吸状态终止点）的高度差。

(3) 满足建筑物屋面排水要求，而且从建筑物的整体要求考虑，把建筑的美观要求融入系统设计方案之中，达到建筑物的外观与屋面排水和谐协调。

(4) 根据系统大小及建筑技术要求选用不同规格的雨水斗，体积从 12 L/s 的超小排量到 120 L/s 的超大排量，共计 6 种型号。所有雨水斗都由不锈钢底盘和铝合金空气挡板组成，根据各演艺场馆建筑的特点，选用 HDPE 管与不锈钢管两种管材。

3. 工程特点和难点

(1) 虹吸雨水系统与传统的重力式雨水排放系统完全不同，该系统的内部连接必须是紧密而环环相扣，并保证气密性。在管网中的任意一个位置设计参数的改变，都会不同程度地改变或破坏整个管网的水力平衡。保证水力平衡才能使系统正常工作，施工安装必须精确地按照系统的水力计算与应用规定才能实施。因此，施工前的深化设计工作量大、精确度要求高。

(2) 受钢结构及天沟条件限制, 虹吸系统的雨水斗必须位于天沟交汇处, 因此所有雨水斗都必须在天沟及雨水斗进场前完成精确图纸定位。如何消除天沟预留洞和钢结构的碰撞, 保证雨水斗与天沟连接紧密成为施工中的一个难题。

(3) 虹吸雨水系统的原理不允许管道过多的弯曲和转向, 而江苏大剧院整个虹吸雨水系统要在充满不规则钢结构杆件的复杂空间, 及上下、内外结构内穿插布置, 如何在这样的条件下固定安装虹吸雨水管, 既保证满足钢结构的技术要求, 又不破坏建筑物的整体美感, 同时保证虹吸雨水系统的功能的要求是施工中的难题。

(4) 虹吸雨水系统的工况特性要求管道不仅能够承受正压力, 还要能够承受至少 0.8 MPa 的负压力。除特殊的工业用管道外, 相关规范没有对工程用管道做明确的负压要求, 大部分生产厂家的产品在出厂前后没有做过相关检测, 直接使用存在隐患, 使用前必须进行试验。

(5) 安装脚手架拆除前, 屋面没有水源, 不具备雨水斗满水条件, 必须采取可行的灌水方式。

4. 关键技术措施

(1) 管材选择

江苏大剧院工程原设计选用高密度聚乙烯 (HDPE) 管和不锈钢管。这些管材具有很好的韧性、气密性和抗老化性能, 有较强的抗冲击性、耐热及耐酸碱腐蚀性; 弹性模量小, 可吸收管内水流噪声; 比重小, 重量轻, 便于运输安装; 采用热熔、点熔连接系统安全可靠无渗漏, 使用寿命可达50年。

(2) 安装固定系统的方案选择

为选出适合的安装方案, 专业设计人员首先根据钢结构节点图深化出虹吸雨水管平面图, 经过在三维图中逐根管道、逐个节点地研究, 选定虹吸雨水管吊杆生根所用的节点。然后配合结构设计师进行校核计算, 最终决定采用万向节连接抱箍结合的方式来制作吊杆, 固定虹吸雨水管道。

(3) 管道进场前耐负压检验

虹吸雨水系统的管道至少要能承受 0.8 MPa 的负压力, 为了保证工程管材的质量, 不仅要选用知名, 手续、资质齐全的产品, 还要对进场的管材抽样送检, 以检测其耐负压性能。检验流程为: 联系具备检测资质的真空材料试验室; 由试验室在最不利管径即最大管道中随机截取试验管段, 在试验室做真空试验并分阶段记录真空度和管段变形度, 直至达到设计要求; 由试验室出具检测报告。

5. 安装流程

江苏大剧院虹吸雨水系统管道安装流程见图 7-6。

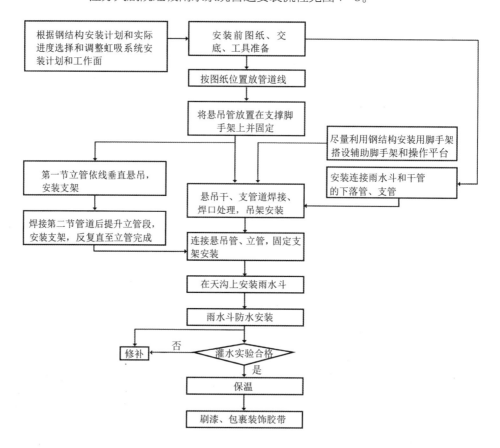

6. 施工安装技术措施

(1) 屋面呈双曲屋面造型, 所有的天沟均为带坡天沟, 而且坡度不均匀, 这给布置雨水斗造成很大的难度。设计师运用了坡天沟的自然斜度在天沟的最低点设置集水井来汇总屋面水量, 然后以最大排水量的虹吸斗组, 以最快的方式来排放雨水。明露在结构空间的管道采用不锈钢管, 并与结构有机结合, 保证了建筑美观和结构支撑问题, 见图 7-7。

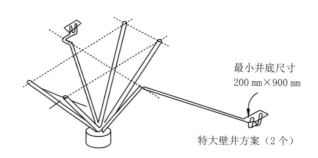

最小井底尺寸
200 mm×900 mm

特大壁井方案 (2个)

图 7-6 管道安装流程
图 7-7 明露虹吸排水构造

(2) 弧形明露管 S1、S2 系统在 6.95 m 平台标高以上是明露管，且沿弧形结构设置。立管采用不锈钢管，在平台下换成 HDPE 管，见图 7-8。

(3) 明露立管没有支点，S8 系统的立管在柱子边，位置处在入口处。考虑建筑的美观要求以及结构支点的限制，此立管采用不锈钢管，见图 7-9。

(4) 分段设斜天沟，S4 系统天沟连接玻璃飘带的雨水汇集点，但此天沟被钢结构截成几个分段，而且每段标高不一样。尾管明露，管材定为不锈钢管，见图 7-10。

(5) 边角处理，见图 7-11。

(6) 雨水斗与辅助钢板焊接：虹吸雨水斗在天沟内固定前预先焊接一块辅助钢板，辅助钢板可以增加调整余量以消除天沟预留洞和球节点预留洞之间的误差。另外，辅助钢板盖住了天沟的拼接缝，使雨水斗与天沟连接更为紧密。

(7) 灌水试验。由于江苏大剧院工程虹吸雨水系统庞大，功能性试验需要大量的水，所以决定功能性试验在下雨时进行。根据规范雨水管道必须做 24 h 灌水试验，经实验所有子系统严密性合格。江苏大剧院经多次特大暴雨的检验，各场馆屋面雨水均能迅速排除，未出现积水现象。

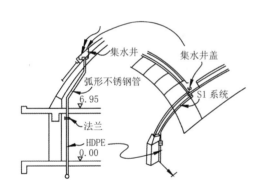

图 7-8 弧形明露管构造

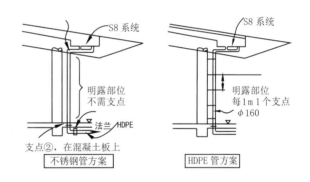

图 7-9 明露主管构造

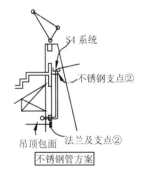

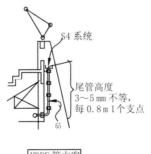

图 7-10 斜天沟构造

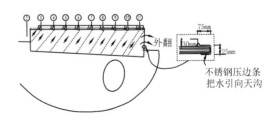

图 7-11 边角处理

第八章 智能化系统重点和亮点

第一节 地下室停车管理系统

1. 江苏大剧院智慧停车系统概述

江苏大剧院是国内建筑规模最大的大剧院,地下停车场可停放车辆1 000辆,有数个演艺场馆进行演出或召开会议,短时间内聚集大量的人流和车流,出行时间集中,进、散场的人流、车流交通密集,同时地下室停车场平面形状异常的不规则。为提高通行效率,减少人车冲突,营造良好的交通环境,江苏大剧院停车场管理系统推出了智能化停车管理理念,见图8-1。借助现代信息化、网络化技术手段,通过建设部署统一泊位编码、车牌识别摄像头、车辆感应装置、无线定位技术、无线智能停车收费管理终端、面向用户的手机APP应用,建立一个智慧停车管理服务平台,实现车辆统

图 8-1 地下停车场功能图

一停车管理、智能监督管控、采用移动支付，手机客户端实现停车正向引导、反向寻车、导航、缴费、导航目的地、预订车位等功能，真正成为一个便捷的、人性化的地下停车场。

(1) 停车场实现联网共享数据，打破信息孤岛，建设智慧停车物联网平台，实现停车诱导、车位预定、电子自助付费、快速出入等功能。

(2) 真正实现了停车诱导、车位引导和反向寻车。

(3) 用手机实现车位预定、支付、寻车等功能，在网上查询空车位，预定车位，预定好车位后信息自动下传到手机或车载导航设备内，一路引导到达目标停车场。

(4) 停车场能不停车快速出入，电子自助缴费，没有或只有很少的管理人员，服务水平和效率得到了极大的提高。

(5) 停车场内引导标识清晰，告知空车位在哪里，加快车流疏解，同时停车场内的照明灯光会根据车辆和人流的走向自动提高照度，以节约能源。

(6) 车辆停好后自动定位，当要离开停车场时，可以方便地寻找到自己的车，寻找车辆可以利用触摸屏和手机实现，在手机上可以看见车辆最新的实景照片。

2. 大剧院地下停车场系统构架

江苏大剧院地下停车场管理系统包括停车场进出管理与支付系统，视频车位引导与反向寻车系统，室内无线AP定位、导航及APP停车应用系统。江苏大剧院停车库管理系统设计具有智慧型的特点，通过对停车库车辆流线的分析，结合现代无线通信技术、车牌自动识别技术、视频停车诱导技术、室内无线AP定位及导航技术、移动云平台APP停车应用及线上支付技术，建设全新智能化停车库管理系统，营造通畅、安全、舒适、快捷的车辆停泊环境，见图8-2。

3. 停车场进出管理系统

3.1 车辆进出地下停车场自动识别系统

停车场进出管理系统采用200万像素的高清一体摄像机进行车牌号自动识别。系统采用网络高清视频流的车牌识别算法，实现对进出车辆进行自动号牌识别、车辆图像抓拍，在停车场入口分别设立了剩余车位显示屏和车号牌显示、入场时间显示屏，自动登记车辆出入场的时间、地点及车辆车牌颜色等相关信息存入数据库，方便后期的管理和条件查询。拍照后

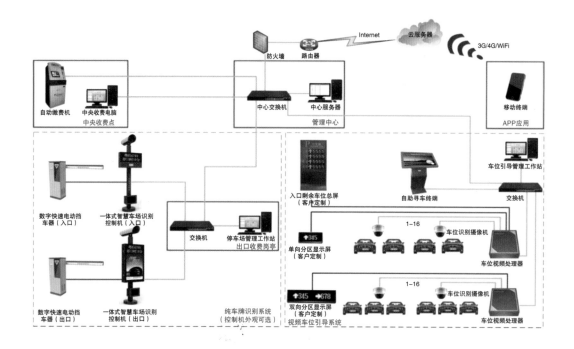

图 8-2 车库管理系统拓扑
架构示意图

将车牌号码识别出来作为车辆进出的凭证，并通过此车牌号码的进出时间计算收费，并且实现了车辆无停留出入。

3.2 车辆进入

当车辆进入停车场入口时，系统的入口抓拍单元被触发，并将抓拍数据送至车牌识别仪进行处理，车牌识别仪将车牌号码、车牌图片等信息传送到付费软件，收费软件接收并保存在数据服务器。当车辆驶出停车场时，系统出口抓拍单元被触发，并将抓拍数据送至车牌识别仪进行处理，车牌识别仪将车牌号码、车牌图片等信息送至收费软件，收费软件将调取数据服务器中的该车辆进场信息，自动分析车辆性质，并自动按设定好的费率计算收费金额，将收费信息发送数据服务器和费额显示屏，收费员按系统提示收费并抬杆放行。

江苏大剧院的停车场进出管理系统主要由以下四个部分组成：第一，入口控制部分，包括电动挡车器、车辆检测器、入口控制机；第二，出口控制部分，包括电动挡车器、车辆检测器、出口控制机；第三，管理工作站，包括电脑、停车场管理软件（B/S 架构，IE 浏览器操作界面，无需直接安装于收费电脑中）、自助缴费车位查询一体机（寻车与缴费二合一功能）等；第四，包括车牌自动识别部分，车牌识别一体机、补光灯、摄像机立柱和显示屏等。

3.3 车辆驶出

当车辆到达出口时，地感线圈检测到信号后，触发车辆识别摄像机进入拍照，视频识别软件自动识别车牌号码，在出口 LED 显示屏即时显示车牌号码、车辆类型、停车时长及收费金额等关键信息。对于无法识别车牌的车辆，则人工通过当前车辆与待选列表车辆进入匹配，配对成功后系统将自动结算该车辆的缴费金额。

4. 视频停车引导及反向寻车系统

4.1 分级引导指示

大剧院停车场采用 5 级引导指示，每级均有清晰的 LED 引导屏，设置有交通指示灯箱和空车位 LED 屏为一体化引导屏。

一级引导：区域引导，引导至目标楼层和区域。

二级引导：车位引导，引导至空车位。

三级引导：行人诱导，引导人员找到目标电梯、通道和目的地。

四级引导：反向寻车，引导驾车者找到车辆。

五级引导：出车引导，引导车辆快速找到排队较短、出口外道路顺畅的出口。

4.2 车位引导

(1) 在车行入口处设置一台室外总入口显示屏，用来显示地下停车场每个区域剩余的车位数量；在地下车库的各岔路口，都安装有 LED 引导屏，显示往各方向剩余的车位数量，方便车主选择停放的区域。

(2) 空车位：空车位指示灯为绿色 。

(3) 有车辆车位：车位指示灯为红色 。

(4) 预约车位（可扩展功能）：预约车位指示灯为红色灯闪烁 。

(5) 支持车位预约：观众通过下载大剧院智慧找车系统手机 APP 客户端，即可预约停车位。

4.3 室内引导屏

室内引导屏设于停车场内，显示车库的空余车位余数，也可以显示各区的空车位余数，观众根据动态车位指导屏可以知道空余车位的数量和前往空车位的停车区的行进方向。

4.4 入口信息引导屏

入口信息引导屏设于停车场入口，显示整个停车场的剩余车位信息，观众根据入口信息引导屏可以知道空余车位的数量以及前往具有空车位停车区的行进方向。

4.5 视频车位引导

在停车场每1个车位的前上方安装一台车位识别摄像机，对停车位的图像信息进行实时图像抓拍及识别，判断车位是否停有车辆并自动识别停放车辆的车牌号码，观众可判断哪些车位是否有车，从而实现车位引导功能，见图8-3。

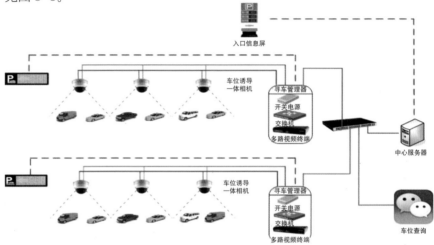

图 8-3 大剧院视频车位引导系统图

4.6 自助缴费及反向寻车

在地下停车场路况复杂的情况下，观众进入停车场取车以前，通过查询机即可查询自己的车辆状态、所停位置，查询机还支持模糊查询。在确认自己的车辆以后，系统会自动生成二维码，观众可使用微信或者支付宝进行扫码并完成支付。一旦确定车辆，系统将规划出最优的寻车路线，按照指示的路线车主可以快速地寻找到自己的车辆。支付信息会自动同步到停车场收费系统，出场时自动开闸出场。

5. 室内无线覆盖定位及手机 APP 寻车、缴费系统

5.1 室内无线覆盖定位

观众散场返回需要寻车时，打开"大剧院手机 APP"，系统采用 WiFi指纹算法，支持 iOS、Android、Windows Mobile，支持大用户量并发访问，

海量数据存储，观众按需选择软件功能，输入自己的车牌号码或者是车位号，即可实时定位找到自己的车辆，显示寻找路线。自动在手机地图上标记最佳路线，使用直观方便。

5.2 手机 APP 的主要功能

大剧院智慧停车场系统将手机 APP 与车牌识别系统相结合，进出自动识别车牌，手机 APP 客户端可通过输入车牌自助缴费，出场自动识别车牌，实现出入无人化管理。手机 APP 端集找车场、寻车、导航目的地、消费打折、车位预订、自助缴费等六大功能为一体。

5.3 多种缴费方式结合

(1) 岗亭处交费：大剧院基地出口处设置收费岗亭，车主在出口处根据费额显示屏显示的费用进行缴费。

(2) 服务台缴费：在服务台设置有人工提前结账终端，车主在离场前可向服务人员报出车牌号码，确认无误后可进行结账操作。操作完成后，客户在规定时间内驶离停车场不发生停车费用。服务人员可通过电脑或手持终端实现缴费。

(3) 自助查询终端机缴费：在地下停车场电梯间外配置自助式缴费终端一体机，车主可现金缴停车费。车主通过自助方式，输入车牌号片段，选定自己车辆后，支付停车费用。一体机硬件设备预留条码读取、二维码扫描功能。

(4) 手持终端机移动缴费：车辆缴费排队时，可由管理人员携带手持终端机提前收费。通过输入车牌号实现收费，手持终端机与收费系统实时连接，根据付费信息收费。

(5) 电子自助线上线下缴费，包括：

① 扫码支付：用户在准备出场时用手机扫描停车卡上二维码即可获取进场信息，线上支付后方可通行。

② 输入卡号支付：用户在准备出场时输入停车卡上编号即可获取订单信息，线上支付后方可通行。

③ 输入车牌号支付：用户在准备出场时输入车牌号码即可获取订单信息，线上支付后方可通行。

④ 用户可通过银联、支付宝、微信缴费等多种模式进行线上缴费。

第二节 综艺厅会议系统

综艺厅是省、市政府举行各种政府工作会议的地方，设有大型会议厅、中型会议厅、主席会议室和 15 个可用于地级市分组讨论的会议室。在功能上满足简洁流畅的会议过程，逼真、传神、清晰的听觉效果，清晰舒适的视频显示，智能的摄像跟踪，完整的会议记录，方便快捷的远程会议等功能，实现发言、扩声、签到、表决、同传、视频、摄像跟踪、电视直播、录音录像、远程会议、舞台灯光、舞台机械、手机信号屏蔽、电影、会务管理等全部功能。

1. 多媒体会议系统功能

(1) 满足举办大、中、小型会议，满足报告、讨论、讲座、综艺、电影等多种不同形式的需要。

(2) 具有召开视频会议，上传、下传现场音、视频信号的功能。实时同步图像效果好，可以保证多方进行实时会议的需要。有较好的数据存储及播放功能，可以保证多样的视像还原要求（如演讲稿、PowerPoint 演讲稿的同步和汇合显示等功能）。

(3) 满足系统要求的各种音频信号的交换功能（供电视转播、录音、录像制作、紧急广播等），驳接计算机 VGA 信号，进行多媒体应用。

(4) 满足音乐（清晰、自然、优美）和语言高保真扩声的要求。

(5) 设置 7+1 基本语种的同声传译系统，保证多语种实时讨论、交流的声音效果。

(6) 可以进行系统内部的备档录制，保证重要内容的存储，方便以后再讨论和学习。

2. 多媒体会议系统配置

多媒体会议系统配置见表 8-1。

表 8-1　多媒体会议系统配置

类型＼功能	座位数量	数量	会议发言	会议扩声	会议签到	会议表决	电子票箱	同声传译	摄像跟踪	远程会议	会议录播	视频显示	集中控制	灯光系统	手机屏蔽	会务管理	3D数字电影	4D数字电影	一般电影
大会议厅	3 000	1	√	√	√	√	√		√	√	√	√	√	√	√	√			√
中会议厅	900	1	√	√					√	√	√	√	√	√	√	√			√
国际报告厅	900	1	√	√				√	√	√	√	√	√	√	√	√			√
主席团会议室	130	1	√	√							√	√	√			√			
小会议厅	150	5	√	√					√			√	√			√			
小会议厅	100	15	√	√								√	√			√			
贵宾接待室	20	10	√	√								√				√			

3. 会议各子系统功能要求

3.1　通道式会议签到系统

会议签到系统采用远距离会议 RFID 卡签到系统,系统由会议签到机(含签到主机及门禁天线)、非接触式 RFID 发卡器、非接触式 RFID 卡、会议签到管理软件(包括服务器端模块和客户端模块)、电脑及双屏显卡组成。操作人员监控屏具有座位模拟图,用不同颜色表示已签到、未签到等状态,会议大屏幕可以动态显示签到人数情况。签到时软件界面能显示代表的主要信息(姓名、照片、代表团、民族、座位号等)、会议应到人数、已经签到人数、未到人数和本机签到人数。签到结果由主机存盘并可即时打印或会后打印存档。

3.2　发言系统

发言系统选用知名品牌具有高品质的话筒和无线话筒,满足大会堂大型会议、歌咏比赛、联欢会、文艺晚会、歌舞晚会等各种节目的拾音要求。

大会堂发言讲台采用电动升降讲台,电动演讲台采用了国内最新研发的直线电机升降设备,安装在底座上的升降装置带动丝杠升降,丝杠带动升降台面沿导轨上下滑动,达到了灵活调节演讲台高度的目的。

3.3　会务管理系统

会务管理系统实现系统的签到管理、会议代表的信息管理、系统检测、电子表决管理、公共信息显示、设备管理模块、代表数据库管理模块、议题议案管理模块、与会人员管理功能模块、议程管理、发言文稿提示、会议进程控制、查询打印功能、设备状态查询功能等各项功能要求，并可以对会议的全过程实行全面的控制和管理。提供与机关信息化平台的接口，可以实现在办公室对会议控制软件议程的录入与修改，还可实现会议系统中多台计算机之间的互动，见图 8-4 所示。

3.4 扩声系统

(1) 扩声系统采用优质产品线阵列扬声器系统，能充分表现现代音乐的美感。中央声道由 4 只垂直阵列组成，吊挂安装于声桥中央，覆盖全场。另有 4 只覆盖楼座观众和池座后区，构成可变曲率的线阵。

(2) 左右声道分别由 8 只垂直阵列组成，于舞台两侧音箱室安装覆盖全场。上层 4 只覆盖楼座观众和池座后区，下层 4 只覆盖池座前区和中区观众。左右声道分别搭配 3 只双 18 寸超低频扬声器，固定装于台口两侧按心型指向性处理。优化配置高质量的扬声器不但确保了左右声道可以单独覆盖全场，而且注重声像的一致性，给观众完美的视听享受。

(3) 为了补充池座前排观众的听音需求，加强中央声道的声像一致性，配置台唇补声扬声器 8 只。另外在一层楼座下方、二层楼座下方和天花各安装了 6 只补声扬声器，增加观众后区的均匀度。

(4) 左右假台口侧片各安装一只高声压级的全频扬声器作为舞台的主扩

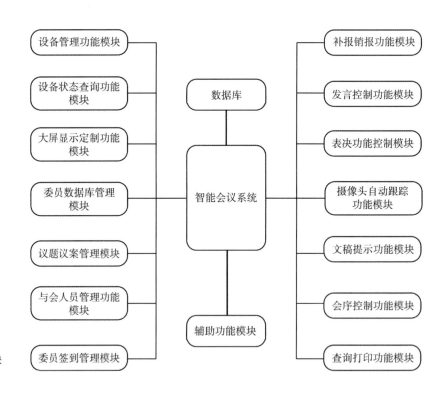

图 8-4 会议管理软件模块设计

声。一层马道下部左右两侧各安装 2 只全频扬声器，舞台后墙左右两侧各吊装一只全频扬声器作为补声扩声。配置 8 只 15 寸同轴扬声器作为舞台地板流动返送扬声器。

3.5 会议表决系统

采用有线会议表决系统，系统包括表决管理软件及电脑，实现议案管理、投票表决管理，并支持在会议进行期间对议案、议程和其他与会议相关的内容进行现场修改。每次会议所表决的所有议案、出席人数、表决结果、表决时间立即存入会务管理中心核心数据库中，并可以导出备份或者输出打印。

有线会议表决系统采用先进的主流全数字会议系统技术，采用手拉手连接，确保表决器连接安全可靠和数据传输安全可靠。表决器采用防静电设计。表决器具有防水、防尘、防潮功能，代表席上的嵌入式表决器另配有保护盖，以防损坏，方便日常维护管理。会议表决系统具有按键签到功能，以作为入口遥感签到的备份功能，表决器可选择第一次按键有效或最后一次按键有效的表决形式，表决议题、代表名单、表决结果等数据均可以储存为电子文件。系统按照控制计算机、视频显示计算机、会务管理计算机、服务器、会议表决控制器数据处理模块双备份架构搭建，当正在运行的主机或模块出现故障时，备用主机或模块立刻接入系统，使会议不致中断。

3.6 电子票箱

通过电子票箱内部的高速图像扫描设备获取选票的影像信息，根据影像信息分析阅读选票上的内容。将影像信息和识别结果发送给所在投票站的终端电脑，然后终端电脑通过网络传输到选举委员会的总服务器，完成选票的汇总分析。电子智能投票箱在主席台区设置 1 台，观众席前排区域设置 4 台，观众席中间区域设置 4 台，另有 2 台备用。

3.7 视频摄像跟踪系统

当发言代表打开话筒时，摄像机可自动对准发言人进行摄像，并将摄像画面传送到任意指定设备显示(如投影、等离子液晶电视、视频会议室)，同时也可手动控制监视全场，控制灵活。可实现多台摄像机之间及摄像机与视频信号之间的快速切换，连接录像机对整个会议过程进行录像。

3.8 音视频采集编辑系统

所有会议室用一套网络音视频采集编辑系统，统一对各会议室的音视频进行录播。会议、庆典活动的音视频信号可随时传输至会议中心机房，进行同步录音、录像，制作 CD、VCD，并可编辑、存储、备份和回放；同时可预存大量历史数据，供随时调用。

3.9　远程视频会议系统

远程视频会议系统包含一个视频会议主会场和多个分会场。视频会议系统以省政府为会议中心节点，上联国务院、各部委，下联各地级市和区县为分会场；同时能与国际组织联通举办国际远程视频会议，系统图像分辨率达到 1 080 P 以上。在会议中心节点配置 1 套视频会议 MCU，1 套高清视频会议终端并通过本地的局域网连接到 MCU。

3.10　同声传译系统

同声传译系统是为召开国际会议、记者招待会而设立，以满足各国人士通畅的语言交流。系统由同传中央控制器、红外发射主机、红外发射板、译员机、同传翻译间、同传耳机（代表接收单元）等构成。译员机和翻译间的个数将根据会议语言数确定，同传耳机（代表接收单元）根据参会人数确定。

红外无线同声传译设备可以保证在任何类型的会场中进行无线的发射和接收。利用红外发射机可将各种语言传送到会议的各部位，用带有耳机的个人红外接收机收听，接收信号强，干扰小，音质清晰，无线同传设备轻松实现多语种会议代表无障碍交流和沟通。

3.11　无纸化会议系统

综艺厅设置了一套可流动使用的无纸化会议系统，实现会议文件发布及阅读、批注修改、图像、会议控制、会议互动等无纸化会议系统功能。采用 PAD 作为无纸化移动终端和覆盖各会场的无线 (WiFi) AP、3G、4G网络，每个代表均配置一台 PAD 平板电脑，可以在各个会场中流动使用，实现无纸化会议。无纸化会议系统具有电子白板、手写批注、同步文稿演示、文稿导读、共享到投影仪等会议功能。

第三节 消防控制系统

1. 消防报警与联动系统设计

江苏大剧院属于一类建筑，火灾自动报警系统保护等级为一级，采用控制中心报警系统形式，在歌剧厅一层设置消防总控室。在戏剧厅、音乐厅、综艺厅、公共大厅的一层设置分控室，并能控制重要的消防设备。总控室能对各消防设备实施联动，在总控室设置图形显示控制器和应急照明控制单元，并能上传接处警中心所有消防设备。消防报警系统包含以下子系统：火灾自动探测报警系统、消防通信系统、消防联动系统。其中消防联动系统包括火灾自动报警系统的控制和显示、消防水系统监控联动、防排烟监控联动、应急照明和疏散指示联动、火灾应急广播联动及与其他智能系统的联动等。

火灾自动报警系统由火灾自动报警控制器（FACP）、图形工作站、探测器（感烟探测器、感温探测器、其他类型探测器等）、手动报警按钮、消火栓起泵按钮、输入模块和输入/输出模块等各类现场设备组成。所有探测器前端设备都自带短路隔离器，无需占有系统地址外加短路隔离设备，可以实现逐点隔离，可靠地保证任何一个现场探测设备都不会影响回路上的其他设备正常工作。探测器抗电磁干扰力强，可以达到 50 V/m 的指标，远远超过国标 10 V/m 的要求，特别适用于高电磁干扰的使用环境。

2. 消防报警与联系控制系统配置

(1) 消防控制室内有火灾报警控制器、消防联动控制器、消防控制室图形显示装置、消防专用电话主机、消防应急广播控制装置、消防应急照明和疏散指示系统控制装置、消防电源监控器或具有相应功能的组合设备。

(2) 消防控制室内消防设备之间可互相传输和显示状态信息，但不互相控制。各分控室设置区域火灾报警控制器（联动型），对各自单体内的消防系统进行联动控制，通过网络与消防控制室内的主机实现通信。

(3) 火灾报警控制系统是分布智能型和网络通信型报警控制器，内置微处理机为 32 位 CPU。内置储存系统的软件、数据、编程输入方式，可通过面板上键盘装置进行操作。当软件输入后，如主电源及备用电池均断电时，所有资料都不会丢失。另外，当软件功能需局部修改时，允许利用面板上的键盘或编程电脑就地进行修改，而不影响整个系统的其他部分正常工作报警。消防主机为双 CPU 设置，正常状态一个 CPU 工作，另一个作为备用，当工作的 CPU 发生故障时，备用 CPU 自动投入工作状态。控制器为简体中文显示，具备自检功能，主机为模块化设计，根据需要配接功能部件，提供两个 RS232 通信接口。

(4) 当火灾发生时探测器发出报警信号，送到火灾报警控制机上进行确认，经确认后作出有关联锁控制。供选定的输出功能能为选定输入所控制，在需要的地方以延迟时间来驱动，此功能可以以软件来控制。

(5) 选用智能型火灾报警控制器，能显示各报警点的位置，并根据报警信号发出联动控制指令。控制器预留的 RS232 通信接口能将有关信号传输到 BA 系统。

(6) 火灾报警及联动控制系统是一个集散式分布中央控制系统，采用网络化、模块化结构的控制器，控制器按区域设置，远距离组网支持 TCP/IP 组网方式及光纤组网方式。

(7) 火灾探测及报警采用先进的智能探测技术，可以在报警回路中任意位置增加探测器，并按用户要求编址，原有设备地址不变，在更换同类探测器时不需要软件编程，以方便管理和节省费用。

(8) 系统设计考虑系统内各子系统或设备之间的相互通信，确保控制系统、气体灭火系统和火灾自动报警系统能相互兼容，系统预留了远程监控系统接口，以便系统今后的维护和扩展更新。

(9) 任何一个探测器或手动报警按钮从发出信号至总控中心显示屏显示的响应时间 ≤ 1 s，至联动设备的自动动作响应时间 ≤ 3 s，从控制中心手动发出设备启停指令至相应设备的动作响应时间 ≤ 1 s。

3. 模块配置

(1) 按设备清单配置相关输入模块及输入 / 输出模块，已经考虑气体灭火系统及空气采样等系统的接入。

(2) 设计设置的输入模块有一个独立输入信号点，主要接收每层的水流指示器、信号蝶阀、空气采样、70℃防火阀和湿式报警阀压力开关等设备的动作信号，并送入控制器，以显示本层水流系统、风阀等的工作状态，按预先指令程序自动联动相关设备。

(3) 每层设置的输入／输出模块，有一套独立的输出信号点和输入信号点，用以火警联动时由控制机自动启动相关楼层的联动设备，如广播、非消防电源切除、280℃排烟防火阀、排烟阀口、正压风口、声光报警器、警铃、电梯等，并可接收其设备的动作信号。

4. 联动控制

(1) 在消防控制中心设置有手动联动控制盘，以实现对风机、消防水泵、水喷雾、水幕、消防水炮、防排烟风机、挡烟垂壁、电梯、非消防电源切除等重要联动控制设备的手动控制，还可以快捷地通过控制器液晶面板直接控制所有联动控制设备。

(2) 需要火灾自动报警系统联动控制的消防设备，其联动触发信号采用两个独立报警触发装置报警信号的"与"逻辑组合。消防水泵、防烟和排烟风机的控制设备，除采用联动控制方式外，还在消防控制室设置手动直接控制装置。

(3) 联动控制方式，由湿式报警阀压力开关的动作信号作为触发信号，直接控制启动喷淋消防泵，联动控制不受消防联动控制器处于自动或手动状态的影响。手动控制方式将喷淋消防泵控制箱(柜)的启动和停止按钮用专用线路直接连接至设置在消防控制室内的消防联动控制器的手动控制盘，直接手动控制喷淋消防泵的启动和停止。水流指示器、信号阀、压力开关、喷淋消防泵的启动和停止，其动作信号反馈至消防联动控制器。

(4) 雨淋系统的联动控制由同一报警区域内两只及以上独立的感温火灾探测器或一只感温火灾探测器与一只手动火灾报警按钮的报警信号，作为雨淋阀组开启的联动触发信号，由消防联动控制器控制雨淋阀组的开启。手动控制方式将雨淋消防泵控制箱(柜)的启动和停止按钮、雨淋阀组的启动和停止按钮，用专用线路直接连接至设置在消防控制室内的消防联动控制器的手动控制盘，直接手动控制雨淋消防泵的启动和停止以及雨淋阀组的开启。水流指示器、压力开关，雨淋阀组、雨淋消防泵的启动和停止的动作信号反馈至消防联动控制器。

(5) 当自动控制的水幕系统用于防火卷帘的保护时，由防火卷帘下落到楼板面的动作信号与报警区域内任一火灾探测器，或手动火灾报警按钮的报警信号作为水幕阀组启动的联动触发信号，并由消防联动控制器联动控制水幕系统相关控制阀组启动；仅用水幕系统作为防火分隔时，由报警区域内两只独立的感温火灾探测器火灾报警信号作为水幕阀组启动的联动触发信号，并由消防联动控制器联动控制水幕系统相关控制阀组启动。

手动控制方式将水幕系统相关控制阀组和消防泵控制箱（柜）的启动和停止按钮，用专用线路直接连接至设置在消防控制室内的消防联动控制器的手动控制盘，并接手动控制消防泵的启动和停止及水幕系统相关控制阀组的开启。压力开关、水幕系统相关控制阀组及消防泵的启动和停止的动作信号，反馈至消防联动控制器。

(6) 气体灭火联动控制信号包括下列内容：关闭防护区域的送风机及送风阀门，停止通风和空气调节系统及关闭设置在防护区域的电动防火阀；联动控制防护区域开口、封闭装置的启动，包括关闭防护区域的门、窗；启动气体灭火装置、泡沫灭火装置，气体灭火控制器、泡沫灭火控制器，可设定不大于 30 s 的延迟喷射时间。

(7) 室内消火栓系统的联动控制内容：消防中心收到火灾探测器报警信号或消火栓按钮信号时，通过联动控制盘手动或自动启动消火栓泵，并监视其工作状态及故障报警。

(8)防排烟控制系统由同一防烟分区内的两只独立火灾探测器报警信号，作为排烟口、排烟窗或排烟阀开启的联动触发信号，并由消防联动控制器联动控制排烟口、排烟窗或排烟阀的开启，同时停止该防烟分区的空气调节系统。

由排烟口、排烟窗或排烟阀开启的动作信号，作为排烟风机启动的联动触发信号，并由消防联动控制器联动控制排烟风机的启动。在消防控制室内的消防联动控制器上手动控制送风口、电动挡烟垂壁、排烟口、排烟窗、排烟阀的开启或关闭及防烟风机、排烟风机等设备的启动或停止，防烟、排烟风机的启动或停止按钮，采用专用线路直接连接至设置在消防控制室的消防联动控制器的手动控制盘，并直接手动控制防烟、排烟风机的启动或停止。

(9) 常开防火门所在防火分区内的两只独立的火灾探测器或一只火灾探测器与一只手动火灾报警按钮的报警信号，作为常开防火门关闭的联动触发信号。联动触发信号由火灾报警控制器或消防联动控制器发出，并由消防联动控制器或防火门监控器联动控制防火门关闭。疏散通道上各防火门的开启和关闭及故障状态信号反馈至防火门监控器。

(10) 疏散通道上的防火卷帘门两侧装有感温及感烟探测器，感烟探测器动作后，卷帘下降至距地面 1.8 m，感温探测器动作后，卷帘下降到底。防火卷帘下降至距楼板面 1.8 m 处，下降到楼板面的动作信号和防火卷帘控制器直接连接的感烟、感温火灾探测器的报警信号，反馈至消防联动控制器。用作防火分隔的防火卷帘火灾探测器动作后，卷帘下降到底。

防火分区内任意两只独立的感烟火灾探测器或任一只专门用于联动防火卷帘的感烟火灾探测器的报警信号联动控制防火卷帘下降至距楼板面 1.8 m 处；任一只专门用于联动防火卷帘的感温火灾探测器的报警信号联动控制防火卷帘下降到楼板面；在卷帘的任一侧距离卷帘纵深 0.5 ~ 5 m 内设置不少于 2 只专门用于联动防火卷帘的感温火灾探测器。手动控制方式，由防火卷帘两侧设置的手动控制按钮控制防火卷帘的升降。

(11) 非疏散通道上设置的防火卷帘的联动控制方式，由防火卷帘所在防火分区内任意两只独立的火灾探测器的报警信号，作为防火卷帘下降的联动触发信号，并联动控制防火卷帘直接下降到楼板面；手动控制方式由防火卷帘两侧设置的手动控制按钮控制防火卷帘的升降，并在消防控制室的消防联动控制器上手动控制防火卷帘降落。

(12) 电梯控制系统：当发生火警感烟器报警时，通过消防联动控制器按预先程序指令输出信号给电梯控制盘，强制所有电梯停于首层或电梯转换层。电梯运行状态信息和停于首层或转换层的反馈信号传送给消防控制室显示，轿厢内设置与消防控制室通话的专用电话。

(13) 当发生火灾报警时，自动切断空调、一般照明及其他通风设备等非消防设备的电源，同时启动应急和控制的电源。

(14) 集中控制型消防应急照明和疏散指示系统，由火灾报警控制器或消防联动控制器启动应急照明控制器实现；集中电源非集中控制型消防应急照明和疏散指示系统，由消防联动控制器联动应急照明集中电源和应急照明分配电装置实现；自带电源非集中控制型消防应急照明和疏散指示系统，由消防联动控制器联动消防应急照明配电箱实现；当确认火灾后，由发生火灾的报警区域开始，顺序启动全楼疏散通道的消防应急照明和疏散指示系统，系统全部投入应急状态的启动时间不大于 5 s。

5. 系统功能

(1) 系统采用在消防控制中心集中报警。在消防中心配置了消防报警联动主机、手动控制盘、24V DC 充电器及后备电池、消防专用直通电话总机。在各场馆根据不同的建筑环境要求设置感烟和感温等各类探测器。在系统中配置现场信号模块和输入 / 输出控制模块，信号输入 / 输出形式为一对一。系统有多个安全保护组别以防止有意或无意非授权人员的非法侵入，随意更改系统的数据，从而造成对系统的损坏。系统留有网络接口，以便于今后的扩展。

(2) 采用以感烟探测和感温探测为主的多种探测手段提供可靠的全方位

的火灾探测，并根据不同区域的防火分区和联动控制需求相应配置联动控制模块。在火灾情况下系统能够实现及时报警，并可将火灾信息传达至其他系统供相关系统执行联动。

6. 探测手段实现

6.1 火灾探测器设置部位

感烟探测器设置部位为门厅、走道，办公区域、设备机房等；感温探测器设置部位为厨房、茶水间、锅炉房等。消防控制中心设置火警电话总机，各层公共部位设置电话插孔，在重要机房设置消防固定电话。共享大厅设置不少于两种火灾探测器相组合的组合式探测器，采用吸气式烟雾探测器结合双波段火灾探测器。前厅采用不少于两种火灾探测器相结合的组合式探测器，采用吸气式烟雾探测器结合双波段火灾探测器。观众厅采用图像型火灾探测器。舞台采用火焰探测器及早期主动式感烟探测器多种形式的组合。

6.2 警示功能

消防报警系统在现场的火警警示主要以声光报警器为主，声光报警器由消防控制中心 24 V DC 消防直流供电电源供电，安装高度为下口离地坪2.2 m。为了避免疏散情况下不必要的慌乱，尽可能实现有序疏散，警铃、声光报警器的控制采用编址模块实现分层、分区控制。

为保证紧急情况下的有效疏散，江苏大剧院同时配置消防广播系统，系统内不设置消防广播，但提供消防广播的强切信号通过多线与背景广播主机作接口实现。

6.3 联动控制

(1) 室内消火栓系统和自动喷水灭火系统。消火栓按钮启泵后，通过对应的具有独立地址编码的输入模块，显示消火栓按钮报警位置于消防主机显示屏上，消防泵、喷淋泵等重要消防设备在消防控制中心设置硬线控制，即脱离火灾报警控制盘实现手动启动。消防控制中心设有联动控制盘，可实现硬线手动控制消防水泵、喷淋泵启动，同时在火灾报警控制盘与联动控制盘之间通过多线接口实现自动控制和消防水泵、喷淋泵状态信号采集。

(2) 消防水系统信号。水流指示器、信号阀、压力开关等消防水系统动作反馈信号，通过输入模块接入火灾报警系统，报警信号位于消防主机显示屏上。

（3）防排烟及楼梯前室加压系统。排烟分机和正压风机等重要消防设备在消防控制中心设置硬线控制，消防报警系统通过设于消防控制中心的联动控制盘实现硬线手动控制风机启动，同时在火灾报警控制盘与联动控制盘的输出和输入接口实现自动控制和风机状态信号采集。

（4）排烟阀/正压阀。排烟阀/正压阀通过输入/输出控制模块实现控制，在火灾时自动开启相应部位的排烟阀/正压阀，并接收其动作反馈信号。

（5）防火卷帘门。在疏散通道上的防火卷帘采用两次控制下落方式，第一次由感烟探测器控制下落距地 1.8 m 处停止，第二次由感温探测器控制下落到底。用作防火分隔的防火卷帘，火灾探测器动作后卷帘下落到底，通过编址控制模块实现控制和接收状态反馈信号。

（6）电梯迫降。发生火灾时所有非消防电梯迫降至首层或者指定层，人群通过疏散楼梯通道进行疏散。

（7）非消防电源。发生火灾时建筑物内的自动扶梯、空调风机等非消防电源强制切断，此部分的控制功能通过编址输入/输出模块加以实现。

（8）气体灭火系统信号。气体灭火区域通过输入模块将气体灭火区消防监控信号接入火灾报警系统，报警信号位于消防主机显示屏上。

（9）大空间智能灭火系统信号。通过输入模块将大空间智能灭火系统信号接入火灾报警系统，报警信号位于消防主机显示屏上。

7. 空气采样系统

7.1 ASD535 吸气式感烟火灾探测器

ASD535 由 1 个或 2 个独立的采样管网络组成，每个采样管网络对应一个独立的高灵敏探测器。空气流量监控装置实时监控采样管是否有破裂或者采样孔被堵塞。高效气泵将环境中的空气源源不断地抽进探测腔，并经过高灵敏的探测器进行分析。在面板上会有烟雾浓度的指示，同时还有报警和故障状态信息。一旦侦测到烟雾浓度达到一定的阈值，便触发 3 个预警信号和 1 个火警，这些信号都由编程的继电器输出。

7.2 ASD535 吸气式感烟火灾探测器重要部件

ASD535 吸气式感烟火灾探测器重要部件有高灵敏度烟感探测器、大功率风机、采样管道及采样孔和辅助模块（MCM 35 存储模块，RIM 35 继电器接口模块）。设计软件有计算对称和非对称采样管拓扑布局，加速及优化 ASD 采样管布局和网络，每个网络可达 9 个回路。

第四节 机电控制系统

1. 机电设备控制

1.1 建筑设备监控系统设计

(1) 江苏大剧院建筑设备监控系统采用集散型网络结构实现系统的实时集中监控管理和分散现场控制功能。系统采用分级管理，歌剧厅设置总控室，戏剧厅、音乐厅、综艺厅设置分控室，见图 8-5。操作站之间的网络采用以太网连接，TCP/IP 通信协议，传输速度为 100 Mb/s。现场控制总线采用 LonWorks 协议。现场控制采用直接数字控制器 (DDC) 和模块化的控制器。以通信总线形式与中央主机通信，控制器可脱离中央主机独立地对现场设备进行监控管理，确保空调、给排水、照明系统正常运行和有效工作。自动控制系统通过中央系统可实现运行、启停、监视、测量、设定等操作，DDC 以及自动控制设备分散放置在现场自动控制盘 (CP) 中。

(2) 控制系统采用自动与手动相结合、就地控制和远程控制相结合，就地控制优先于远程控制，中央监控系统必须是在完善的手动操作系统和就地开关基础上设置。自控系统投入运行之前，所有设备均可独立手动运行，因此强电系统中考虑相应的联锁、安全保护和遥控设施。

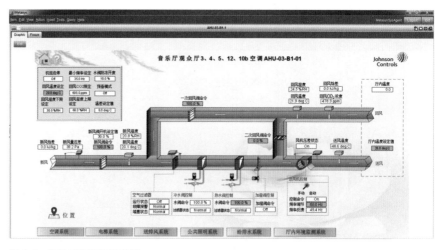

图 8-5 音乐厅空调监控系统

(3)所有制冷、供热、空调、通风系统均置于统一的中央监控(BAS)之下，但各自具有相对的独立性。各设备块(用于地板辐射采暖的智能换热机组、变冷媒流量的多联式空调系统VRF、自动加药水处理系统和闭式膨胀水箱等)既可以自成体系又留有与BAS系统的接口，便于集中监控。

1.2 设备控制内容

江苏大剧院设备控制内容有二次水换热系统、全空气空调系统、新风空调系统、风机盘管控制、送排风系统、全热交换系统、高压微雾加湿系统、给排水系统、照明系统。

(1)空调冷源

空调冷源由4台1200 RT和1台500 RT离心式冷水机组及相应的水泵等装置组成；空调热源由3台3660 kW板式换热器及相应的水泵等装置组成。空调冷热源采用群控方式实现水系统的优化运行和控制。空调系统共分5个用户：公共空间、音乐厅、歌剧厅、戏剧厅及综艺厅。空调水系统既能满足全开运行要求，又能实现不同时间段各子项的单独运行要求。每个用户均设置冷/热计量装置，对各自区域按实际运行设置能量计费装置。防排烟系统所用控制均纳入消防控制中心(CACF)。

(2)冷源

根据空调冷负荷及流量要求设置自动控制制冷水机组运行台数、冷却塔及相关控制，冷水系统必需的温度、压力和流量检测，冷水机组相关水泵、阀门、冷却塔连锁控制，空调冷水二级泵变流量及保护控制，水系统补水、定压的监视和控制，与BA系统通信实现监视、启停和再设定，离心式冷水机组实施定出口温度控制。

(3)热源

根据空调冷负荷及流量要求设置自动控制燃气热水机组运行台数、热水系统必需的温度、压力和流量检测，燃气热水锅炉的相关水泵、阀门及保护等控制，空调热水二级泵变流量及保护控制，水系统补水、定压的监视和控制，与BA系统通信实现监视、启停和再设定，燃气热水机组实施定出口温度控制。

(4)二次水换热系统

二次侧送水温度控制；二次侧(供冷/供热)泵变流量控制；二次侧(供热)泵优化运行启停控制。

(5)全空气空调系统

① 一次回风空调系统：空调回风温度和冬季湿度控制；空调机组风机启停、故障、报警、运行状态显示和手动状态显示；空调系统温、湿度监视；

空调机组风侧过滤器阻塞报警；水侧自控阀与空调系统运行连锁；过渡季及冬季变新风控制；采用二氧化碳新风节能控制；与 BA 系统通信实现监视、启停和再设定。

② 二次回风空调系统：空调送风温度、湿度控制；空调机组风机启停、故障、报警、运行状态显示和手动状态显示；空调系统温、湿度监视；空调机组风侧过滤器阻塞报警；水侧自控阀与空调系统运行连锁；一二次回风阀与新风阀之间的联动控制；新风阀与所关联的排风机之间的跟踪控制；过渡季及冬季变新风控制；采用二氧化碳新风节能控制；与 BA 系统通信实现监视、启停和再设定。

③ 新风空调系统：新风送风温度和冬季湿度控制；全热交换机组控制；新风空调机组风机启停、故障、报警、运行状态显示和手动状态显示；新风系统各种温、湿度监视；新风机组风侧过滤器阻塞报警；水侧自控阀与新风空调系统运行连锁；过渡季变新风控制；与 BA 系统通信实现监视、启停和再设定。

(6) 风机盘管控制

办公室风机盘管作就地温度控制，不接入 BA 系统；项目中除办公室以外其他场合风机盘管均纳入 BA 系统。

(7) 送排风系统

通风系统送、排风机启停控制、故障、报警、运行状态和手/自动状态监视。

(8) 变冷媒流量多联机系统(VRF)控制

变冷媒流量多联式空调机组(VRF)自带控制系统，实现室温控制和末端计费；与 BA 系统通信实现监视、启停及再设定。

(9) 其他系统控制

各种电动设备的启停控制、故障、报警、运行状态和手/自动状态监视；凡与消防系统兼用的风机归入消防控制中心；空调能量计费。

(10) 给排水系统的监视

集水坑高低液位报警；排水泵运行状态、故障状态的监视；生活水箱、消防水箱的高低液位报警；生活水泵运行状态、故障状态的监视。

(11) 照明系统的控制及监视

楼梯间公共照明的控制；地下室车库照明的控制；地下室大走廊公共照明的控制。

1.3　BA 系统监视内容

BA 系统监视内容包括：空调冷冻机房、空调换热机房群控；燃气热水锅炉房群控；智能换热机组控制；冷热水系统的自动补水定压装置内部控制；变冷媒流量多联机空调系统(VRF)监控系统；自动加药水处理系统；冷凝器自动在线清洗系统；地板辐射采暖系统；太阳能系统；雨水处理系统；电伴热融雪系统；变配电所电能管理系统；电梯系统；能耗计量管理系统；智能照明控制系统。

2. 计量控制

2.1 能源计量

能源计量系统包括歌剧厅、戏剧厅、音乐厅、综艺厅等，每个功能区包括排练场所、演出场所、会客接待及化妆间等。

2.2 空调计量

包括歌剧厅、戏剧厅、音乐厅及综艺厅的总冷量或总热量实现总量计量。对歌剧厅、戏剧厅、音乐厅及公共空间分区域、分用户对其中央空调进行计量。

(1) 区域计量：区域采用能量计量，采用能量表。能量计量主要对空调回路的出水温度和回水温度计瞬时流量，进行实时测量，并按照热力学能量计算公式，对使用冷量或热量进行累积计算。

(2) 用户计量：对分用户的区域采用时间采样器的当量计量，这种计量方法主要针对中央空调风机盘管和空调箱、新风机组等末端设备。

(3) 风机盘管能耗计量：检测电磁阀的开关状态，结合风机的运行状态对高、中、低风速运行时间分别进行累计和存储。电磁阀没有打开或者风机处于关闭状态时，采集器不计时，系统不收费。

(4) 空调箱、新风机组能耗计量：检测机组回路电动阀的开度，设备对调节阀开度和时间进行积分，计算出当量时间。调节阀没有打开或机组处于关闭时采集器不计时，系统不收费。

2.3 电量计量

歌剧厅、戏剧厅、音乐厅及综艺厅的电量实现总量计量。对歌剧厅、戏剧厅、音乐厅及综艺厅分区域、分用户对用电量进行单独计量。电量计量直接采用带 RS485 通信的网络电表进行数据采集。

2.4 冷、热水量

歌剧厅、戏剧厅、音乐厅及综艺厅的水量实现总量计量。对歌剧厅、戏剧厅、音乐厅及综艺厅分区域、分用户对用水量进行计量。水量计量直接采用带 RS485 通信的网络水表进行数据采集。

2.5 燃气计量

锅炉房、食堂、餐饮的区域计量，燃气计量直接采用带 RS485 通信的网络燃气表进行数据采集。

(1) 建筑能耗分析管理系统基于大剧院的设备网络技术对楼宇内的能耗信息进行采集。收集到的信息一方面通过网络上传给节能降耗分析所用；另一方面系统可以提供实时预警功能，比如夏季室内空调制冷温度过低时或者非工作时间室内照明未关闭时，控制中心可根据传感器网络节点采集的数据与设定的阈值比对，自动调节空调或关闭照明以节约能源，从而实现了楼宇的智能化节能减排降耗。

(2) 在建筑能耗分析管理系统上根据需求给出系统统计区域内任意范围、任意时间段、任意能耗系统、任意单个设备的详细能耗数据，用户可根据查询需求个性化选择汇总方式，生成详细的能耗数据报表。用户还可将能耗数据报表根据分析需要生成柱形图、曲线图、饼图等统计图表，从而能直观地对数据进行能耗分析。

(3) 建筑能耗分析管理系统可对积累的数据、知识、模型生成详尽的数据报表，数据报表能为政府实施决策提供参考依据。

2.6 节能措施

节能措施有变频控制、专家节能系统、冷水机组群控模式、冷却水泵、冷却塔变频控制模式和送风系统变频控制模式。不同功能区域的中央空调、水、电进行独立核算，便于管理。

第五节　建设互联网 + "智慧剧院"

江苏大剧院按照建设"世界级艺术作品的展示平台、国际性艺术活动的交流平台、公益性艺术教育的推广平台"的功能定位，采用敏捷网络设备，基于大数据技术构架实现"智慧剧院"的构造。"智慧剧院、互联网 +"拉动的不仅是本身的票务销售、演出，也涵盖文化市场的消费、支付、兑换、采集等功能，将成为政府与市民、文化与市场的需求枢纽，从而激活文化消费市场，带动周边的旅游、购物，以及各种各样的文化消费与艺术欣赏等，形成一个全方位的网络体系。

1. 信息化建设内容

以敏捷网络为基础平台，江苏大剧院真正实现了"1 朵云""2 张网""3 个平台""4 套系统"提供"5A 服务"的信息化整体建设思路。

1 朵云：以云计算作为底层基础框架，将所有信息化资源以池的方式提供服务，全面提升大剧院的可靠性、安全性、易用性和扩展性。

2 张网：通过互联网和物联网技术，将人与人、人与物、物与物、人与信息、信息与物等进行融合，实现大剧院内的人与物、信息的智慧沟通与交互。

3 个平台：将云、网里的所有信息和数据以安全平台作为保障，通过大数据平台进行分析，寻找 O2O 模式（指将线下的商务机会与互联网结合，让互联网成为线下交易的平台，实现 O2O 营销模式的核心是在线支付）的盈利增长点，挖掘信息和数据的最大价值。

4 套系统：从服务、管理、营销和辅助决策四个维度全面覆盖大剧院的业务和服务，实现智能评估、智能告警、智能分析和辅助决策的智慧剧院系统。通过视频网络平台，对任意区域的视频实现无缝拼接，对任意车辆的进出实现自动跟踪，对任意区域能实现视频分析、人流统计、警戒、报警等功能。

5A 服务：通过江苏大剧院的智慧剧院、互联网 +，实现任何人、在任何地点、任何时间、通过任何方式都能得到所需的任何剧院服务和衍生的增值服务。

2. 通过 APP 软件，将业务拓展到移动端

通过 APP 软件，将核心业务拓展到移动端，实现剧院品牌展示、演出资讯、观众互动；通过预售、集体团购等形式可以将分散着的用户需求集中起来；对于一些还没有筹划的演出，可以根据集中的需求进行筹划，使得演出的供给可以正好与用户的需求匹配，避免了资源的浪费。

剧院票务以"智慧场馆"为中心，串联整个观演商业，在为消费者提供综合服务体验的同时，也可以为场馆提供精准营销服务的平台。通过"智慧场馆、互联网 +"这个平台，实现多方面"用户共享"，从而串联起周边产业，也让剧场从"孤岛状态"中脱离出来。手机在线选座位购票、电子检票提升了剧院售检票的效率，有效地杜绝了假票、错票的发生。

微信、支付宝等移动支付的应用，轻松扫一扫，就能进行快捷支付，大大提高了剧院的服务与运行效率，极大地方便了观众。利用车牌识别技术，车主无需停车取卡，减少排队等待的烦恼，免去了停车取卡的人工与可能发生的意外情况；通过手机支付平台可以提前支付，不用在出口处排队等待缴费；通过自动识别系统，只要已缴费，道闸自动起杆放行，加快了剧院车流的速度；通过手机支付平台，在完成一次支付应用后，以后再次进入停车场，系统会自动获取信息，车主只需最后确认停车费就可以实现快速缴费、自动放行、快速离场，是现代化智能的完美体现。

3. 实行 WiFi RTLS

基于 WiFi 的图像信息无线局域网实现实时定位系统 (WiFi RTLS)，结合无线网络、射频识别 (RFID) 和实时定位等多种技术，通过手机 APP 精确定位车主与高清摄像机定位车辆的智能化导航停车系统，用户使用手机 APP 可以导航寻找自己车子的位置，无需担心找不到自己的车子，进出停车场绝不会迷路；在无线局域网覆盖的地方，定位系统能够随时跟踪监控各种资产和人员，并准确找寻到目标对象，实现对资产和人员的实时定位和监控管理。图像信息无线局域网实时定位系统由定位标签、无线局域网接入点 (AP) 和定位服务器组成，通过 WiFi 无线定位技术，手机 WiFi 开启不需连接网络，即可实现定位导航、商铺收藏、团购打折，用户尽享便利；会员管理、信息推送、优惠发放，运营方省时省力，真正实现实时定位人与车，实现正向引导停车与反向寻车。

通过大数据的采集与挖掘，为演出策划、目标人群划分、消费潜力的

挖掘、精准营销等许多环节提供参考，对行业的发展具有重要的意义。同时，对消费者的行动轨迹、活动范围、消费记录、消费偏好以及总体客流量、消费者活动热点、商铺间关系等做出科学分析，帮助大剧院快速实现智慧商业、精准分析和科学管理。

利用流媒体技术和网络直播，记录演出的台前幕后，由于舞台表现艺术的特殊性、时效性与临场感，其现场表演内容和幕后制作过程的全景再现显得非常珍贵，能为后续演出策划、市场分析、宣传推广、品牌塑造与人才培养提供重要的资料和素材。

4. 通过 O2O 实现线上线下一体化

通过 O2O 实现线上线下一体化，形成线上线下资源共享、立体互动，增加了线上线下的业务价值。对于现场演出来说，互联网时代下，传统媒体传播形态固化、内容单一贫乏，已逐渐失去了对消费者的吸引，江苏大剧院设计了数字电视联播网、媒体网络系统。

首先，联播网能够促进剧院架构转变，服务升级：一是代替传统媒体，升级并丰富剧院服务设施；二是提供平台，使得演出方或场馆可以通过互联网与观众进行互动，从而改变剧院单一、单向的传播现状；三是整合资讯传递、文化普及与商业运作于一体，传播与观众强关联优质文化，创造更好的社会效益；四是吸引演出方与广告商进驻，为剧院增加收入，以带来更好的经济效益。

其次，联播网具备智慧功能，可以满足用户需求。与机械式且单向、散乱的信息传播不同，观众可在闲暇时间通过联播网了解到时下最新的各界资讯，发现消费需求点的同时也可以拓宽文化视野，从而提高文化欣赏水平。

除此之外还可以通过抽奖、问答等活动与多方进行互动，增强用户体验值与满意度。再者，联播网将打开信息交互流通渠道，激发行业潜在商业价值。以多种方式呈现，有针对性地与那些走进剧院的具备高素质、拥有较高消费能力的受众进行互动式的传播，其商业价值潜力巨大。

通过专用网络，打造了稳定高效、安全可靠的网络环境，全面保障省委、省政府"两会"的成功召开，满足省政府举行远程高清视频会议、无纸化会议的功能要求，视频会议声像一致性好，视频流畅无卡塞。

5. 结语

　　面对云计算、大数据和物联网的时代，以及互联网＋的热潮，敏捷网络解决方案匹配了大剧院的网络系统建设需求，提供了稳固的有线和无线网络，保障了剧院工作人员极速的办公体验，同时保障了观众能够高效畅享无线网络。服务于剧院 APP 软件、剧院票务系统、移动支付系统、实时定位系统、大数据的采集与挖掘等诸多业务系统，为各项业务的可靠性与稳定性运行提供了强有力的基础网络支撑，实现"智慧剧院"建设迈上新台阶。

第九章　高雅的文化艺术殿堂

第一节　室内空间装饰艺术

江苏大剧院不仅外部造型新颖独特、美观大方，它的内部装饰同样具有恢宏的气势和容度。室内空间的装饰设计，巧妙利用天花高度及开放性的转承起伏，避免大尺度的过度使用带来的平白与空洞。形式变化的韵律内外统一，焦点空间的处理体现了风格的简洁及意识的丰盛。

1. 共享大厅和多功能厅

美之收藏的艺术诠释

——从主入口进入是一个高 12 m 气度不凡的中庭（见图 9-1），观众

图 9-1

进入共享大厅便置身于一片未知世界之中。内部空间、参观流线、交通处理按展馆功能考虑安排。展现在人们面前的是各种最新的科技成果：两层高的厅堂在三次抛物面构成的大屋顶的覆盖下八字排开，椭圆体的音乐厅、歌剧厅、戏剧厅、综艺厅高浮其上，构成强烈的联系。它的神奇之处从建筑的外部空间就已经开始：巨大的石级台阶、大面积的玻璃幕墙、大尺度的铜门和旋转门、大幅度的铜雕、巨型的水晶灯具，均表现出未来主义的特点。

为了最大限度地增强建筑的表现力，选择了完全新颖的建筑形式和结构，它打破了建筑所有传统的条条框框，而令每个见到它的人着迷：造型、景观、灯光、标识和室内空间都有着精心别致的设计；柔和的曲面形态既有强烈的个性，又与环境形成协调和呼应；雕塑式的设计体现了高科技建筑的自由与创造力，创新则表现在构造的简洁和各种技术细节的运用上，而"流水""天空"等元素的运用，让自然成为建筑的一个抽象的组成部分；大门对面以"卡通"柱和大堂值班经理服务台形成主题性墙面；交通核心筒采用凹柱处理，强化了垂直交通入口的提示作用。其他艺术品陈列均为古今中外文化名人雕塑和具有文化品位的艺术佳品。

莽苍苍分色之变奏

——共享大厅（见图9-2）是一个联系外部空间、综合交通厅以及各演艺场馆的公共空间，在设计上主要突出了它的联系作用。首先，通过大

图9-2

面积的玻璃幕墙和大尺度的铜门门斗，把外环境引入室内，同时能增加采光、节约能源，达到环保、人性化的目的，也与建筑的立意相符合。形如瀑布倾泻的天花由各种各样的双曲面 GRG 拼接而成，地面对应着天花，由雅士白大理石和皇室啡大理石构成水波浪图案，增加了空间层次。由大型铜雕装饰的墙面采用皇室啡大理石挂装，其缝内镶嵌有不锈钢条，自然流畅。

借助现代材料和技术手段，共享大厅的曲线、曲面、流线型体量赋予建筑形体以激动人心的"动态"性美感。那些建筑形体或如"瀑布倾泻"，或如"轻舟荡漾"，或如"雄鹰展翅"，或如"列车电掣"，或如"蛟龙取水"，或如"群帆竞发"。巨大的双曲面屋顶从地面跃然而起，仿佛旋风鼓帆，气势磅礴，表现了后现代建筑特有的特色，既展现了"纯净简洁"的美，又显示了"丰富变化"的美。

共享大厅如此尽水之变，曲尽其态，直露中有迂回，舒缓处有起伏，表现得浑厚华滋，郁郁葱葱，气韵生动，迁想妙得，真力弥漫，万感交集，达到司空图所谓"行神如空，行气如虹的真宰境界"。整个共享大厅洁白而轻盈，天花与地面水波粼粼，设计师的设计灵感为漫步其间的人们提供了一处宁静的港湾，让观众的心情受到大美风景的感染，在城市的喧嚣中得到放松。

曲律赋形　诗画传韵

——观众进入共享大厅，可以身临其境地感受装饰艺术的魅力。这片利用水波形技术打造的平台缓缓地向上倾斜，整个建筑看起来像是一块大型的立方体漂浮在基座之上。连进门的地面都用 LED 灯做成图案，导示人

图 9-3

们行走，让人明了，又不刺眼，每一个细节都让使用者省心。共享大厅地面独特的构图给人以视觉冲击，这些波浪状的纹路引起了观众视觉上的愉悦，白天当阳光变化的时候，这些纹路也会随之变化，见图9-3。

愉悦的装饰之美

——一种充满了视觉愉悦的空间表达了对生活的向往，它的形式是为人们所熟悉的，空间品质是高贵的，氛围是华丽的，在整片的天花上满是流动的"水"，水从顶上向两边的装饰泻下（见图9-4）。水在灯光的投影下，在地面及四周映射出波动的水影，配上水的声音，使人们在厅里迷失了，这也是难忘的体验。体验可能是一种文化主题的体验，上升到了更高精神层面的体验。大气中带柔美，空灵飘逸，怡情怡心，让人更加心醉痴迷，惜之难忘，念之魂牵。面块的碰撞与线条的虚升是设计的精髓所在，作品最终带出的是整体的简洁与和谐，空间的延伸令参观者心以神往，步步凝神。

图9-4

一种形式的文化审美表现

——饮水思源，江南灵秀碧水之源，波浪形的铺地正是对水的启迪，两侧墙面的石材厚重，托起整个空间的基架，顶部的弧形灯片如泉水倾泻两侧，泻入凹缝直至地面，如泉水流淌，潺潺细声直到对景的大理石灯片，增加了空间进深，滋生了文化韵味。那构思独特、风格多彩的建筑犹如一件永恒的艺术珍品，见图9-5。

图 9-5

回归经典的新高点

——多功能厅圆润弧线的金色空间，营造浪漫、柔美的氛围。金色钢板网吸音墙面的每列网孔垂直于水平面，顶部的进口无影网与活动座椅共同形成了一个奇妙的世界。变换的弧线造就了丰富的曲线美，LED 灯在每个角度都给设计带来美感，点缀了这个美丽的空间。通过对建筑形态与功能的竭力诠释，打造出一个和谐的多功能室内环境，同时也能让观众从这种和谐丰满的氛围中领悟到表演艺术家的理念精华，见图 9-6。

图 9-6

2. 歌剧厅

抽象的诗意与构成

——建筑细节运用现代艺术营造了一个纯粹的休闲空间，歌剧厅前厅用线条来表现的浪花是一组组的，抓住了水的节奏动势这一特点，气韵生动。弧形的墙上布满弯曲的条带，使纹理贯穿整个简单的白色空间，神秘而令人入迷，着实让人叫好，见图 9-7。

图 9-7

苍山秀润　云腾气蕴

——装饰如画,以线造型,线条细软流畅,笔势贴切飘逸;施色素雅淡丽,色调柔和恬静,具有悠长的韵味。丰富的形象被巧妙地安排在圆盘的空间里,加上弧线和运动直线的对比处理,使整个画面饱满而极具扩张感。它展现了敏锐的艺术感觉,处处洋溢着感情的潜流,形成了一个形神俱备的丰富的艺术世界,见图 9-8。

图 9-8

心境与笔触的审美旋律

——走进歌剧厅前厅，气势恢宏空旷的白色大厅，奔突生奇，动中寓静，静中生境，也狂也狷，爆发出一股奇气和意境（见图9-9）。山水动态，延伸和扩展了暝想的意境，笔墨质朴奇崛，返璞归真。仿佛对风、大地、神秘、未知充满信任，在深不可测的感知世界里焕发出静默而神奇的智慧。界限业已消除，人们能聆听到自然的深处，能与过去和未来交流。

图9-9

艺海深邃无尽头

——歌剧厅观众厅运用"空勾无皴""三矾九染"的原始手段，凸显光影与云水结构，多层次的迷蒙氤氲营造，云水缭绕，意境放逸。色彩、肌理的运用，虚实相生，呈现出一种神秘、氤氲、空渺、宏大的幻境，使人丰富的想象奔涌而出，见图9-10。

图 9-10

严谨中的空间表现之美与回归

——诗情画意，历来是一种审美层次的高级境界，陶醉感动于天地自然的光影色彩变化之中，见图 9-11。

图 9-11

心源唯独步　造化亦妙臻

——线条的表现力发挥到了前所未有的程度，其优雅柔美、饱含温情，或遒劲有力、内蕴弹性，或激荡飘扬、充满激情。在一种端丽的气氛中，座椅的颜色十分醒目，强调观众席的对称，制造出一种在剧院建筑中意料不到的旋转张力，见图 9-12。

图 9-12

3. 音乐厅

心入物象　神韵自扬

——交响乐和室内乐是西方的文化代表，音乐厅的入口前厅选用了带有浓重西方文化味道的西洋红钢板和 GRG 作为引人注目的装饰材料，一股暖流和激情从画中流淌出来。以音乐为伴，在五行之中使色彩、线条的运用产生出或隐或现的灵动之光，其格调之高雅，想必是西方艺术带来的气质，满目都是诗意美文。将音乐和音乐人描绘得生动优雅，一派清新，见图 9-13、图9-14。

图 9-13

图 9-14

如梦如幻的音乐和诗意

——音乐厅的造型潇洒和功能与艺术结合的完美都不逊色于悉尼歌剧院，"有音乐的地方，总是得到灵感和启迪：大厅想象为山谷，乐队处于谷底，周围是向上缓缓而起的葡萄山"，创造了一个音乐在其中要占据"空间和视觉上的中心"的氛围。运用大手笔的块面表现，水晶线条和淡蓝色天花的交相辉映，以及光源的散落分布和钢琴与流水的巧妙结合，映照出时尚、简约、大气的氛围（见图9-15）。采用一系列现代建筑声学设计，以其明显的厅堂声学优势吸引着众多的表演家和听众。设计采用了流动的音符原理，立足流动性与自然运动，当观众走近时便会感觉串串涟漪般向四周荡漾开来，魅力四射，就如交响曲的乐谱，非常富有乐感，也如同好莱坞那样造就出美轮美奂的梦幻仙境。

图 9-15

天接云涛　星河欲转

　　——优雅、绚丽是音乐厅天花的特色，如同一首轻音乐，一首抒情的诗歌，像超级浪漫主义风格那样精细，又保持了水彩的明快与润泽，给人以全新的美感，令人遐想不已。设计师特意在墙壁上做了"钢琴键"似的格槽，一明一暗，好像跳动的琴键（见图9-16），这种动态的装饰手法丰富了演奏厅空间内容，使之具有音乐气氛。其音质犹如玉石雕砌的壁垒，徜徉在这座音乐宫殿，人们倾听每一个音符都得到惊喜，它是一种精湛绝美的建筑和声学共同的设计功夫。

图9-16

彩墨纷披　道出常情

——管风琴流传于欧洲，它是历史悠久的大型键盘乐器，能模拟管弦乐队中所有的乐器声音，是最能激发人们对音乐产生敬畏之情的乐器。音乐厅的管风琴92音栓，设计成倒置的"笙"状。音栓有主要栓、笛音栓、弦音栓、簧音栓、变化音栓、混合音栓、联键音栓等。管风琴音量洪大，音色优美、庄重，并有多样化对比，能模仿管弦乐器效果，能演奏丰富的和声，音域最为宽广，有雄伟磅礴的气势、肃穆庄严的气氛，还有着其他任何乐器都无法比拟的丰富而辉煌的音响。

为了达到大型乐队、中型乐队和小型乐队产生不同的反射声和混响时间的目的，音乐厅顶部设计了大约200 m²梅花形状的GRG反声板。该反声板根据不同乐队的要求可以上下自由升降，以达到不同的声学要求。"笙"状管风琴的设计和梅花形反声板的设计，体现了声学的使用功能和建筑装饰的和谐统一，两者竭尽完美地结合在一起。

夜色下的音乐厅更显得璀璨恢宏（见图9-17），远远望去，在淡蓝色的夜空下，在繁星般的白炽灯光的点缀中，音乐厅犹如沉浸在一团清辉色的瑶台楼宇之中，让人心驰神往，令每一个见到它的人着迷：在那一刻只让音乐盘旋诘问，而音乐的抽象性获得了多义的交混，在每个解读层面都放射出锐利的光芒。

图9-17

4. 戏剧厅

心画同构的审美抵达

——戏剧厅前厅用非对称的手法将空间进行重构，大尺度的几何形体，让空间出现一种戏剧化的效果，建筑装饰的语言物化在了空间的造型中间，令人浮想联翩。随机的线条把空间激活，网状的枣红色陶土釉面砖使人联想到电波与网络的融合。各类线条、色彩变幻、时空置比等诸多元素，交融于个体审美文化体验的心象叙事之中，继而浑然表现于画面之上，得意于画面之外，见图9-18。

图9-18

迷失在斑斓中的剧场

——围绕前厅的是椭圆形的富有戏剧效果的螺形空间，雄伟的顶光回廊，巨大的椭圆构成了设计师苦心经营的建筑漩涡核心。空间形态沿着墙体走向蔓延起伏，表达了特有的设计理念，强调了传统与现代相结合的设计主题，各部分围绕它旋转、撞击，发出体量感觉上的"碎裂"之声，以强烈的色彩语言节奏造成了一种视觉冲动与动感，见图9-19。

图 9-19

沉静的雅致之美

——戏剧厅前厅逸笔疏疏的线条之美，使整个装饰画面在气息流动之中，多有一种无声之韵，见图9-20。

图 9-20

随心赋彩　乃生此花

　　——以强烈的色彩语言节奏，造成了一种视觉动感与撞击，以凝固的建筑艺术表现回旋飘忽的戏剧舞姿和婉转抑扬的乐曲，成为戏剧设计的主题。建筑以自由的平面布局、立面造型和空间体量为构图要素，用错位、组合、扭转为构图手法，使整个建筑造型表达了一种婉转回旋的形态（见图 9-21 ），使戏剧艺术与建筑艺术在观感上和意念上达到融会与贯通。

图 9-21

历史的缠绵与回望

——激荡的色彩，灼灼其华，赋予生命彩色的斑斓，精确描绘每个细节，凸显光影效果，渲染暗部变化，凝聚着"理性的辉光"。舒卷开合、高低错落的淡米色墙体和顶部的纹饰是对中国戏剧表演中飘动的服饰和水袖的摹写，给人一种强烈的形式美感，见图9-22。

图9-22

寓意与符号的抽象之美

——线条凌空蜿蜒或挺拔开张，装饰效果表现的是最具中国文化精神的审美逸趣。线条呈现的空间情趣与色彩层次的视觉传递结合，努力构成空间重要元素的不同线条完善于作品之中。繁复、轻重、飘逸等不同质地的线条，富有节奏地穿插、往来于色彩涂敷的高低层次之中，融洽无间，有效地传递出特有的艺术视觉韵律和审美体验，对于光影、焦点透视的视觉深入，已臻极致，见图9-23。

图9-23

5. 综艺厅

前厅

后现代与新古典范儿

——综艺厅前厅提出二次围合的设计构想，以弧形楼梯的边缘为界，在其内画圆，形成宏大的圆形空间，作为二次围合的限定区域。在中心设置圆弧形大型壁画，靠近弧形楼梯装饰屏墙边缘设置观景休息区，植物置于屏风之后，休息座于屏风之前，依次排列，纵眼室外恰有雨中观看喷泉之意境。为了表达政府工作会议的新闻特性，回廊及弧形楼梯的栏杆如新闻胶片一般，片片组合，同时象征着新闻机构的团队精神。为了充分地利用自然光线，在一侧的玻璃飘带采用高反射的合成材料，可折射自然光，加大室内的采光度。

在大堂两侧有对称的过渡空间，共设置了四部自动扶梯，供会议期间的大量人流上下交通使用。过渡空间的墙面用微穿孔铝蜂窝波浪板挂装，与前厅墙面发生联系，其余墙面以雅士白石材饰面，局部位置细部作分缝处理。天棚以 GRG 线条及白色乳胶漆饰面，在电梯口一端留有光槽，地面以石材处理，做法与大堂相同，见图 9-24。

图 9-24

休息区有一组序列感很强的柱廊，柱面以雅士白石材饰面，细部作分缝处理，下留雅士白石材踢脚；窗台用米黄石材镶嵌，内侧墙壁用米黄云石贴面，地面为黑色花岗岩铺装；扶手处加设一道装饰漏窗墙，漏窗形成正圆形，外挂装白色烤漆栏杆，撷取大剧院 LOGO 的意象，使出入口显得更有层次。地面以华贵的飘带图案表现石材渐层的温润质地，自大门后方延展的弧形墙面，采用双曲面铝板饰面，并经由交错的光影反射、虚化，进一步放大大厅场域，与周边精细唯美的波浪板墙面形成鲜明反差。大型壁画衍生出厚重感，设计师以轻盈的实木线条边框，融合镜面矩形、艺术线板、文化石、玻璃精品格等多元的视觉变化，在立面多彩多姿的几何美学之间，将装饰艺术的精华完美立体化，达到缤纷的光影之美如影随形。

构架自身拥有的圆滑曲线及轻巧结构构筑大堂的崭新形象，成为全新形象的代表。其更为灵活且丰富多变、强烈的现场感和综合性，符合当今观众审美诉求和感情诉求的一种新形式。秉承此理念，前厅大堂显得极为开阔，配上晶莹璀璨的吊灯，以及褐色祥云图案的石材铺装，营造出雍容华贵的感觉，编织出一个光与影的世界，令人为之振奋，见图9-25、图9-26。

图 9-25

图 9-26

大会议厅

炽烈而深刻的新古典主义

——大会议厅采用新古典装饰风格，给人以庄重、典雅之感。艺术装饰追求挺直的几何造型及光滑的流线形式，注重对称的构图、重复的序列和几何图案的装饰效果。建筑中用阶梯形的体量组合、横竖线条的构成立面、圆弧形转角、浮雕装饰等手法，同时又具有现代建筑简洁明快的时代特征。肌理运用别具匠心地强调了完形、通感、气韵、色调等视觉呈现方式，节奏韵律给人以亲切、平和的装饰美感。镶有金属的精美布艺在精湛工艺的打造下更加突显了这个新环境的明新与优雅，见图 9-27。

图 9-27

大会议厅是公共空间较大的一处，在平面布局上进行了重组和划分，意在使用更方便、更合理。沿通道一侧开设 6 个观众出入口，以获取最大的人流量，使主题墙面获得最大的面积；与主题墙相邻处设声光控制室和家具库，墙面以红影、白影木为主材，嵌以不锈钢饰条；天棚沿墙均设有下射光带，用白色 GRG 线条、金箔装制，嵌以高效筒灯配合反射光带提供照明，地面为实木地板及满铺阻燃地毯，体现现代、端丽、大方的风格，在整体感受上又具备一定的档次和文化品位。

顶部吊顶用折返造型，具有动感和升腾之势，极具深长的海洋意味，用木制孔板造型具有吸声的效果，而折返也利于室内声音的反射。中央弧形藻井组成的序列将内聚感引入室内，中央是 13 盏圆形水晶灯，周围有鎏金的 78 道光芒线和 39 个葵花瓣，三环水波式暗灯槽一环大于一环，与顶棚 500 盏满天星灯交相辉映，形成庄重、简洁、典雅的视觉感受。窿形与墙壁圆曲相接，体现出"水天一色"的设计思想，地面铺设的地灯与之呼应，这是有感于江南园林荧荧灯光的意境。

六根切边立柱如栋梁之体支撑着顶部的结构，象征着人才济济的情势。与室内空间比较，柱身下端用石材和铜雕柱脚加以处理，以增加柱子的稳重感。柱身的水平和竖向线条做细部刻画，双柱之间嵌以壁灯，用来加强两者的联系，同时补充立面的照明，见图 9-28。

图 9-28

由形、材、光、色等多种要素构成的空间，其形态的构成在满足个性的同时符合室内的完整性。这种整体之美，小到一个局部、细部节点，大到整个室内空间，既有各种不同的各具表现力的物象形态，又具有内在的有机秩序和综合的整体气质。风格或华丽，或厚重，或简约，或现代，聚集在一起，犹如漫天星斗，熠熠生辉。作品古朴，典雅，精致，细节完美，如同一杯香醇的红酒，入口即香，回味悠长，见图9-29。

图 9-29

光影之间的秀润与透明

——钢＋玻璃结构的透明性，是钢＋玻璃建筑中又一个重要因素，玻璃反射外部景象，从内部看玻璃从室外引进了大量的光线，使得钢＋玻璃结构建筑形成一种光饱和状态，这也使玻璃和钢呈现轻盈、晶莹的美学意象。通过随意加强和减弱斜射而来的光感，用光之变幻的特性来诠释人性的魅力，在对比的棕色空间中让人感受到希望的冲动，见图9-30。

图 9-30

国际报告厅

东方意趣的审美指归

——国际报告厅是举办国际会议的重要场所，平面形状为扇形。设计师借由新古典的优雅，佐配庄重的色彩倾注温馨感觉，让动线变得清晰简单。为了在设计风格上体现国际学术会议的档次与氛围，整个空间以深棕色作基调，反映时下的季节与光线的变化。透过现代线条的勾勒，保留了华美细致的精品质感，融入了深厚的人文优雅，以全新美感思维打造大尺度空间美学经典。

在具体设计手法上以强调竖向分割为主，强调线性的韵律感。该空间力图能体现简洁、现代，墙面以深棕色磨砂皮软包和榉木拼花，两端墙的局部设米黄石材凹龛，陈设纪念性艺术品；后墙面大面积饰以米黄色壁布，加上地毯及沙发坐椅均为暖色，使空间色彩整体统一，充分体现会议接待室严肃、现代而又不失温馨感的气氛。折线形跌级天棚、定制 GRG 云纹板、纸面石膏板和筒灯顺应弧形坐席设计，反射灯槽的光线有节奏地由后部向前台形成渐变，取意海洋的"动感"主题，功能上也符合吸声和反射声的要求；线状的木材配合磨砂壁灯装饰墙面，庄重又不失活泼，也与天花的处理手法协调一致；用 GRG 线条及 GRG 云纹板结合石膏板吊顶，光槽、反射光槽、发光灯艺与射灯共同提供多种照明方式，营造出舒适典雅的会议环境。铺设高级纯毛地毯，灰蓝色和咖啡色相间的座椅与暖色调空间相互映衬，使国际报告厅的学术气氛浓厚，装饰风格现代、统一而又有个性，见图 9-31。

图 9-31

炫技生涯的里程碑

——贵宾前厅饰以大型国画《太湖明珠》，大厅以米黄石材贴面，与侧廊罗马洞石贴面从材质上形成对比，有包金砌玉的感觉，增加了建筑空间的色彩构成因素，装饰炫技洋溢着一种端庄华丽、格调深沉雄伟的效果，见图9-32、图9-33。

图 9-32

图 9-33

小会议厅

删繁就简　酣畅

——小会议厅共有 15 个，是省人大、政协分组讨论的场所，在设计风格上把握与整体风格协调一致，同时构建出 4 种装饰特征。在具体设计手法上以竖向分割为主，强调线性的韵律感。在门洞及两侧墙面设有开龛，分别饰以木条，龛内以榉木饰面，龛内的陈设艺术品增加了室内的情趣与氛围；天花处的两侧以细木条装饰，增加了空间的层次变化，中间加设反射光源，灯池增强了向心感；天花两侧的发光灯片充分满足室内照明，使报告厅的装饰手法得到延续；墙面大面积饰以米黄色壁布，加上地毯及沙发坐椅均为暖色，使空间色彩整体统一而又有变化，充分体现会议接待严肃、现代而又不失温馨的气氛，产生一种饱满的整体构成力度，见图 9-34、图 9-35。

图 9-34
图 9-35

第二节　外部空间装饰艺术

1. 江苏大剧院主入口

江苏大剧院主入口见图 9-36。

图 9-36

城市审美的源流

——从东广场入口到共享大厅，共有 61 级石阶，3 层平台，落差 6 m，每级石阶高 10 cm、宽 40 cm。石阶是江苏大剧院主入口的重要组成部分，它把东广场、东大门铜门和共享大厅有机地连接在一起，形成了气势雄伟的整体。主入口的设计者巧妙地把 60 级石阶分成 3 段，这种布局独具匠心，颇有特色。由下向上仰视，只见台阶，不见平台；但从上向下俯视，只见平台，而不见台阶。从第 层平台继续攀登 20 级或 40 级石阶，分别到达第二或第三层平台，这里已到达共享大厅，突出了

图 9-37

共享大厅的稳重端庄。这 61 级石阶的两侧建有石栏杆，第一层平台上设有两根钛金属板装饰的擎天大柱，既古朴高雅，又很摩登，将"江苏大剧院"这块红匾高高举起，飞翼形高架平台所营造的腾飞之势，如宏图大展，动感怡人，承托着意绪、情节和希望，见图 9-37。

2. 东广场

图 9-38

秀丽景观的一种解读

——东广场既创造了优美的建筑空间，为市民提供了一个休闲的活动广场，又把整个建筑群融为一个有机的整体，着力表现出现代化大都市广场文化的内涵和气质。宏伟的环形高架平台，凛然风范，蔚为壮观，令人瞩目。建筑风格独特，外墙采用大面积玻璃幕墙，璀璨生辉，气派非凡。建筑师结合当地自然环境、人文历史背景，同时引领审美的设计理念和鲜明的艺术表现手法，是象征艺术和实用主义在建筑上的完美结合及体现。东广场在总体的艺术设计上，以"水"为脉，以"石"为魂，并以诗意化凝练的语言和中国艺术大写意的手法深化意境，昭示中华民族特有的宇宙观和美学精神。高大的石阶、平台，叠水池上涓涓溪流和用 1 万多 m^2 黄色花岗岩铺装的广场、步道，无一不是这种艺术设计的生动体现。东广场以水池为中心，加入线形柱列树阵，在高度上呈直线形，把广场、水池及周围的文化建筑联系起来，并以一种环抱的姿态面对文体轴线，大大增加了"人工图案装饰画"的气势。如果把竖向柱列寓意为"川"，把弧形叠水池寓意为"海"，那"川"与"海"的组合，在设计中便有了"海纳百川"的寓意，两组造型形成一幅百川奔流入海的恢宏气势，见图 9-38。

3. 石材和玻璃幕墙饰面

艺术本体的诠释

——利用石材和玻璃作为立面主材，构图手法精练细致、简洁现代，强调建筑整体性的表现力，使建筑既有时代特点的现代风格，又富有传统文化和地方风情的艺术魅力，用独特的建筑语言表述了现代与传统的对话，见图9-39。

图 9-39

笔意醇醇　设计神动

——中心广场平时人流量很大，更兼有人流进入商业区的集散功能。因此，在该空间做了更能体现外部空间特征的具体化处理。整体显得朴实、简洁、清新、明快，在建筑中通过墙体与玻璃等材质的对比，形成丰富的空间变化和良好的呼应关系，有效传达出设计的创意理念和空间表情，释放出鲜明的环境特色和空间气质；注重材料的细部特征，合理、有效地选择材料、组织材料，使材料的色彩美、纹理美、质地美、肌理美、形态美得以充分展现，见图9-40。

图 9-40

4. 水景

　　长江是南京人民兴旺的基础，其发展出的滨水文化和水文化艺术在江苏大剧院的景观设计中得以呈现，灵活多样的水景设计突现水的"灵气"。综合文化、意识与强而有力的建筑，或将水艺术的美感用建筑的语言来表述。

图 9-41

葱茏·潋滟·拂影

　　——静态的水面使景色更加迷人和灵动多彩，水体使景区充满了生机和活力。当水波涌动变化时，产生或扭曲或宁静的倒影，变形地上和天上的物象，丰富环境的层次感和构图，扩大或缩小环境的空间感觉。感谢大自然赋予水多样的姿态，因水而灵，有水才会使人如入仙境，人们亲水的柔情使水艺术波光粼粼。作为一种艺术形式，以水为载体的艺术传播活动吸引了成千上万的观众。水文化作品承载城市生活的环境背景，展示着跌宕起伏的景象，调剂着人们的情绪，场景充盈生机，有形有质，有声有色，晚风吹来，绿影青萍的无穷变化尽是风雨本色、岁月气象，见图 9-41。

　　南部镜面水池面积 3 560 m^2，水汽氤氲，大地在水的滋润下似乎显得更加空灵而富有诗意，让人为之眼前一亮。弥漫着"秋水共长天一色"的纯美意境，传达出"寒波淡淡起，白鸟悠悠下"的空灵世界，荡人心魄。画面犹如轻烟水雾笼罩，让人沉浸在柔美抒情之中。既充满鲜活洒脱，清新隽永，又感觉明媚灵动。那感觉，美哉！奇哉！妙哉！

浮生乐水　荷象我生

——诗意的追求、迷蒙的色彩中稳健地营造出一幅幅秋艳、夏日、春雨的不同景致。水的艺术装饰，以求突出水的柔滑、纯净之美，采用曲折的水岸、自然的绿色植物造型突出水体本身的自然野趣，人们的应和声、富有韵律的诗歌声、胸中涌动的情感波澜与空气中飘溢的花香迸发交融。这便是使人们洋溢着诗意和体味人生哲理的水文化，水形与审美情趣都具有自然、洒脱的东方艺术品位，专注于水的静态美与自然天成的东方审美趣味，好似笼罩着一股氤氲迷雾，恰到好处地呈现了水彩主题——人文意境。水景清丽飘逸，激扬似春花烂漫，休闲时舒展静逸，水色交融，颇有冰清玉洁的芭蕾少女形象。

以水面形成的倒影和水体质感显现清澈剔透的建筑质地和品质。水池水面高于地表，而落水沟则低于地面形成循环水组成的多组涌泉，水面静谧而又具轻微的动感。池边小道疏朗轻盈，再现自然生态和人文气韵，形成良好的景观效应，并用生态条件调节建筑内庭园的微气候。

北部镜面水池面积 6 750 m^2，水面夜色，水波潋滟。入夜，水月景色，意境情趣浑然一体，互为映衬构成。水景描写堪为一绝，浩茫之势，呈现其厚重而涌动之大美所在。别具一格，云天相映，展示了一座现代化东方大都市所具有的天地间气势和宏伟。衬托得如冰如雪，映照在清波碧水中的倒影，宛若漂浮蓝天的一抹白云，如诗如梦。当喷泉飞溅时，水雾里的静穆寝宫与变幻闪耀的映影交相生辉，更给人以迷人的梦幻般的美感。人们在最美的风景面前停留观望，并将这一切储存在记忆和美梦之中，见图 9-42。

图 9-42

天地有美绝色诗

——峰石为底，叠水其上，叠水池顶部弧形灯片泉水流淌，其间不见池水之形，潺潺细声，泻入直至池面，水色交融。放水成瀑，那情景更宛若清泉飞流，白云雾茫，海天尽处，云水苍茫，亦以水晕叠彩，亦真亦幻，气势非凡。然顿感春波秋水尽来，风漾涟漪，煞是意味至矣。不唯有视觉之美，更见有意趣形式之美。

在节假日，高大、动感的现代喷泉以激越、透明、闪烁的水艺术装点东广场，引入的具有科技含量的"感应跳泉"，"泉水"随你而跳，情趣盎然，一颗颗音符都成了定心丸，抵御着纷扰人生的种种的荣耀和压力。水体忽而垂直射流、如锋似剑，忽而倾斜射流、柔媚舒展、婀娜多姿，再配以或优美或激昂的乐曲，水就在音乐中翩翩起舞，特别是发挥了亲水亲人的感性特点。通过高射的喷泉水流和侧翼线流，把蓬勃向上、动感向前的视觉感受传递给观众，"扶烟云而秀媚，照溪谷而生辉"。水珠弥漫在空气中形成细碎的水雾，层层的叠水，静静流淌的溪流，为具有中国城市中轴线意义的广场环境增添了人本色彩。结合城市与水景的利用，为城市繁忙的市民提供一处宁静的水边休闲场所，见图9-43。

图9-43

5. 铺装、绿化、标识、小品、夜景

走向艺术审美诠释的通道

——公共环境标识在完成其视觉传达的同时，客观上已成为具有艺术观赏价值和内在精神的公共艺术形态，装点城市，美化建筑环境。公共环境标识具有识别、象征、审美和凝聚等功能，同时也具有独创性、易识性、简洁性、适应性和法律权威性等特点，在建筑和景观环境中，公共环境标识作为一个特定符号，在生活中为人们起着引导方向、明确场所的作用，见图9-44。

水碧绕晴柔，花红照云悠

——山川草木，造化自然，应心造境，以手运心，山苍树秀，水活石润，于天地之外，别构一种灵奇。波浪式缓缓升起的草坡为文化艺术广场围合出亲切、完整的环境空间。

泛光照明流光溢彩，灯光璀璨，惊艳金陵，见图 9-45 ～图 9-50。

图 9-45

图 9-46

图 9-47

图 9-48

图 9-49

图 9-50

石语回风舞，梦圆茱萸幕

——小品不仅在建筑和景观环境的功能上给人们带来方便，而且在装饰上也起到了美化和点缀建筑环境的作用，为建筑环境增添了色彩，见图9-51～图9-53。

图 9-51
图 9-52
图 9-53

第三节 公共艺术

1. 壁画

壁画是伴随着建筑艺术产生和发展而逐渐成长起来的一门装饰艺术形式，通常出现于公共场所以及具有公共空间环境特点的室内或室外建筑墙壁之上，尺度一般较大，由于它具有强烈的公共性，故与部分艺术形式一起又被称为公共艺术，是环境艺术中重要的组成部分。壁画在构思、构图、设色、造型以及工艺手段的选择上，都与普通绘画有所区别。它受到来自于建筑以及景观环境的功能和其他多种因素的限制，为了适应这种限制，壁画在画面上采用多视点的透视方法。另外，壁画在整体形态的表现及其材料的选择上，也是以符合建筑以及景观环境的功能和特点要求来确定的。

山色笔下闻　峰峦写清俊

——综艺厅前厅的国画《太湖明珠》，8 m×2.45 m，画面围绕太湖主

图 9-54

题，潇洒跌宕，充满了节奏韵律的笔触，时而天地之间的界限清晰，时而绝妙的景色让人游弋在现实与梦幻之中（见图9-54）。大自然的四季宏伟气象凝缩在有限的画幅上，以疾劲浓黑的笔道，准确而生动地描画出山石树木的形状，并以豪放的烘染加强这种表现。作品既有南宋院体的严谨笔法，水墨淋漓、变化丰富的空间又构成强烈的个性和效果。以华灿明亮的彩云背景，衬托了雄浑力势和一泓清水的幽深静寂。将不同时间段的景色物象纳及于心，江南水乡所散发出的诗意幽美，不仅有江南温婉山水的秀润写照，更多的是文人笔墨的婉约情趣。既有充沛的传统绘画笔墨特质气息，又有当下时代空间场域表述语境的作品。画家正是被这种奇妙而纯粹的景色所感染，迸发出设计灵感，设计以水为载体和贯穿元素，平静的水面与远处的水天连成一线，身处于此，好像来到了一个遗世而独立的奇妙世界，繁华喧嚣的都市被远远地抛在身后。

画面意境高远，风格明快，行云流水，烟雨江南，最忆是江南。

溪山晴雨后　笔墨欣传韵

——综艺厅前厅的国画《绿洲新歌》，8 m×5.5 m，画面表现了江苏美好的生态环境。优雅地展现了中国江南城市独特的山水、人文之美，展示了繁华与古韵在山水之间交融的诗意。通过厚重的色彩运用，利用色与环境的对比反衬原色，充分展现了画家对色彩敏锐的感受力和控制力。在他笔下，绿洲潇洒的姿色被表现得淋漓尽致，使室内环境顿时变得耐人寻味、清纯优雅起来，见图9-55。

图9-55

画面盛景，天地高远，风卷云舒，一种看破沧桑之后的开阔心境，又像对着千载难逢的情感直抒胸臆。画家把体现当地传统的生动动物形象与富有中国特色的景物和图案相结合，设色淳朴淡雅，线条细劲流畅，表现了大自然的诗意和飘逸。图式布局饱满热烈，始终洋溢着一种欢乐的审美意趣和世俗情怀，充满了对生命的热爱和对生活的真诚。青灰的主色调，涂抹参差的白色，在画面中仿佛一曲悠扬的旋律回荡，朦胧的生态环境在水天之间渐渐逼近，构成了画面的中心：水色苍茫，小舟轻慢行于湖上，天边一抹白云，光影之间梦幻般的水乡被永远定格了。画家以自己的东方艺术精神的审美观照，创作出了一个旖旎独特的江南水乡，具有浓郁的时代气息，其构图与用色，具有江南文化的秀雅和稚拙意趣。仿佛万物长成、谛听天籁大音之根本传递于视觉经验的深远和愉悦之快感，这样的表现与传递韵味，在《绿洲新歌》画面创作中尤甚。

走向艺术审美诠释的通道

——综艺厅前厅的国画《春江潮涌》，8 m×2.05 m，水光潋滟的长江，千里通波，百舸争流，两岸美丽如画，水光灯影共徘徊，恰如一幅钟灵毓秀的山水画卷，天水相依，有着浓郁的江南风情。所呈现的酣畅淋漓、气韵勃郁之气象，既表现出中国传统文化审美中"大美无言"的抽象意趣，同时也传达了当下时代变幻的气息精妙所在。种种水墨烟云，元气淋漓，余韵纸外的强烈视觉效果，在画笔所到之处，自有他内心所凝聚的审美情思与诗意流动，是中国江南水乡特有的静谧与幽艳，见图9-56。

图 9-56

图 9-57

影光咏染 雅色佑怀

——综艺厅门厅的大型刺绣《钟山竞秀》，5.76 m×2.82 m。作品采用平针绣与乱针绣相结合的针法绣制，平针夹乱针绣铺成大面积的背景，松针绣、散套针绣、点彩针绣、滚针绣等为辅助针法。色彩以淡雅为主，线条走向采用横向手法，烘托主景。远景为仿真绣结合乱针绣梳理山脉走向，融丝于云理、树理、石理；近景以乱针绣绣制，通过树与树、花与花之间颜色关系的精细处理，丝线深浅粗细的巧妙搭配来表现树与花的立体感及空间感。

作品布局精巧，意境优美，能于宏大中见精细，秀润中见苍茫。绣品风格劲练而不霸悍、文雅而不纤弱，意境空灵柔美，层层递进，在诸绣法的交错运用中表现出墨彩交融、烟波缭绕、花开盛放、云蒸霞蔚的壮阔景象。画面色彩交相辉映，明暗扑朔迷离，结构若隐若现，展现了南京独有的秀丽钟山美景及明城墙的悠久文化韵味，见图 9-57。

意象·诗韵·历史与审美

——画面凝重绚烂，以"金陵菊花名品多，自谓天下无能过，及来江南花亦好，绛紫浅红为舞娥"题画，卓然见"画中有诗诗中有画"。该戏剧厅前厅之壁画，探意象之定义，追意象之视觉，悟意象之神韵，创意象之作品，柔厚而不为华靡，简澹而不伤寒俭。作品的创作表现，几乎都是在东方审美意趣的体验之中，涉笔成趣，重于绘画造型与空间装饰表现的关系，传递出意象表现的徘徊之美。疏朗剔透的构图，红白色相映的脸谱及人物，层次分明的色彩韵律，画面丰富的视觉意象，自然而然地聚焦在了脸谱和人物之上。作品笔触精致、景物清新，充满俳句诗意，其意境和技法颇受称颂，深受人们喜爱，见图9-58。

图9-58

2. 雕塑

雕塑是雕、刻、塑、铸等表现方法的总称，是目前公共艺术中十分重要的装饰手段。雕塑一般分为圆雕、浮雕及透雕等几种工艺表现形式。即在各种可雕、可刻、可塑、可铸的材料上加工，制作出各种形象来对建筑以及景观环境进行装饰。圆雕是指具有三维空间形态的雕塑；浮雕是在需要的饰面上制作出具有二维空间形态的雕塑，浮雕同时有高浮雕和浅浮雕之分；透雕是从浮雕中派生出来的一种特殊的雕塑形式。雕刻寓意一定的思想主题，记录着传说的故事，它除了美化建筑的功能外，还有一定的实用性功能。雕塑与建筑完美地统一在一起，交相辉映，相得益彰，使建筑艺术具有一种永恒的生命力。雕塑在中国的建筑艺术中同样是一段精彩的乐章，是中国建筑艺术的重要组成部分。

铜雕

共享大厅设置了五块大尺度的铜雕，画面设计紧扣大剧院的功能，突出展现江苏音乐、戏曲、戏剧等表现艺术百花齐放、欣欣向荣、繁荣昌盛的大好局面。画面基本囊括了江苏在传统与现代表演艺术领域中所取得的重大成就，重点突出画面中心人物，使观众一目了然看到江苏所取得的艺术成果，而画面周边的人物和剧情烘托出江苏的表演艺术在国内外所占有的突出地位。

民族的，也是世界的
——京剧是中国的国粹，是国家的代表戏曲，梅兰芳又是京剧的四大名旦之首，世界级艺术大师，江苏泰州人。画面中心为梅兰芳一剧情亮相

图 9-59

动作，四周为京剧中的人物和剧情，其中有四大名旦之一的张君秋及京剧名家周信芳等饰演的角色及京剧脸谱。《京剧 梅兰芳》其构图衬托出影像主人作为一代京剧名家的身份，突出曼妙手势和眼露精光的微笑神态，充满自信，将京剧戏味需要细品慢啜，方能体会其妙之三昧彰显无遗。人物形象的线条处理得柔长流畅，加之轮廓边缘呈圆弧状过渡，强化了肌体的柔润感。一幅纯素的浮雕，却别有一种质朴的本色美。整个画面优雅、灵动，让人们看到画面"舒心"而且"滋润"，以优美的造型，柔美飘逸的人物画而脍炙人口，见图9-59。

节奏在自由中飞扬

——歌曲《茉莉花》是江苏著名的民歌，深受大众喜爱，传唱海内外。画面中心歌者背后衬托以茉莉花以表示其在歌唱《茉莉花》，画面四周为各种声乐演唱，有民族的、民间的、现代的、国际的，以此烘托出"茉莉花"在世界乐坛中也占一席地位。背景装饰以浅浮雕茉莉花，寓意香气满天下。处处显现"光影"效果，似真似幻，闪闪烁烁，尽得风流。成功记录了惊艳的瞬间，凝固之作诠释了人与自然、人与音乐的关系，强烈的光感、绚烂的调子，使画面充满蓬勃之气，呈现出一种空灵意境，宛如天籁。

几位歌手的形象、神色与歌声协调无疑，不禁有许多遥远的思想袭来。人们屏住呼吸，缭绕的音色感染了所有的人，时间好像瞬间凝固，只有音符晃动在空气里，惟其意境之美，更见其对于画面笔触与线条的探幽。其背景为室外自然风景，很多人评价此画面"唯美、典雅、高贵、细致"。有人说漫步在该铜雕世界，满目芳华，飘逝的风云，流逝的水，萋萋芳芳草，绝代佳人，仿佛是昨宵玲珑的梦，是人类对美永恒的追溯。在作品中，处处才情飞扬，处处严格有序地被规范着，此乃是探索和实践，形成了精致而严谨、典雅而洗练的雕塑风格，见图9-60。

图9-60

艺事苍茫从头越

——画面中心主要人物为现代剧《沙家浜》中的阿庆嫂，《沙家浜》是中国现代戏曲的代表作之一，是江苏艺术家创作的发生在江苏的现代戏，在全国家喻户晓，阿庆嫂的智勇更是人人皆知。画面四周为话剧《茶馆》《雷雨》《四世同堂》，歌剧《江姐》，舞剧《红色娘子军》《白毛女》，现代京剧《红灯记》《杜鹃山》《智取威虎山》等多个现代戏中的人物与剧情，阿庆嫂就是这众多典型戏曲人物中的典型形象。

在现代戏剧《沙家浜》中，作者用夸张简洁的造型、生辣的笔法描绘出戏曲人物的英雄气概。同时让读者感到，音乐是流动之画，画是凝固之音乐的美妙。人物形象创作的那份准确、完美和精致，以及笔触挥洒的活泼灵动与潇洒跃然于画面之上。一个个美丽动人的形象已不再是孤立的艺术符号，她所要表达的是存活于历史时空的大美。通过对服装、发饰、道具的巧妙增删、提炼、重组，使形象成为一种能穿梭于古今的具有时代气息的生命体，每每给人以惊艳之奇，见图9-61。

图 9-62

一种心情的艺术表达

——《弦乐 阿炳》画面中心为瞎子阿炳在演奏二胡曲，阿炳是江苏无锡的民间艺人，他的作品二胡独奏曲《二泉映月》脍炙人口，深入人心。画面周边配以弦乐如京胡、大提琴、小提琴、马头琴等各种弦乐演奏，以烘托其佼佼者的地位。《江南丝竹 刘天华》画面中心为刘天华，系江苏著名音乐家，为音乐巨匠。他擅长二胡、琵琶、笛子等，而这些正是江南特色的丝竹器乐，故在其身边周围布以江南丝竹演奏人物，体现他对江南丝竹的引领作用。《弹拨乐 评弹》画面中心是"评弹"演奏者，评弹是江苏特有的边弹边唱的戏曲形式，在全国独树一帜，百啭春莺、余音绕梁的评弹长盛不衰，画面周围配以各种弹拨乐器如琵琶、月琴、竖琴、三弦等。这支由三组音阶构成的曲调，逐渐上涨，渐起飞扬，曲调的唯美难以言语表述，这支缱绻的民乐乐队，在二胡、琵琶、竖琴演奏声中蜿蜒细诉，仿佛在天地间回荡不息，见图 9-62。

画面最大的特点在于题材与人物显得典雅高贵又为大众喜闻乐见，"他耿耿于完美孜孜于完整"。画面显得十分饱和，十分充实，充满视觉上的愉悦。画面由一种圆润的华丽所组成，虽没有撕心裂肺的震撼，但更散发着温暖的辐射，他的细腻就在流畅中显现。画面水平线变化较自由地安排人物，使装饰画面出现高低起伏的韵律感，又使空间构成更显得饱满生动，让人更多感受到的是一种庄重端丽的形式美感。画面恍如声线之不绝如缕，寓形于内的黑白之间，缓缓而来缓缓而去。笔触深入其幽处，坦陈于明亮时的悠远，则是一种浑然的透彻。意象的音符，音符的奇崛，正似天地间的呼唤，追于古荡于今；峰峦的叠积，光芒的渴望，犹如人世间的推力，张于心弛于胸。

图 9-63

众声喧哗之外的吟唱

——《地方戏剧 昆曲》画面中心人物为昆曲保留节目《牡丹亭》中的杜丽娘，昆曲是江苏的地方戏种，也是中国古典戏剧中的一朵奇葩。周边人物为全国五大戏曲（京剧、越剧、评剧、豫剧、黄梅戏）中的剧情和人物，其中有昆曲名家俞振飞饰演的人物等，"生生燕语明如翦，呖呖莺歌溜的圆"的昆曲流传全国。众人环绕中心人物体现昆曲是戏曲百花园中一朵盛开的鲜花，从表情到姿态，剧中人物那么娇艳媚人，洋溢着无限的青春活力，线描纤如毫发，色彩明快绚丽，充满抒情诗般的醇厚甘甜之美，具有很强的层次和节奏变化，显得既丰富精美又有序醒目，整个画面以花连接，体现出繁花似锦的意境，见图 9-63。

画家通过线条、笔触层层推进，对脸谱的符号性与背景同构进行视觉化的解构，从而将中国传统戏曲惯有的形式空间转换成了完整而强烈独特的画面视觉效果，意趣得于画外，体现了一种具有中国传统文化美学意味的艺术本体形式的表现张力。写实性的雄浑品格已被繁丽的装饰性淡化处理，整个浮雕画面呈现出一种超脱而隽逸的雅丽气质。

木雕

木雕是选取合适的木材进行雕刻而成的工艺品。中国传统木雕艺术源远流长，历史悠久，因地理环境、生活方式、文化习俗以及材料工艺的不同，木雕形成了各具特色的风格体系与艺术风韵。木雕工艺分为圆雕、浮雕、镂雕、混雕与线雕。木雕一般选用质地细密坚韧、不易变形的树种，如樟木、枫木、椴木、松木、白杨木、白桦木等。木雕艺术品具有浓厚的生活气息和独特的艺术风格，颇能深入地揭示其丰富的文化内涵和审美特质，提供一个令人愉悦的审美空间。

一以贯之的审美本体

——综艺厅 VIP 门厅的木雕《玄武风情》，作品取高远视角，构图生动大气，前后层次分明，中心部位微波粼粼的河面蜿蜒平缓地推向远方，画面豁然疏朗开阔，气势立现。为了表现锦绣江南山川的浑厚润泽、清新旖旎的美，作品将树冠雕刻得绵密苍郁，水面纹线细密，用细线密刀刻出了天水一色、平远清旷的玄武湖景色：微波涟漪，湖心岛似船若舟，鸡鸣寺掩映其间；远处华冠苍翠，近处梅花璀璨，红枫绿杨，春光明媚，恰似暖风熏得游人醉，见图9-64。

图 9-64

黑白色块构成的江南审美抵达

——综艺厅 VIP 门厅的木雕《春风又绿江南岸》，全景式江南山水代表佳作。作品以江南旖旎风光为素材，吸收国画山水皴法笔意，山石轮廓柔和，用刀短促绵密，细腻典雅，河面微波涟漪，轻舟白帆；垂柳依依，玉兰富贵，梅开璀璨，满目青山夕照明，春风又绿江南岸。作品充分展示了作者的构图技巧：整图以"S"形的河面布局，绵密涟漪蜿蜒远去，白帆点点，风动景移。右下近景玉兰垂柳和梅花高低参差，岸柳摇春。河对岸丘陵起伏，江流沃土，沙町平畴，远处峰峦叠翠，雄奇苍茫，见图 9-65。

艺术的魅力，就在于它能够给予人们审美的愉悦和快感，绘画作品充分体现了艺术的这种本质。历史的经验证明，具有深厚人文观照的艺术语境的作品往往是强大的，也是令人起敬的。

图 9-65

水乡笔触的梦幻与写意

——音乐厅 VIP 门厅的木雕《秦淮春色》，作品闹中取静，通过春色满园的秦淮河旖旎风光表现商贾云集、文人荟萃的秦淮繁华。采用东阳木雕最擅长的浅浮雕、深浮雕、镂空雕等多种平面浮雕传统技法，多层叠雕创新技法，将东阳木雕构图饱满大气、层次丰富细腻、图像写实传神、做工精雕细刻、格调清淡素雅的艺术风格表现得淋漓尽致，是为东阳木雕的鸿篇巨作。

画面清丽而俊逸，逸笔挥洒，简约灵动而性情生发，总让读它的人收获一份出神的清凉。画家笔下的《秦淮春色》富有韵味，让人感受到那种唯美情怀和对大自然的追问，让人心动，让人心醉，见图 9-66。

图 9-66

3. 铜制品装饰

工匠的艺术力量

——"满眼生机转化钧，天工人巧日争新"，数千年风流继世、繁华迭代，传统手工技艺之精致精雅令人难以置信，铜质平开门、铜质旋转门是一代大匠"技进乎道""匠人匠心"的生动体现。

东广场主入口的铜门，点与线、刻画与镂孔、平面处理与堆塑造型相结合的有机性，以及它整体给人的优雅细丽的装饰意味，都具有很高的美学价值，显示了极强的艺术创造力和形式感受力，见图9-67。

图 9-67

意象表现的徘徊之美

——各演艺场馆的入口铜门，流畅婉转的枯湿线条勾连画面上自出机杼的色块，古铜色真纯而层次分明，节奏不疾不徐行进在视觉空间之中，充满了似与不似的意象符号，文人画面的现代情趣溢流而出。超大铜门上采用水珠纹饰，这种设计与大剧院水珠外形不谋而合。工匠们擅长在铜门表面密集地雕刻，暗示与江苏水乡地域特色和南京"山水城林"的城市特色密不可分，见图9-68。

图9-68

——在雅士白大理石栏板上，设计了铜扶手作为装饰，呈现出一种沉雄典雅、绮丽飘逸的新面目。铜扶手从细微的变化中彰显出生动之势，以小见大，曲折转置，清新雅丽、流畅，悦己悦人，见图9-69。

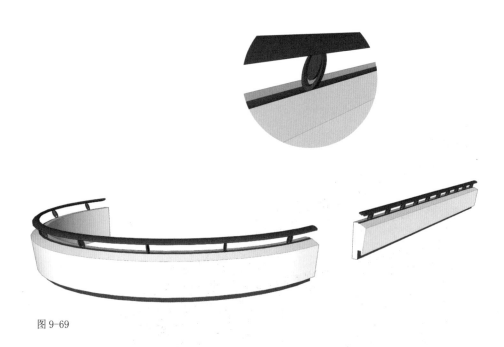

图9-69

4. 装饰灯具

装饰灯具本身就有工业美感，如加上奇特的灯光效果更能达到功能与形式的完美统一。对空间环境的光效也能起到动态变化的装饰效果，展示空间更加灵动。空间因色光的混合照明而变得有趣、生动，获得了舒适的空间层次感，同时加强了展厅空间的流动性、艺术性和文化品位，易于感染观众并调动他们的参观兴趣。

图 9-70

铁线勾勒神情真　腕底精神佑平安

——中国的灯笼又统称为灯彩，起源于 2 000 多年前的西汉时期，为了庆祝国泰民安，乃扎结花灯，借着闪烁不定的灯光，象征着"彩龙兆祥，民富国强，国泰民安"。每年的农历正月十五元宵节前后，人们都挂起象征团圆意义的红灯笼，来营造一种喜庆的氛围。后来灯笼就成了中国人喜庆的象征。经过历代灯彩艺人的继承和发展，形成了丰富多彩的品种和高超的工艺水平。

公共大厅由水晶条和水晶球制作而成的 LED "春"字形灯笼，其上的七彩不仅能制造出色彩绚丽的视觉效果，还寄寓着人们对生活的良好祝愿。在灯光的照射下，灯笼的缤纷色彩犹如孔雀开屏一般溢满厅堂，将共享大厅里迷幻的色彩营造出梦一般的境界。

"春"字形灯笼位于巨大而耀眼的共享大厅中央，已成为具有象征意义的景观标志，增强了建筑的神秘感。巨大的灯笼所反映出的天光云影软化和美化了科学的重技派外形，成为江苏大剧院的视觉中心，见图 9-70。

图 9-71

学院艺术的又一种表达

——综艺厅观众厅气势恢宏，顶部灯具采用一盏主灯，周围围绕着 12 盏水晶灯，寓意江苏省 13 个省辖市紧密地围绕在一起。13 盏灯均采用水晶玻璃材质，晶莹剔透，全铜镀金底座与顶部金箔装饰线条交相呼应，庄重而典雅，见图 9-71。

图 9-72

墨蕴至五色　片玉弘六法

——歌剧厅观众厅的天花上宽环状的金轮固立着一圈树杈和圆形花朵的装饰灯具，其上满缀着叶形的步摇和被称作"勾玉"的逗点形坠玉，显得珠光宝气、金碧辉煌，体现了精湛的工艺技巧和别具一格的设计匠心。灯具采用了韵律感较强的枝繁叶茂的树枝造型，定制热喷玻璃叶片与定制彩色玻璃花蕊相结合，内藏光源，光线穿过这些通透且造型各异的玻璃叶片，打射在整个大厅的回廊中，熠熠生辉，更添灵动，见图 9-72。

发乎心而游于艺

——歌剧厅前厅的装饰灯具花蕊的婀娜多姿和花叶的浓淡相间，在似花非花间给人以"习习香从纸上来"的冥冥之想，再加上设计师的某些构图和构思，使整幅画面又能在不经意间达到一种平衡之美，见图9-73。

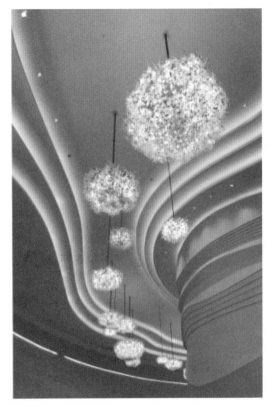

图9-73

黠慧与传递

——有灵光闪耀，是如此奇瑰、美丽、和谐，没有突兀的感觉。难能可贵的是延伸出一个系列，形成体系。音乐厅前厅的装饰灯具形成密集规整的花朵，平面地在线条间呈几何状排列，颇有当代艺术的观念作品之味，具有强烈的视觉感染力。线条的纵列，更多地传递了审美的体验，直指人心，唯美之润浸入人之心田，生发出温润厚和之情致，见图9-74。

图9-74

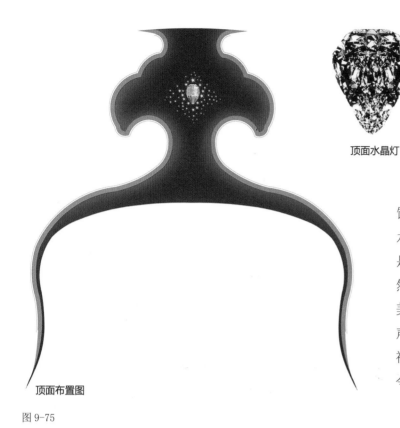

顶面布置图

顶面水晶灯

图 9-75

心灵色彩　阅美悦心

——戏剧厅观众厅顶部的文饰图案为如意的背景叠加凸起的水晶灯，栩栩如生，颇有诗情画意，是一种高层次的审美境界。天地自然的光影色彩变化之中具有生命美学特征的细节，隐含情色的无声叙述，无疑使整幅作品充满了视觉叙事本身所饱含的美学张力，令人陶醉感动，见图 9-75。

凹眸郎俊逸　嘶鸣风骨见

——花海撷芳，出自心灵流露的画面，犹如清瘦傲骨的腊梅，吹来阵阵馨香，那弥漫着生灵气息卓尔不群的格调完全出于自然的过程。戏剧厅前厅的装饰灯具具有恣意生势、虚实连绵的美感，很具代表性，洋溢着一股自由的灵气。有所谓"高韵深情，温柔敦厚"之情愫，突出了图文气息之协调，更增强了可视性，如沐春风，一番平和虚静之气油然而生，见图 9-76。

图 9-76

下篇 管理篇

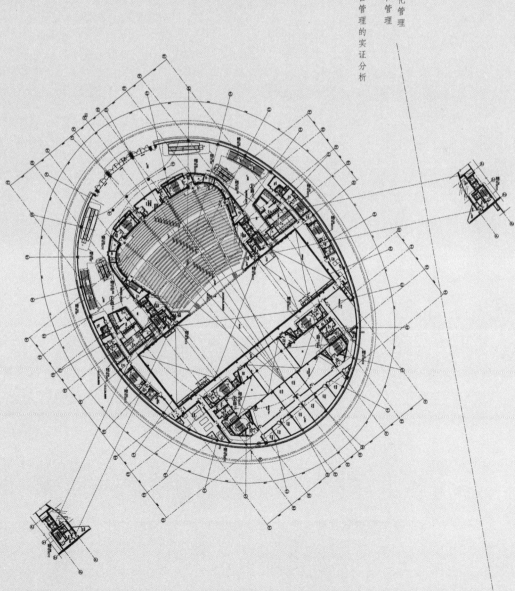

第十章 "互联网+BIM"用于复杂工程项目的信息化管理

第一节 工程项目的复杂特征概述

复杂工程项目的特征表现在组织、管理、技术和经济维度上：组织维度中复杂的工作流程，由文化和知识背景差异产生的各参与方之间较大的协调难度，增加了管理决策和指令下达的时间；管理维度中复杂的合同关系对管理者的进度控制策略选择影响较大；技术维度中专业种类多和技术复杂，项目工作之间的交叉和平行增多，工作之间的耦合度加大，潜在的质量问题和工程变更增多；经济维度中劳动力市场的供给状况波动等因素直接影响管理者在人员安排上采取的策略。

可见，复杂工程项目进度影响因素很多，工作执行过程中的等待和返工现象频繁发生。同时，不同工作之间复杂的相互关系使某种因素对某项工作的局部影响向整个项目逐层放大，使项目执行过程呈现出高度的动态性和不确定性。

第二节 江苏大剧院工程的复杂性分析

1. 技术复杂性

江苏大剧院由4个椭球体和共享大厅及其他内容共5个单体建筑组成，在4个椭球顶部还设有倾斜的直径为80~100 m 不等的内凹球面。这5个单体建筑均由曲线和曲面组合形成复杂的外部造型。在球体内部，观众厅的平面形状是钟形或者马蹄形，观众厅前厅均为环形平面形状，因此，大剧院的建筑无论在平面形状或空间形体上都是异形形态。在屋面幕墙方面，有数以千计的双曲率弯弧钛金属板和弯弧玻璃，需要经过深化设计、下料加工和安装施工几个阶段。在室内装饰方面，有数以万计的用于天花和墙面的满足声学要求的异形 GRG 板（玻璃纤维加强石膏板）和 GRC 板（玻璃纤维加强水泥板），也有深化设计、下料加工和安装施工几个步骤。室外高架平台两头低中间高呈拱形，5 个单体建筑与高架平台的结合处均为曲线和曲面的相关关系。江苏大剧院如此复杂的建筑形体和建筑构件，采用了许多新材料、新工艺、新技术，导致设计的难度加大，材料构件的加工制作难度加大，施工安装的难度加大。

2. 组织复杂性

江苏大剧院体量庞大，就设计方面而言，除了总包设计以外，业主选定的分包设计单位共 8 家，其中声学设计 2 家（有 1 家在境外），舞台机械、灯光、音响设计 2 家（有 1 家在境外），室内装饰设计 2 家，以及景观设计 1 家和交通设计 1 家。就施工方面讲，除了选择国内央企承担 EPCM 总包管理以外，室内装饰和室外装饰、大量机电、弱电、舞台机械、舞台灯光、舞台音响，以及大宗的机电设备和装修材料供应商参与，其合同标的多达

图 10-1 江苏大剧院的组织复杂性及信息壁垒

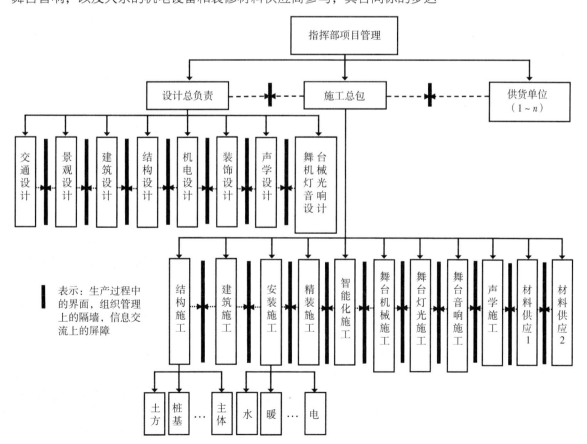

近百家。江苏大剧院的参建单位众多，管理层次多，合同关系复杂，造成施工方的深化设计与设计方的对应关系交叉，以及各施工方之间的相互耦合、依赖关系错综复杂，见图 10-1。

3. 各专业、各子系统之间的耦合、交互关系复杂性

江苏大剧院机电专业有给排水、强电、暖通、动力等 30 个子系统。综艺厅有表决、电子票箱、会务管理等 17 个子系统。安防有入侵报警、门禁管理、停车管理等 14 个子系统。综合布线有信息发布、有线电视、售检票等 11 个子系统。楼宇监控有冷水机组群控、智能照明、能源计量等 6 个子系统。演出工艺有舞台机械、灯光、音响、内通、舞台监督等 36 个子系统。项目的元素和子系统不仅数量巨大，而且花式品种繁多，相互依赖、相互作用，现举例说明如下：

(1) 为了保证应有的建筑净空，吊平顶内的各类管线需要协调和协同工作。特别在观众厅的声学天花内，有面光桥，耳光桥，马道，强、弱电电缆，照明灯具，音响喇叭，烟感，风口，暖通空调管线，消防喷淋和水泡这些元素，相互关联，相互碰撞，稍有不协同或不协调就会引起返工或停工等待。

(2) 江苏大剧院设有 3 200 樘各类防火门、防火卷帘门，安装每樘防火门均牵涉到土建洞口的误差，机电管线的位置影响控制箱和马达的安装，弱电信号线敷设，装修单位对墙面、顶面和地面的收边收口工作的配合，稍有不协同或不协调就会引起返工或停工等待。

(3) 屋面雨水的虹吸系统排水管多达 400 多根，绝大部分与土建结构梁、板和钢结构构件碰撞，需要协调和协同工作，否则无法施工。

(4) 舞台台口两侧的八字墙上有音响，电视大屏，配电箱，风管，防火幕，假台口侧片，强、弱电管线等，必须要协调和协同工作，否则无法施工。

(5) 舞台上方有灯光吊杆、布景吊杆、喷淋、风管、风口、舞台灯光、舞台音响、马道等，需要协调和协同工作，才能顺利地进行施工。

(6) 综艺厅的每个座位下面有强弱电管线、钢龙骨、木地板、座椅埋件、土建送风口、静压箱、暖通风口、座椅安装，会议桌上有表决器、有线电视、会议系统管线等各工种相互交织在一起。

总之，复杂工程各工作任务之间以多种方式发生复杂的非线性交互作用，形成复杂的网络结构，产生信息壁垒。而且，各工作任务对初始条件、环境和参数的微小扰动具有高度的敏感性，亦即通常所说的"牵一发动全身""一枝动百枝摇"。同时，复杂的项目系统中无数个工作任务涉及多个专业领域且跨度较大，既包含工程技术、经济成本、组织管理等方面，又

可能包含安全生产、生态环保、能源节约等方面。这些任务之间并不是彼此孤立的，而是有着显性或隐性的多种联系，每一项任务的变化都会受到其他工作任务变化的影响，有的是顺序依赖关系，有的是交互依赖关系。特别是交互型依赖关系会严重影响项目的工程进度，如果信息传递不及时或不正确，会导致大量的返工或停工等待，使整个项目变得更加复杂。

第三节 构建以沟通管理与协同工作为核心的网络平台

江苏大剧院工程具有技术复杂性，组织复杂性和各专业、各子系统之间的依赖关系复杂性，单单依靠传统的管理方法和手段难以胜任工程需要，亟须利用信息技术通过互联网进行信息化协同管理，实现共享信息、数据势在必行。

1. 共享信息、数据的优势

(1) 通过信息化技术在工程管理中的开发和应用能实现以下功能：

① 信息存储数字化和存储相对集中，如图 10-2 所示。

② 信息处理和变换的程序化。

③ 信息传输的数字化和电子化。

④ 信息获取便捷。

⑤ 信息透明度提高。

图 10-2　建设项目信息的集中存储和共享

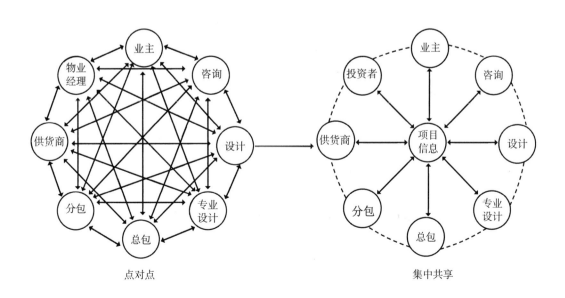

点对点　　　　　　　　　　　集中共享

⑥ 信息流扁平化。

(2) 信息化技术在建设工程管理中的开发和应用的意义

① 在信息技术的支持下，管理者可以简化组织生产经营方式，减少中间环节和中间管理人员，建立精良、敏捷、具有创新精神的"扁平"型组织结构，这种组织形式信息沟通畅通及时。

② "信息处理和变换的程序化"有利于提高数据处理的准确性，并可提高数据处理的效率。

③ "信息获取便捷""信息透明度提高"以及"信息流扁平化"有利于建设项目参与方之间的信息交流和协同工作。

④ "信息存储数字化和存储相对集中"有利于项目信息的检索和查询，有利于数据和文件版本的统一，有利于建设项目的文档管理。

2. 共享信息、数据的主要作用

在大型、复杂的工程项目中，共享信息、数据，实现信息化管理就是在信息、数据的开发、集成、重组和演化过程中，能够始终跟随企业或组织的技术目标和信息规划，保证系统的一致，以便应用系统更好地服务于企业或组织的总体目标。同时该系统向以下两个方向发展：一是具体化，在生命周期过程中，其行为不断逼近系统的技术功能目标，对这一目标的描述和理解是从抽象到具体、从总体到细节的过程；二是形式化，在生命周期过程中，对系统的表述从不确定到确定方向不断地深入，直至这种描述能够被计算平台无误地执行，例如分析、设计、编码、部署的过程，实际上是不断形式化的过程。

共享信息、数据就是对信息、数据进行标准化的互联互操作，通过对用户提供的这种互联互操作，以达到精简企业内部、企业之间以及企业与外部的信息交换过程和信息交换流程，其主要作用如下：

① 它可以通过提供通用的技术术语来避免不必要的变更，简化信息管理。

② 它可以在企业内部、企业与企业之间提供统一的信息格式。

③ 它为技术与信息管理部门之间的交流提供了桥梁，提供技术人员能理解的定义，同时该定义也满足软件开发的严格要求。

3. 复杂的依赖关系通过信息化管理进行协同工作

(1) 协同管理是一种系统理论，主要研究系统各部分的协同工作，它把一切研究对象看成元素、部分以及子系统所构成的系统。这些系统通过信息交换等方法相互作用，使整个系统形成一种整体效应或者一种新型结构。通过互联网，各方可以进行充分协作，发挥各自资源优势，缩短生产周期，提高生产效率，实现社会资源的优化组合和效益最大化。

(2) 协同工作需要建立一个统一的平台，这就是互联网平台亦即项目网站。项目网站上设置 BIM 平台和 PPT 平台，它将业主、设计方、监理、施工总包商、分包商、供应商和其他合作伙伴纳入信息管理系统之中，实行信息的高效共享和业务的一系列链接 (包括顺序型链接和交互型链接)。网上协同工作内容包括业主、监理、设计方、承包商、分包商和供应商等之间的沟通、合作和协调，达到有效的链接。这些项目参与方之间在工程项目实施的不同阶段，存在各自不同的信息沟通与协同工作需求，根据他们之间的信息沟通与协同工作方式的时空关系，交互合作方式可分为同步和异步、实时和非实时，合作者的地域分布可以是本地的或远程的。

(3) 建立新一代协同工作技术——项目网站，以互联网为平台的项目信息管理系统是信息化技术的重点，建立数据库和网络连接，实现网上沟通与协同，实现信息资源共享，变纵向交流为横向交流，改进信息沟通与合作的传统方式，大大提高项目管理的效率和有效性。"互联网 +BIM" 帮管理者提前预知和解决各专业冲突和其他很多问题，将所有数据基于"互联网 +BIM"上传云平台，在计算机虚拟设计中不断优化 BIM 模型，在施工中以 BIM 模型指导施工应用，不断调整施工偏差，边实施边论证，循序渐进。

(4) 建立物联网(IOT) 是互联网的延伸和扩展，是"物物相连的互联网"。它通过 RFID(射频识别) 装置、红外感应器、激光扫描器等信息传感设备，按约定协议把加工构件与互联网相连接，进行信息交换和通信，实现加工构件智能化识别、定位、跟踪、监控和管理。

(5) 协同工作的含义包括三个方面，即个人、组织之间和各自内部之间的沟通、合作和协调。沟通由人 (成员) 和通信媒介 (文本、声音、视频等) 组成，成员之间借助通信网络传输媒介进行，实现人与人、人与计算机之间的信息交换；合作指拥有不同技能的成员之间一起配合完成某项工作；协调是为完成一个总的目标对协同工作成员的个体活动进行的合理调整和有机集成。沟通是协同工作的基础，合作是协同工作的方式，协调则是对协同工作过程进行控制。

(6) 信息协同的实现经过两个环节，即信息标准化和信息网络平台的搭建。信息网络平台使用计算机终端辅助，利用互联网技术，实现同一平台上信息的交换、提取、分享和使用，极大地便利了信息的传递，同时也使信息变得更为透明，对于信息协同的实现起着重要的推动作用。

第四节 互联网+BIM在设计环节中的协同工作

1. 建立统一的互联网平台

在江苏大剧院项目中，业主牵头为项目建立了 BIM 管理组织架构。该架构包含了业主 BIM 管理团队、设计方 BIM 团队及总包 BIM 团队和各分包 BIM 团队。BIM 团队作为不可缺少的组成部分参与项目，在各个管理团队中都有相应的组织机构负责人，为各专业协同工作提供支持，同时也保证了 BIM 在项目运作中发挥作用：规范 BIM 协同工作流程，形成协同工作机制。BIM 团队除了单独的工作例会外，还必须参加每周的监理例会和工程例会，利用项目网站网络平台和模型为参建方提供直观的工程信息，使得 BIM 成为沟通和协调的"工程语言"。

江苏大剧院采用专业协同工作手段进行深化设计，建立统一的互联网平台（即项目网站）。将整个项目拆分成 5 个单体，创建 5 个中心文件，分别建立适合建筑、结构和设备专业的视图样本，各个专业可以同时在相应的视图样本中进行设计工作；通过同步设置使各专业之间可以实时查看本专业的设计情况，获得项目设计过程中的各种信息变化；项目负责人也可以通过访问中心文件，实时掌握项目设计任务的进展情况，以便控制项目设计任务的进度和质量。

2. BIM 深化设计建模

(1) 设计任务深化

土建复杂节点深化设计，钢结构深化设计，屋面幕墙深化设计，室内装饰复杂形体深化设计，由于截面形式多、节点构造复杂、造型奇特，深化设计采用 AutoCAD、Revit、3d max 等进行三维设计。由于项目的特殊性及项目特点，需要多方协调查看、调整以实现无任何冲突碰撞，以便更好地为现场施工服务，所以深化图纸时采用与 3D 结合方式，即 BIM 设计技术。

利用 BIM 技术三维建模，对各种构件空间立体布置进行可视化模拟，通过提前碰撞校核对方案进行优化，可有效解决施工图中的设计缺陷，提升施工质量，减少后期修改变更，避免人力、物力浪费，达到降本增效的效果。同时，基于 BIM 的协同工作，可以将项目中各个专业参与人员相互链接，及时获得项目信息的变更、修改和整合，避免了传统设计过程中各专业之间信息传递的延时性和不完整性，有助于设计人员更早地参与到设计过程之中，为专业设计人员提供了网络性的交流平台，不再是单方向的线性工作方式，从而可以高精确、高质量、高效率地完成深化设计任务。

(2) 综合管线深化

由于空间布局复杂、系统繁多，对设备管线的布置要求高，设备管线之间或管线与结构构件之间容易发生碰撞，给施工造成困难。基于 BIM 技术对暖通、给排水、消防、强弱电、天然气等进行综合管线深化设计，深化后可将建筑、结构、机电等专业模型整合，再根据各专业要求及净高要求将综合模型导入相关软件进行碰撞检查，依据碰撞报告对管线进行调整、避让，对设备和管线进行综合布置，以便在实际工程开始前就发现问题和解决问题。

3. 碰撞检查

在深化设计过程中，让设计者最头疼的是无休止的修改，这就需要在设计过程中及时发现设计中的"错、漏、碰、缺"问题，及时进行更正，减少设计修改和变更的次数。利用 BIM 技术中的碰撞检查可以三维立体直观地显示问题，根据构件的 ID 号码可以精准地定位出各专业设计中的错误和各专业之间的冲突，提高设计质量和工作效率，使得设计成果更能满足施工标准和生产需求。

进行碰撞检查后可将碰撞检查报告导出，在碰撞检查报告中三维显示碰撞位置、碰撞性质、碰撞距离、构件信息、构件位置等。根据碰撞检查报告协调相关专业对冲突构件进行适当调整，将调整后的模型重新同步更新，再重复进行碰撞检查。经过多次反复碰撞检查确保各专业模型的精确性。江苏大剧院工程利用碰撞检查查出难以计数的碰撞点，包括建筑与结构、结构与结构、建筑与设备，以及结构与设备之间的碰撞，究其原因，主要是设备管线在设计过程中往往不予标注高度和路径，而是要在现场根据实际情况进行选择和调整。

4. 多专业设计协调

各专业分包之间的组织协调是建筑工程施工顺利实施的关键，也是提高施工进度的基本保证。由于专业工种多，专业协调、技术差异等因素的影响，存在很多局部的、隐性的、难以避免的问题，造成各专业产生交叉、重叠，无法按施工图作业。通过互联网＋BIM 技术的可视化进行多专业碰撞检查，可以减少因技术错误和沟通错误带来的协调问题，大大减少返工，节约施工成本、节约时间。实际上各专业设计协调的过程也是模型不断调整的过程。

5. 优化深化设计流程

通常施工方所做的深化设计流程是（以钢结构深化设计为例）：①设计人员需到原设计方取得钢结构的计算、构造、构件加工和施工要求等反复审核和确认，然后取回确认的深化设计图纸；②设计人员到业主那里确认深化图纸是否符合合同规定的要求，有无增加或减少内容，然后取回确认的深化图纸；③设计人员到监理处确认深化图纸是否符合施工验收规范要求，然后取回确认的深化图纸；④将返回图纸入库，并递交加工生产厂商进行构件加工；⑤成品发往施工现场，监理和业主据此验收产品。

上述流程中，一是需要在图文中心和专业室间往返（有的设计方在境外）；二是需要找室、所审核人员及项目经理签字；三是在反复磋商过程中做临时性的图纸上的调整和修改，会形成反复来回奔波，时间消耗多，且可能造成实物图与归档电子图不一致。采用了协同工作平台后进行了流程优化，在优化后的流程中，图纸统一在"互联网+BIM"项目网站上调整、修改、审核、签字，表单的填写等均在网上进行，完成后的深化设计图纸统一存放在项目网站平台之上。

6. 构建云数据平台

利用三维激光扫描仪记录被测物体表面大量密集的点的三维坐标、反射率和纹理等信息，快速复建出被测目标的三维模型及线、面、体等各种图件数据，建立云数据平台，其实施过程见图10-3，以实现理论上的BIM设计模型和现场实际构件参数模型之间的融合，达到"合模"的目的。

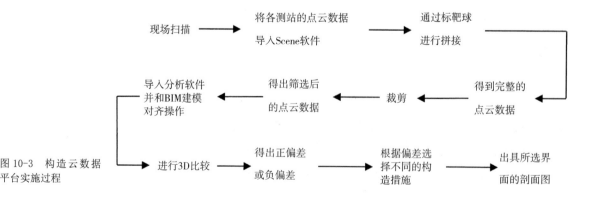

图10-3 构造云数据平台实施过程

第五节　互联网 +BIM 在施工环节中的协同管理

互联网 +BIM 在施工环节中的协同管理，首先能做到过程可量化，项目施工的每一个流程、每一个环节都有清晰的指标能够记录和展现；其次风险可预估，基于整个过程的指标评判可能出现的问题并进行提前预警；第三，反馈更及时，当有预警发生时能够及时提醒到人，并能跟踪整个处理过程；第四，管理更便捷，在相互磨合的过程中，将整个工程的业务流程舒展到最优。

江苏大剧院以建设工程项目为核心，依托 BIM 模型、云计算技术、物联网及先进的互联网技术，并以广联云、BIM5D 为载体，实施文档及流程协同管理、图纸及其变更协同管理、进度计划协同管理、质量安全协同管理，实现工程项目管理由传统的点对点的沟通方式到基于项目网站的多方协作，提高了项目管理效率。

1. 文档及流程协同管理

(1) 项目云平台文档管理协同

通常文档及流程管理方面存在以下问题：一是文档分散存储，容易搞错，容易丢失；二是文档无法有效协作共享。建立项目网站以后，在项目网站平台上将信息进行分类，按组织、专业、项目生命周期阶段或者其他类别分类，实现文档从创建→修改→版本控制→审批程序→发布→存储→查询→反复使用→终止使用整个生命周期的管理，并实现工作流程与文档管理无缝结合，实现总包部和各参建方信息交流的高效化、透明化。

(2) 项目云平台流程协同

经过初步分类，云平台流程协同分为三类：一是部门内部工作协同；二是跨部门工作协同；三是项目各参建方的工作协同。建立项目网站以后，在项目网站平台上采用工作任务跟踪处理的方式推进项目工作，落实工作任务责任人，并对任务完成情况进行反馈。

2. 图纸及变更协同管理

大型工程边设计边施工过程中，图纸及变更管理方面存在着以下问题：一是项目图纸和变更数量庞大，江苏大剧院设计图纸从 A 版持续到 F 版、

G 版，海量图文版本混杂使用，有限的人工管理方式频频出现问题；二是人工方式和普通个人电脑存储，查找图纸缓慢，效率低下；三是工程过程中图纸版本多、变更多，难以整合和统一管理，因使用错误版本而导致现场施工返工问题常有发生。针对这些管理难点，江苏大剧院借助项目网站这一有力的手段，实现项目图纸及变更协同管理，项目只需要安排一名图纸管理员进行图纸、变更的录入、关联、更新等工作。项目管理人员在各自电脑上装上软件即可通过模型查看最新图纸和变更单，同时还能将二维图纸与三维模型进行对比分析。

3. 技术管理

(1) 施工场地平面布置

根据平面布置方案，利用 AutoCAD、Revit 创建拟议的现场平面布置图，并与场地的公用事业管线模型进行协调。现场平面布置图与地下管线和现场总平面图进行了充分协调，尽量避免了将大临设施、塔吊、临时道路、灯杆、电线杆和堆放区置于未来地下公用事业管线位置上的风险，在施工平面布置时应用 BIM 模型模拟现场，使平面布置更加合理。

(2) 技术交底

在施工过程中，为使工程质量达到设计要求而必须进行检查、控制和监督工作，采用 BIM 模型与现场施工实体进行对比，进行可视化技术交底。监理、业主和施工方可以看到竣工后的建筑效果，从整体到单体，从单体到细节都能够真实地呈现，方便彼此之间的交流沟通，减少彼此的误解和不明确的问题。对于业主，可以更细致地了解设计模型是否符合合同要求，对于施工方，可以明确地了解构造做法，避免了对图纸的误解造成设计变更和返工。尤其是项目中管道设备众多，能够为施工人员提供真实可靠的指导，保障了施工的有序和正确。

(3) 施工方案模拟

土建的大环梁专项施工方案、各类钢结构专项施工方案和高大空间 GRG 和 GRC 板施工方案，由于脚手架方案施工难度大，通过 BIM 进行脚手架的建模和 4D 施工方案模拟具有现实指导意义。多方（包括业主）对模拟计划进行讨论、研究以后，即作为施工的计划进行实际落实，解决了施工现场的实际问题。

(4) 基于物联网的预制构件加工

钢结构构件、钛金属板、弯弧玻璃、GRG、GRC 等预制加工构件，基于建立的云平台、大数据、物联网，按照编号的顺序，按现场流水施工的需要，准确无误地将构件加工、生产、运输、供应到施工现场，进行安装，提高了现场的施工管理效率。

4. 进度和质量安全协同管理

（1）构建互联网PPT平台，并在PPT平台上展示以下内容：

① 展示江苏大剧院工程项目的一级网络进度计划，即关键路线法（CPM）和PERT网络。CPM要满足的目标：a. 确定工程的工期；b. 确定工程的关键工序；c. 确定在工期制约下各道工序可以拖延的时间。为了达到目标必须做到以下几点：a. 划分土木建筑工程的各道工序；b. 明确各道工序间的工艺关系；c. 进行有关线路的计算。采用CPM能把注意力集中在计划的关键行动上，计划的完成时间取决于这些关键行动。

分部分项工程的PERT网络是一种类似流程图的箭线图，它描绘出包含各种活动的先后次序，标明每项活动的时间或相关的成本。对于PERT网络，项目管理者考虑要做哪些工作，确定时间之间的依赖关系，辨认出潜在的可能出问题的环节，借助PERT还可以方便地比较不同行动方案在进度和成本方面的效果。

② 项目施工前，在BIM5D软件中根据施工现场划分的流水段将工程BIM模型进行划分，并将进度计划中的施工时间信息与对应流水段模型关联。项目施工开展后，通过互联网技术利用手机端将现场实际进度情况及时采录、上传，在项目网站PPT平台上信息共享，并在BIM5D软件进行数据同步，对各流水段的进度进行直观展示，为项目进度管理提供可靠依据。

③ 展示电子节目单，具体内容为PERT网络中的各工序和工程活动报表，报表反映计划安排的时间和工程量，反映实际进度的时间和工程量，反映计划安排与实际进度对比的时间和工程量。

④ 展示监理、业主和施工方等管理人员通过手机拍摄的在日常工作中随时掌握工程项目的质量安全问题及处理情况的照片。

（2）现场问题追踪与处理

通过手机端能够实时察看工地和自己的动态，快速高效处理跟进问题。通过对工程进度情况的实时跟踪，并和现场的质量安全问题同步上传到项目网站以后，管理人员（特别是该问题的责任人）登录平台即可立即发现问题，对该问题进行整改。将近期收到的现场质量安全问题进行归纳总结，为每周监理例会和工程例会提供数据支持。管理人员随时掌握各单位相关问题处理进展及工程项目整体情况，确保工程质量安全问题得到及时解决。

整个流程相比传统方式更加快捷、直观，使得工程施工过程中的质量安全问题解决率大幅提升。

(3) 检查与落实

每周的监理例会和工程例会通过 PPT 平台将进度问题和质量安全问题直观地展示在大屏幕上，逐条逐项对照检查，使相关人员了解当前工程的具体情况：通过前锋线检查网络图中关键路线、关键工序的完成情况；对照流程图检查各工序之间的顺序链接和交互链接的协同情况；对已经完成的工作任务和整改完成的质量安全问题实行消项，采用不同的颜色加以标记（随着工程的进展，每周的监理例会和工程例会都有不同的主题内容予以置换上周的内容）。对拖延的进度和尚没整改的质量安全问题，明确责任，落实到人，采取措施，有效提高了工程进度和质量安全的把控力度。同时，管理人员及时了解工程进度实际进展情况及各流水段间进度的影响关系，也为后期制定相关进度管理方案提供准确、可靠的分析数据。

第六节　结语

江苏大剧院工程体量大，结构造型奇特，科技含量高，施工工艺复杂，参建方数量多，这类项目在总包管理过程中的数据管理及协同工作方面存在很大的挑战。江苏大剧院工程建设指挥部依靠互联网 +BIM 所形成的云协同平台，依托 BIM 模型、云计算技术、物联网，打破了项目相关的人、信息、流程之间的各种壁垒和边界，以沟通管理与协同工作为核心，实行共享信息、数据和项目信息化管理，实现项目管理高效协作，取得了显著的成效。

第十一章 应用系统工程三大原理对设计工作的协调和管理

　　系统工程理论在土木工程的规划、设计、施工与运营管理实践中得出三个基本原理：协调工作原理、反馈控制原理和动态稳定原理。江苏大剧院工程在建设设计环节中，以系统的规划、研究、设计、施工、试验和使用作为整个过程，分析设计工作环节的组成和联系，分析它们的控制、反馈关系，运用系统工程的三个基本原理对设计总包和设计分包进行协调和管理，统揽全局，着眼整体，全面地考虑和改善整个工作过程，取得了事半功倍的效果，实现整体最优化的目标。

第一节 协调工作原理

1. 现行设计程序中的协调

　　(1) 现行设计程序中对外的纵向联系

　　建筑工程现行设计程序是由使用单位提出设计任务书，然后委托设计单位进行设计，设计单位把设计好的施工蓝图发往施工单位，然后由施工单位进行施工，这样就构成了传统的甲、乙、丙三方。目前由于工程监理的介入又形成了四方，这种体制的缺点是工作不易协调，浪费时间，影响各方的工作。

　　(2) 现行设计程序中对内的横向联系

　　就建筑工程设计子系统的内部分析而言，例如大剧院工程，所参与的专业很多，有建筑、结构、声学、给排水、采暖通风、电气、弱电、舞台机械、演出工艺等。为了使各专业之间协调工作，目前各设计院采用的办法是通过各专业技术人员参加的技术会议，诸如方案讨论、图纸会审，以及设计过程中的资料传递来进行协调和平衡。

2. 协调工作的基本原理

系统工程方法论引进到建筑工程设计中，设计与外部（纵向各方）、设计对内部（横向各专业）必须协调地开展工作。一些客观存在的问题对某一方或某一专业可能不是最优或最满意的，但对整个设计而言却能顺利地开展，并可取得最优的设计成果。所以，只有在整个系统中的各个局部都能够协调地工作，才能实现整个系统的最优化。

3. 协调工作原理在江苏大剧院设计过程中的应用

设计人和决策者的作用之一是做好协调工作。在确定设计方案或进行技术谈判中，某一方或某专业所提的条件不能为对方或其他专业所接受时，则方案不能通过或协定不能签订。然而既然是讨论和谈判，各方或各专业总是希望尽可能通过方案或签订协定，因为各方或各专业都有谋求合作的愿望和诚意，使设计顺利地开展，尽快完成设计任务。图11-1所示是双边（两方或两个专业）进行技术谈判或确定设计方案时，各方或各专业所持的条件或方案的简图。图中的点表示方案（或条件），坐标表示方案（或条件）对某方（或某专业）的优化程度。

甲单位希望采纳或签订图中最右方的 A 点，这时的方案（或协定）表示 A 点对甲单位来说为最好；但乙单位不能同意，乙单位希望采纳或签订图中最上方的 B 点，这时的方案（或协定）表示 B 点对乙单位而言为最好。那么双方最后通过的方案或签订的协定将会有什么特征呢？

设多边形 S 上的一点 $U_0(a_0, b_0)$，表示双方（或两个专业）最后确定的方案（或签订的协定），对乙单位而言则 S 上必然不存在点 $U(a、b)$，以致

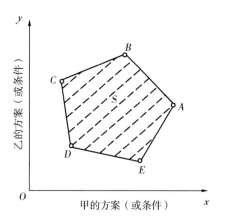

图 11-1 谈判方案

同时使 $a > a_0$，$b > b_0$。如果存在，则对双方来说都更为有利，这样就选择了 U（a，b）；同时也必然不存在点 U'（a'，b'），以致使 $a' > a_0$、$b' = b_0$；同理，也必然不存在点 U''（a''，b''），以致使 $a'' = a_0$，$b'' > b_0$，否则，就对一方（或某一专业）更为有利，但对另一方（或另一专业）也并无损失，何乐而不为呢？如此说来，双方也是可以接受的。当然就双边而论，这个问题属于决策分析中二人非零和博弈问题。

把系统工程协调工作原理应用到建筑工程设计中来，就是在诸如确定方案、技术谈判、图纸会审中，使各方或各专业谋求找到点 U_0（a_0，b_0），见图 11-2。只有这样才能使工作协调，每一方（或每一专业）都要作适当的妥协和让步。也就是说，局部可能不是最优，但能够使全局协调起来，实现了整个设计系统的最优化，设计人或决策者要参与其中的协调和平衡工作。

江苏大剧院的观众厅内设计了两道面光桥、两道耳光、一道追光。在面光桥上装有几百盏舞台灯光灯具，同时面光桥还供灯光师安装、调试、操作舞台灯光使用。根据演出工艺设计规范规定：面光轴射到台口线与台面的夹角为 50°~55°，第一道面光桥的位置在离台口水平距离 7~8 m 处，第二道面光桥设在离台口水平距离 14~15 m 处。面光桥钢结构长（与观众厅宽度相同），宽 1.5 m，高 2.0 m，面光桥钢结构的荷载吊挂在观众厅顶部的主钢结构大型桁架上。桁架由总包设计甲负责设计，面光桥由分包设计乙负责设计，设计人或决策者要协调总、分包设计院将面光桥吊挂在桁架上的位置（也即受力位置）、吊挂的高度和吊挂的荷载等，甲设计院根据结构的受力情况希望采纳 A 点的方案，而乙设计院根据工艺的要求希望采纳 B 点的方案。依据协调工作原理，设多边形 S 上的 U_0（a_0，b_0）点为双方最后确定的方案，其约束条件是：

①S 上不存在点 U（a，b），以致使 $a > a_0$，$b > b_0$。

②S 上不存在点 U'（a'，b'），以致使 $a' > a_0$，$b' = b_0$。

③S 上不存在点 U''（a''，b''），以致使 $a'' = a_0$，$b'' > b_0$。

点 U_0（a_0，b_0) 的位置在本例中较为简明，即

$$a_0 = \frac{x_A + x_B}{2} = \frac{5+3}{2} = 4$$

$$b_0 = \frac{y_A + y_B}{2} = \frac{3+5}{2} = 4$$

最后确定的方案为 U_0（4，4)，此点即为甲、乙设计院均能接受的最佳方案。

图 11-2　最佳方案
图 11-3　生产系统管理的
反馈

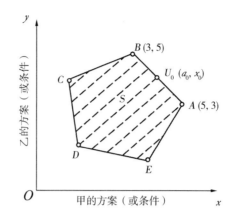

第二节　反馈控制原理

1. 现行设计中的反馈

土木工程现行设计方法基本上是重复分析法，重复分析法的设计过程是反馈的过程。例如，设计一榀框架结构或者计算钢筋混凝土梁、柱构件，首先会计算强度，然后验算刚度及稳定性。不符合规范要求或者不符合现场的实际情况则必须反馈。系统设计不仅是反馈控制的系统，甚至是多路的反馈控制系统。设计单位依据使用单位提交的任务书确定设计目标并开展设计，完成后将蓝图发往施工单位进行现场施工，建成后交付使用单位通过实践检验，完善以后的建设项目，这也是一种状态的反馈。设计院根据反馈信息，对继续要进行施工的项目和未来的工作进行调整、改进和提高，这种反馈实际情况的信息就是反馈信息。依据反馈信息对设计或施工的修正过程就是土木工程的反馈控制过程。

2. 反馈控制的基本原理

土木系统工程的反馈控制原理，不仅是一个应用相当普遍的原理，而且也是一个非常重要的原理。在生产管理过程、建筑设计过程、制定政策

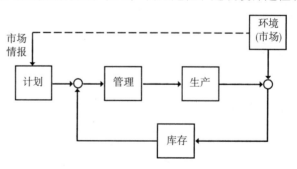

过程和执行政策过程均必须反馈控制。图 11-3 是预制构件加工生产系统的管理过程。计划部门根据市场情报确定指标，然后由工厂管理部门组织生产，把生产出来的产品供应市场，多余的产品入库保存。根据指标要求及库存结余，工厂管理部门将重新调整下一阶段的生产。库存反映了实际的市场供销情况，是一种当前状况的反映，管理部门根据这类信息对生产进行调整。这种反映实际情况的信息叫做反馈信息，根据反馈信息对生产进行管理的过程叫做反馈控制。

图 11-4 是建筑设计过程中的反馈控制过程。依据系统工程中的系统控制理论，在建筑工程设计中首先建立反馈系统模型，然后在每个设计环节上加以控制。决策者制定政策的过程也是这样，把政策分析的结果（反馈信息）与原定的目标相比较，然后再修订政策，见图 11-5。

系统设计过程中政策的执行过程，也是反馈控制系统，甚至是多路的反馈控制，见图 11-6。

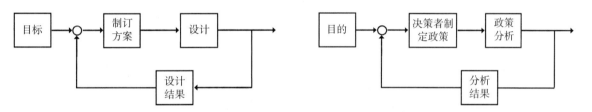

图 11-4　建筑设计过程的反馈　　　　　图 11-5　决策者决定政策过程的反馈

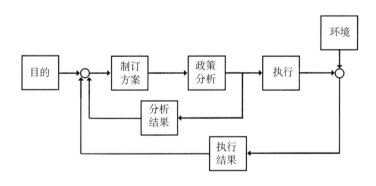

图 11-6　执行政策的反馈

3. 反馈控制原理在江苏大剧院设计过程中的应用

建筑工程系统的规划过程、建筑工程系统的设计过程、建筑工程系统的施工过程、建筑工程系统的管理过程，都是反馈控制过程。

(1) 图 11-7 所示建筑工程规划过程的反馈，说明了依据制订的方案进行规划，但必须对规划结果进行分析，用分析结果表修正和完善方案，这是一个反馈系统。

图 11-7　建筑工程规划过程反馈图
图 11-8　建筑工程两段设计的反馈系统模型

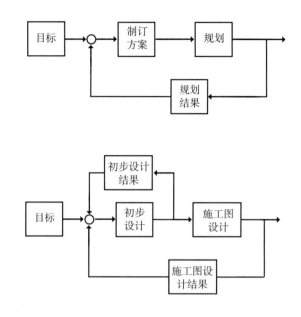

江苏大剧院由歌剧厅、音乐厅、戏剧厅、综艺厅和共享大厅 5 个单体建筑组成，它们两两相连，组成一组建筑群，围绕着建筑群外围一圈是 20 m 宽的高架平台。消防设计的初步设计报送市消防局审查时，消防局提出户外消防扑救的连续长度超过消防规范，必须在高架平台紧靠建筑物一侧开设硕大的天井，该天井的位置和大小尺寸必须满足：一要符合消防扑救的连续长度的规定，二要满足消防扑救操作的空间要求。经几次反复反馈、修改，最终决定在歌剧厅东侧和综艺厅东侧分别开设大约 10 m×20 m 和 10 m×40 m 的弧形大天井，以满足消防设计的要求。

(2) 建筑工程设计划分为两段设计和三段设计。两段设计包括初步设计和施工图设计；三段设计包括初步设计、技术设计和施工图设计。图 11-8 为建筑工程两段设计的反馈控制模型。

江苏大剧院场内的道路系统有：①沿场地一圈的主干道是 7 m 宽的沥青消防通道，供消防车、大型货车，开会期间的大巴车以及其他车辆使用；②通向各演艺场馆的观众入口、演员和工作人员入口，是沥青次干道；③通向地下停车场的匝道；④各演艺场馆卸货平台处的沥青广场和道路。

如图 11-8 所示，初步设计结果反馈控制的内容是反复核准各类道路的路幅宽度、转弯半径，以及卸货广场的大小（外地组团演出时，随团带来 2 个集装箱的布景道具，卸车时应留有吊车的位置、大货车的位置以及集装箱的位置，还应考虑操作的空间和调头转弯的空间）。施工图设计结果反馈控制的内容是各类道路与绿化、花坛的协调关系，各类车行道的路基均有刚柔不均的现象（建设在长江漫滩地区地质构造差，又满堂地下室是刚性构造，故形成道路路基刚柔不均），必须增加"踏板"的做法，防止沥青路面

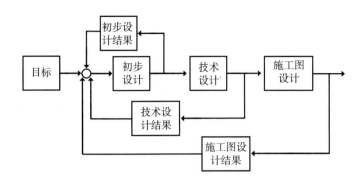

图 11-9　建筑工程三段设计的反馈系统模型

因不均匀沉降产生裂缝。

(3) 在建筑工程三段设计的控制过程中，要对反馈图中的每个设计环节加以控制，如图 11-9 所示。反馈控制过程要运用系统工程的可行性分析，图中所示"结果"包括了可行性分析或通过实践对设计的检验。对三段设计中的初步设计结果、技术设计结果和施工图设计结果进行不断的分析、不断的反馈，使设计更加完善，以取得安全、适用、经济、美观的最佳效果。

屋面玻璃飘带的三段设计反馈控制，对每个设计环节都加以控制。初步设计结果反馈控制的内容是：确定主檩和次檩的设计方案，球面的纬向是主檩，球面的经向是次檩，以及主、次檩条的几何尺寸及壁厚；檩条与主钢结构有合理的受力连接，同时还要满足玻璃分格的对应关系；檩条、檩托和主钢结构之间的构造要解决因温度变化引起的钢结构伸缩问题。技术设计结果反馈控制的内容是支承双曲率弯弧玻璃采用的工字钢结构，既要确保足够的结构强度和刚度，又要兼顾钢结构的美观，因为该工字钢是明露的构件，一切都在观众的视线范围之内。施工图设计结果反馈控制的内容是驳接头的设计是关键，否则会直接导致玻璃受力不均匀、应力集中，从而导致玻璃破碎。驳接头的设计应能满足玻璃受力的强度和刚度要求，还应考虑有 20° 的转动，以适应玻璃随屋面曲率变化而变化；其次是双层中空夹胶玻璃中的夹胶片，应采用高档次的进口夹胶片，以便顺利地将玻璃加工成为应有的双曲率弯弧玻璃；第三，每块玻璃在角部开设 4 个孔（该孔通过驳接头支撑玻璃），脆性材料的玻璃在风荷载控制下，其 x、y 两个方向的计算模型是伸臂梁，应使伸臂部分的负弯矩和简支部分的正弯矩相等，以此来确定其孔距离玻璃边缘的尺寸。

(4) 图 11-10 为建筑工程施工过程的反馈。决策者在制订施工计划的过程中，把施工计划分析的结果与原定的目标相比较，然后修订计划。从狭义上说，施工结果对某一工程项目是不能反馈的；但广义上讲，它可以积累经验以修订下一个项目的施工。当然，从微观上分析施工过程中的返工现象也是反馈。

图 11-10 　建筑工程系统施工过程的反馈

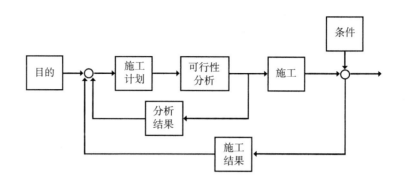

第三节　动态稳定原理

1. 动态系统的稳定性

土木工程系统中动态稳定原理是十分重要的原理。在建筑工程设计系统的反馈过程中，因为是动态的，所以存在稳定性问题，以避免在反馈中出现忽高忽低或左右摇摆的现象，从而失去控制。为了取得动态系统的稳定，需要在反馈系统的每一个设计阶段谋求最优。最优与设计系统"过去的环节"无关，它取决于系统当前的状态。这要运用到系统工程的"无后效性"，无后效性意味着事物的发展与过去的历史无关，只能通过当前的状态来影响其未来发展。在建筑工程设计中，可用各阶段的演变来描述，各阶段设计状态具有如下性质：设给定某一设计阶段的状态，那么在这个阶段以后状态的发展不受以前各阶段状态的影响，这样才能取得系统的稳定。

设计院依据设计任务书和现行设计规范，以及其他设计资料来确定目标（或指标），为了实现预定目标而进行设计，这是一个需要时间的过程。在一定时间内，其效果不一定马上反映出来，这叫做时间滞后效应（与牛顿力学中的惯性相似）。

2. 动态稳定的基本原理

在建筑工程的反馈系统中，当发生不稳定现象，即发生结果偏离目标较大时，其偏离目标有很大的距离，见图 11-11 所示。

图 11-12 是超调（调整过头了），这时可以采用"强化措施"，以加速其取得稳定的过程。通过强化措施能够很快地达到设计预定目标，强化措施如图 11-13 所示。

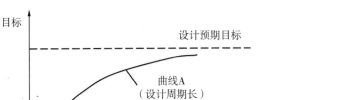

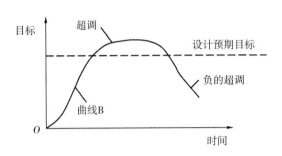

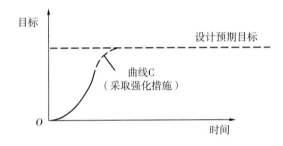

3. 动态稳定原理在江苏大剧院设计过程中的应用

在建筑工程设计系统中，由于一些因素的影响使设计周期过长，如图 11-11 中的曲线 A。曲线 A 达到设计预期目标的时间太长，需找到原因进行反馈，形成图 11-12 中的曲线 B。曲线 B 反映了时间滞后效应或惯性性质，为加速其达到设计预期目标的发展过程采取了强化措施，这样就形成了图 11-13 中的曲线 C。

在建筑工程设计计算过程中发现周期过长，可通过反馈采取措施加速达到设计预期目标。然而由于发展的速度快，曲线上升幅度过大，产生了调幅过大的超调现象，这时采取相反措施使其回降。同理，因时间滞后效应又会产生负的超调，这样就产生了上下摇摆造成动态系统的不稳定。不稳定现象是反馈控制理论必须解决的问题，解决的办法是在接近目标前采取强化措施，以降低其上升速度，这样就稳定地达到了设计的预期目标。

例如江苏大剧院，共享大厅的建筑面积约 9 000 m²，东西向长约 60 m，南北向长约 150 m，层高 12 m，在如此高大的空间内设计暖通空调具有一定的难度。因为送风口的设置受到许多条件的限制：其顶面是云腾雾绕的 GRG 板吊顶，根本无法设置送风口及风管，故不能采用下送风的方式；东、南、北三侧侧面亦没有条件设置送风口，仅有西侧可以侧送风。但是，西侧的侧送风无法通过 60 m 的距离将风送到东侧的区域，在设计方案长时间得不到稳定的情况下，最后设计采取了如下的强制措施：聘请高层次科研设计团队进行研究、设计和计算，利用有限元的数值计算方法，计算共享空间的压力场、风速场和温度场的分布情况，根据"场论"计算结果，在西侧的侧送风基础上，增加东侧的地面向上送风方案，经过仔细设计和计算，解决了东侧空调压力、风速、温度不足的状况，达到了最终的设计要求。

第十二章 复杂项目进度管理的探索与实践

第一节 复杂项目进度管理综述

1. 复杂工程项目的复杂性

(1) 结构复杂性

结构复杂性是大多数大型工程项目的特征，它们有复杂的结构和很多相互作用、相互依赖的项目部分。定义和管理这种项目时，人们在把握项目风险管理方面觉得很困难，因为某个项目风险会与其他的项目风险产生连锁反应。对于规模庞大的项目而言，大量互相作用的项目任务意味着会产生非线性的行为，这就使人们管理和控制项目变得非常困难。

项目的复杂性来自人们需要管理和跟踪大量互相作用和相互关系的项目任务，其中主要的挑战涉及项目组织、项目计划、项目的相互依赖、项目合同管理、对项目风险的跟踪、确定项目各部分的相互联系以及关联风险的管理。复杂性还来源于项目人员、团队和独立的项目组织。为了管理这些项目要素，通常要求有一个复杂的组织层级监管制度。项目复杂性产生于大量互相作用的项目活动，这些项目活动可能在工期、成本和质量问题方面互相影响，同时这种项目活动的沟通网络也非常复杂。

(2) 技术复杂性

技术复杂性通常存在于那些特殊设计或技术尚不完善的项目中，在技术复杂性项目中存在许多风险因素，这类项目复杂性中最困难的地方，就是黑箱问题以及随着对每一设计问题范围的掌握程度不断提高而产生的设计者和技术专家对项目的控制权问题，同时项目的紧迫程度也是影响项目困难程度的因素之一。

在技术复杂性项目中，各项目要素之间的模糊水平异常高，因为技术复杂性来源于各种项目问题解决方案的不确定性。

(3) 方向复杂性

方向复杂性的项目中没有对项目统一的理解或一致的方向，项目目标不明确或没有很好地被定义，也可能正在实施的是表面达成一致的目标，然而却正在受到不明政治动机和其他隐含计划的阻碍。方向复杂性项目一般都涉及利益相关者之间的分歧或矛盾，这些问题很难解决。方向复杂性项目可能会出现在以下情况中：当项目管理者拿到一个没有得到很好界定的项目时，或者项目已经开始了而在项目实施过程中发现了之前没有发现的利益相关者对项目的理解有不一致的情况。这种方向的复杂性往往会发生在变化的项目之中，这时人们很清楚必须采取某种行动使问题得到改善，但还不清楚此时到底该做什么。这些方向复杂性可能会在晚些时候发生，由于突发情况或仅仅因为有影响力的项目利益相关者对项目方向的想法改变，这种方向复杂性才会出现。例如，江苏大剧院原建筑设计方案为在水珠造型的表面开设了数以百计的、呈菱形状的、尺寸从大到小渐变的玻璃窗。经研究，考虑到无数个玻璃窗并不简洁大气，结合江苏大剧院水韵文化的设计理念，拟将玻璃窗方案改为玻璃飘带设计方案。玻璃飘带寓意着长江之水与荷叶水珠的设计理念融为一体。更改以后的玻璃飘带宛如毛笔字的笔锋那样，其曲率和尺寸均在变化之中，尤其在钛金属板屋面中镶嵌如此复杂的玻璃飘带，在国内尚属首创。我们边研制、边设计、边施工，最后克服了方向复杂性的困难，取得了项目的成功。

(4) 渐进复杂性

当项目面临重大的、超出控制范围的环境变化时，渐进复杂性就产生了。在所有这些情况下，变化究竟会带来什么影响以及这种影响何时才能过去，都是非常难以预料的。在变化发生的过程中，即使在项目实施团队中对项目行使监督职能的部门都无法把握局势的变化，仍然需要对项目进行管理和实施。一个渐进复杂性项目很少考虑目标是否会改变，而是考虑何时会改变，往哪个方向变化，以及我们是否有可能预测这种变化的性质。在渐进复杂性项目中，这种状况最为明显并随着该项目持续时间的延长而加剧。

江苏大剧院基地内有一条沿对角线方向的南京市的污水箱涵（钢筋混凝土结构），3.0 m×2.8 m，长300 m。工程桩施工前已将场外的箱涵接通，剩下原箱涵需要加以破碎和清除。清除原箱涵的技术方案初步确定有三种：①将原箱涵破碎后清除掉；②在原箱涵上钻孔，然后在孔内施工钻孔灌注桩；③改变工程桩的布置，改用架空沉台梁承重。由于地面以下的构筑物和土层构造复杂，不可能采用某一种方法进行施工，必须根据所在位置的实际情况决定采用①或②或③类方法施工，施工到最后阶段在基坑支护与箱涵相交处所遇到的技术问题更为复杂，只能寻找另外的特殊方法（此方法在此处不一一介绍）加以处理，从头至尾的工程桩施工阶段出现了项目的渐进复杂性。

2. 复杂项目管理的特点

(1) 复杂项目管理一般由多个部分组成，工作跨越多个组织，需要运用多种学科的知识来解决问题；项目工作通常没有或很少有以往的经验可以借鉴，执行中有很多未知因素，每个因素又常常带有不确定性；还需将具有不同经历、来自不同组织的人员有机地组织在一个临时性的组织内，在技术性能、成本、进度等较为严格的约束条件下实现项目目标。这些因素都决定了复杂项目管理是一项很复杂的工作。

(2) 复杂项目管理具有创新性。由于项目具有一次性的特点，因而既要承担风险又必须发挥创造性。创造总是带有探索性的，会有较高的失败概率。有时为了加快进度和提高成功的概率，需要有多个试验方案并行。例如，在新产品、新技术开发项目中，为了提高新产品、新技术的质量和水平，希望新的构思越多越好，然后再严格审查、筛选和淘汰，以确保最终产品和技术的优良性能或质量。

(3) 复杂项目有其寿命周期。项目管理的本质是计划和控制一次性的工作，在规定期限内达到预定目标，建设时间长短、建设速度快慢直接影响投资项目的经济效益。一方面要让人、财、物在单位时间内创造更高的价值；另一方面，尽快使项目建成投产，达到设计生产能力，创造财富，收回投资。项目周期运转过程是一个庞大的系统工程，涉及多学科、各部门，需要各方通力合作、密切配合、共同努力才能完成。因此综合协调和科学管理十分重要。

(4) 复杂项目管理具有组织特殊性。由于项目是一次性的，而项目的组织是为项目的建设服务的，因而项目管理的组织是临时性的。同时，项目管理的组织是柔性的，它打破了传统的固定建制的组织形式，根据项目生命周期各个阶段的具体需要适时地调整组织的配置，以保障组织的高效、经济运行。项目组织结构的设计必须充分考虑到有利于组织各部分的协调与控制，以保证项目总体目标的实现。

(5) 复杂项目管理涉及十大领域，即范围管理、时间管理、投资管理、质量管理、信息管理、人力资源管理、沟通管理、采购管理、风险管理和整体管理。复杂项目进度管理的挑战是围绕项目组织及其管理而产生的，这包括项目计划、项目的相互联系、项目沟通、协同协调和项目合同管理。这些挑战发生在项目实施过程中，由于人力、物资的供应和其他条件等因素的影响，随时都会打破原计划的执行，进度管理的难点很多，管理的难度系数增大，所以复杂项目进度管理处于非常关键的地位。

3. 复杂项目进度管理的难点

复杂项目施工周期长，影响进度的因素纷繁复杂，如技术原因、政治原因、资金原因、人力原因、物质原因等，使得施工进度计划在执行过程中呈现出可变性和不确定性的特点。归纳起来，影响施工进度有以下八大难点：

（1）设计变更因素的影响。设计变更因素是进度执行中的最大干扰因素，其中包括：①边设计边施工，设计进行到后面阶段时发现前面的设计需要变更；②设计图纸深度不够、设计不到位，该出齐的大样图没有，当补齐所有的设计图纸时需要变更；③由于设计的通病多，"碰、漏、堵、缺"多，变更多。这些设计变更打乱了原定的施工进度计划，致使完工速度降低和停顿。

（2）相关单位进度的影响。影响施工进度计划实施的单位并不只是作业单位，还涉及材料物资供应单位、资金贷款单位以及与项目建设有关的部门的工作进度，任何一个部门工作的拖后都将对施工进度产生影响。

（3）材料物资供应进度的影响。作业中需要的材料和机具设备如果不能按期运抵施工现场或到后发现质量不符合合同中规定的技术标准，都会对施工进度产生影响。

（4）资金原因。施工的顺利进行必须有足够的资金作保障。

（5）不利的作业条件。作业中一旦遇到比设计和合同文件中所预计的作业条件更为困难的情况，必然会影响到施工进度。

（6）技术原因。技术原因也是造成进度失控的一个因素，采用新材料、新工艺、新技术可以保证和加快施工进度并确保质量。

（7）作业组织不当。作业现场情况千变万化，常常因劳动力和施工机械的调配不当而影响进度计划的实现。

（8）不可预见事件的发生。实施中如果出现恶劣的气候条件、自然灾害、工人催讨工资、处理工程事故等，均影响施工进度计划的执行。

4. 江苏大剧院的进度管理探索与实践

江苏大剧院在施工过程中存在许多不确定性和可变性，特别是设计变更问题占施工进度影响因素的很大部分，项目的进度管理异常复杂和困难。针对这一具体情况，我们采取了进度管理的硬件技术和软件技术相结合的办法进行管理，取得了一定的成效。其中，进度管理的硬件技术有：项目工作分解结构 WBS、关键路线法制定网络计划 CPM、计划评审技术制定网络计划 PERT、编制滚动计划。进度管理辅助使用的软技术有：协同学理论用于复杂项目的进度管理、心理学理论用于复杂项目的进度管理。

在复杂工程项目进度管理中，有一系列的过程与活动，每个过程和活动都需要管理者付出一定的努力，这也是项目进度管理的硬件技术手段和必备条件。但是除了项目管理的硬技术之外，还必须有项目管理的软技能辅助配合，因为所有的项目任务必须由人来完成，在安排项目计划、进行项目分工、团队建设、解决各方干系人的冲突等问题时，协同学理论和心理学理论就有了用武之地。

第二节　江苏大剧院项目进度管理的硬技术

1. 项目工作分解结构

通过项目工作分解结构可以确定要完成的所有活动，检查出可能遗漏的工作任务。

2. 活动排序

项目活动之间的关系分为逻辑关系和组织依赖关系。逻辑关系是活动之间的内在关系，如先立模、后绑扎钢筋、再浇混凝土，通常是不可调整的。组织依赖关系具有随意性、人为性，其项目活动的关系一般比较难以确定。

3. 项目网络图

项目网络图是表示项目活动之间逻辑关系和组织依赖关系的图形，包括了项目的全部细节和项目的主要活动。

4. 项目活动资源估算

项目活动所需要的资源包括材料、设备、资金等，可采用专家判断法，或参考以往类似项目的历史统计数据和相关资料确定。

5. 项目活动时间估算

（1）专家判断法确定。

（2）类推估算，将过去类似项目活动的实际时间作为估算未来活动时间的基础。

（3）模拟法。首先估计出最乐观时间 a、最悲观时间 b 和正常时间 m，假设这三个时间服从分布，然后运用概率的方法得出活动的最可能时间。

6. 制订项目进度计划

（1）关键路线法 (CPM)，是一种运用特定的、有顺序的网络逻辑来预测总体项目历时的项目网络分析技术，确定项目各项活动最早、最晚的开始和完成时间。确定关键路线，在关键路线上的活动是关注的重点。

（2）计划评审技术 (PERT)，是项目的某些或者全部活动历时估算事先不能完全肯定时，需要综合运用关键路线法和加权平均历时估算法来对项目历时进行估算。江苏大剧院屋面玻璃飘带的研制过程，就采用这种网络分析技术进行项目进度安排和分析。

（3）滚动计划，是一种传统的动态编制计划的方法。它不像静态分析那样，等一项计划全部执行完了之后再重新编制下一时期的计划，而是在每次编制或调整计划时，均将计划按时间顺序向前推进一个计划期，即向前滚动一次，按照制订的项目计划实施，对保证项目的顺利完成具有十分重要的意义。但是由于各种原因，在项目进行过程中经常出现偏离计划的情况，因此要跟踪计划的执行过程，以发现存在的问题。

滚动计划的优点是：一、把计划期内各阶段以及下一个时期的预先安排有机地衔接起来，而且定期调整补充，从而从方法上解决了各阶段计划如何衔接并符合实际情况的问题；二、较好地解决了计划的相对稳定性和实际情况的多变性这一矛盾，使计划更好地发挥其指导实际生产的作用；三、采用滚动计划，使生产活动能够灵活地适应施工现场的需要，从而有利于实现项目预期的目标。

7. 项目进度控制

复杂项目在进度计划的实施过程中，由于影响进度的因素和障碍很多，项目的实际进度经常会与进度计划发生偏离，如果不及时纠正出现的偏差，可能会导致项目的延期完成，甚至影响到项目目标的实现。项目进度控制就是根据项目进度计划对项目的实际进展情况进行对比、分析和调整，从而确保项目目标的实现。其主要工作有：

（1）依据进度变更申请，采用项目执行情况的度量方法，得出执行情况报告。

（2）依据执行情况报告，进行偏差分析，提出纠偏措施。

（3）依据项目进度基准计划和进度变更控制系统，更新项目进度计划。

8.项目进度计划调整

（1）分析出现进度偏差的原因及影响。一般地，了解产生进度偏差原因的最好办法是通过召开现场会，与施工现场有关人员进行面对面的交谈。

（2）制订相应的调整方案。在提出进度调整措施时要考虑的因素：后续施工活动合同工期的要求、进度的调整给后续作业单位造成的损失、材料物资供应的影响、劳动力供应情况、对投资分配的影响、施工活动间的逻辑关系、后续作业活动及总工期允许拖后的幅度。

（3）调整施工进度。施工进度的调整通过改变作业活动的持续时间来实现，这时通常需要改变活动工时的消耗和作业方法，增加机具等资源。利用此种途径调整施工进度计划时，往往要利用工期—费用优化的原理来选择工期缩短、费用增加最少的方案；另一种途径是通过改变作业活动间的逻辑关系或搭接关系来实现，即不改变作业活动的持续时间，只改变各项活动的开始和结束时间。

9.项目进度制约因素的管理

（1）项目进度计划的制约因素决定项目周期，在制约环节上延长1 h，就等于整个系统损失1 h。项目是一个系统，整个系统的周期取决于项目进度，它的周期也就是项目的最长工作路线，这也是项目进度的制约因素，它对整个系统起着"卡脖子"的作用，直接影响着整个系统的时间长短，它的时间损失是无法弥补的。

（2）非制约环节的工期，不能由本身的潜力决定，而由制约因素的工期的实现对其提出的要求来决定。在一段时间内，人力、物力和财力是有限的，只有保证制约因素的潜力，才能有助于整个系统的进度，对整个系统是有利的。

（3）在非制约环节上节省大量的工期无实际意义。

（4）为保证项目系统的周期，必须设置缓冲区保护制约因素。缓冲区可以分为资源缓冲区、供应缓冲区、项目缓冲区、能力约束缓冲区等。这些缓冲区对相应的路线和事件起缓冲作用，从而保护制约因素，使项目系统提前或按时完成。缓冲机制的选择，缓冲大小的确定，以及在哪些地方设置缓冲区，都对项目进度起着相当的影响。

（5）对制约因素的入口处和出口处采用不同的缓冲机制，并且控制机制也有区别。在制约因素的入口处设置供应缓冲区和资源缓冲区，出口处设置项目缓冲区，对项目缓冲区控制的重视程度是最高的。

（6）对每一任务的时间安排采用乐观时间，通过缓冲区控制保证所有任务按时或提前完成。对每一任务的时间安排使从事该任务的工作人员感到几乎不能按时完成，这样使他们一开始就高效率地工作，消除惰性和周末加班效应，否则他们会认为有足够的时间完成，开始时没有压力，显得很懒散，效率低下，浪费大量的时间。

（7）在项目群中存在着资源冲突，如果没有超过资源容量，则安排同时进行。如果超过了，特别是在制约因素上或已影响到制约因素的进度，则错开它们的进度安排，避免并发。

（8）确定制约进度计划时考虑整个系统的所有制约环节，当整个系统的制约环节不是一个时，其相互作用不可忽视，制订计划时必须通盘考虑。

第三节　江苏大剧院项目进度管理软技能——协同学理论应用

1. 协同学的核心理念

一个企业可以是一个协同系统，一个复杂工程项目也是一个协同系统。企业组织中不同单位间的相互配合与协作关系，以及系统中的相互干扰和制约等，是管理者有效利用资源的一种方式。这种使系统整体效益大于各独立组成部分总和的效应就叫做协同。由许多子系统组成的大系统，协同系统从无序到有序的作业规律，就是采用的协同学理论。

协同是现代管理发展的必然要求，协同论告诉我们系统能否发挥协同效应是由系统内部各子系统或组分的协同作用决定的，协同得好，系统的整体性功能就好。如果一个管理系统内部，人、组织、环境等各个子系统内部以及它们之间互相协调配合，共同围绕目标齐心协力地运作，那么就能产生 1+1>2 的协同效应。反之，如果一个管理系统内部相互掣肘、离散、冲突或摩擦，就会造成整个管理系统内耗增加，系统内各子系统难以发挥其应有的功能，致使整个系统偏于一种混乱无序的状态。就像乘客等候公交车上车那样，如果经过协同，乘客有序地排队上车，则乘客上车的速度又快又安全；反之，如果乘客无序地挤在公交车门口，你争我抢，大家都争着先上车，那么乘客上车的速度既慢又不安全。

2. 复杂项目的进度实现协同管理

复杂项目进度管理中应用协同学理论进行管理，分为管理协同和作业协同两种类型。通过协同管理使工程活动达到协同工作，顺利进行。协同工作指个人与组织之间以及各自内部之间的沟通、合作和协调。沟通由人与通信媒介组成，合作是成员之间配合完成某项工作，协调是对工作成员进行合理调整和集成。沟通是协同工作的基础，合作是协同工作的方式，协调是对协同工作过程进行的控制。管理协同和作业协同在操作时均应防止可能的文化冲突，特别是权力冲突以及企业的利益冲突。

(1) 管理协同

管理系统是一个复杂的开放系统，说它具有复杂性是因为管理系统由人、组织和环境三大要素组成，而每个要素又嵌套多个次级要素，其内部呈现非线性特征。同时它又是开放系统，是因为它通过不断接收各种信息，并经过加工整理后，向管理对象输出所需的信息。管理系统就是在不断地接收信息和输出信息的过程中向有序化方向完善和发展。协同论告诉我们，系统能否发挥协同效应，是由系统内部各子系统或组分的协同作用决定的，协同得好，系统的整体性功能就好。

自组织原理是在内部子系统之间按照某种规则形成一定的作业方式，任何子系统如果缺乏与外界环境的信息交流，其本身就处于孤立或封闭状态。在这种封闭状态下，无论该子系统初始状态如何，最终系统内部的任何有序结构都将被破坏，呈现出一片杂乱无章的施工现象。因此，子系统只有通过信息交流，才能使系统向有序化方向发展。

江苏大剧院的室内装修分为 5 个标段，它们是歌剧厅、音乐厅、戏剧厅、综艺厅、共享空间和其他部分，分别由 5 家百强装修企业承担装修任务。为了达到建筑声学的要求和装饰艺术的效果，指挥部做了以下管理协同工作：

① 五家装饰施工单位必须采用 BIM 技术进行深化设计，其深化设计须得到装饰方案设计单位的认可。

② 拥有钢结构设计资质的单位才能设计承重用的二次钢结构，其深化设计须经建筑设计单位、监理、业主的审查通过，方可进行施工。

③ 二次钢结构施工完毕，调整脚手架。

④ 所用的 GRG 板必须满足建筑声学的要求：板厚 4 cm，面密度不小于 40 kg/m^2。

⑤ 装饰施工单位利用 BIM 技术对 GRG 板分块、编码和加工生产，机电施工单位提出末端(灯具、水泡、喷淋、温感、风口、喇叭、检修孔)的数量、位置和大小，装饰施工单位进行末端的设计排版。

⑥ 机电施工单位在 GRG 板上按照末端的位置弹线，装饰施工单位负责开孔。

⑦ 机电施工单位安装末端。

⑧ 装饰施工单位处理 GRG 板的拼缝，并对 GRG 板表面装饰处理。

(2) 作业协同

作业协同是进度管理的必然手段，必须放在核心的位置。项目的进度管理是资源和要素的有效汇聚，通过突破壁垒，充分释放彼此之间的人力、物力、信息和技术要素，实现深度合作。通过自己内部协同作用，自发地出现时间、空间和功能上的有序结构；不同单位、部门相互配合与协作，解决系统中的相互干扰和制约。大量子系统组成的系统，在一定条件下，由于子系统相互作用和协作产生协同效应，可以通过共享技能，共享有形资源、协调战略、垂直整合、与供应商谈判和联合力量等方式实现协同。协同效应有多种类型作业顺序，最常见的作业顺序有先后顺序作业、搭接顺序作业和交互顺序作业。

图 12-1 是先后顺序作业，A 之前无活动，B 之前是 A，C 之前是 B。也就是说，在列出一系列事情后，首先做第一个，而后移动到下一个活动，如此继续。

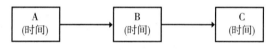

图 12-1　先后顺序作业

图 12-2 所示的搭接作业顺序，在挖壕沟工作进行到 1/3 阶段时，就可以开始进行铺设天然气管道工作，那个 1/3 阶段时间段称为两个活动之间的搭接时距，它表示后续活动开始实施时，距前置活动开始实施时的时间间距，即时间差，此时第一个活动可能还没有实施完成。

图 12-3 是交互作业顺序，C 之前是 A 和 B，D 之前是 A 和 B。也就是说活动 A 和 B 是可以同时发生的平行活动；活动 C 和 D 也是平行活动。然而活动 C 和 D 只有在 A 和 B 都完成以后才能开始。

在任何一种作业顺序中，都必须通过协同管理，使前置作业或活动按规定的时间完成，同时要求后续作业或活动按规定的时间连接上去，以此类推，逐步地往后面继续作业下去。在协同过程中，如碰到进度管理八大

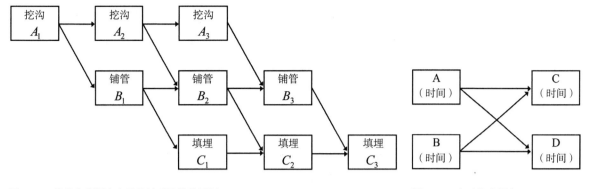

图 12-2　搭接作业顺序表示的活动阶梯化示例　　　　　　　图 12-3　交互作业顺序

难点中的问题时，有时是一个难点，有时同时存在多个难点，则需要对具体问题有针对性地进行协同解决，协同的手段有：

① 单边谈判、双边谈判或多边谈判。

② 口头语言：面对面、电话交流、使用网络和移动技术。

③ 书面文字：电子文档、记事本或纸质文档、白板或智能板。

④ 视觉：示意图、曲线图、图片或图像。

⑤ 动觉或体验：实践培训、案例研究、项目任务模拟。

⑥ 综合沟通方法：在监理例会或工程例会上，通过看投影、视频，询问，重复沟通同样的信息。

对于江苏大剧院，由于建筑声学的要求，观众厅楼座下方的净空需要有规定的高度，使反射声能覆盖到每个座位上。因此楼座下方的声学吊平顶空间十分局促，施工操作困难。吊顶内有以下施工内容：大体积的静压箱、支撑静压箱的二次钢结构、4cm 厚的 GRG 板、支撑 GRG 板的二次钢结构（两种钢结构不能共用），吊顶上的末端有灯具、风口、喷淋、喇叭、温感。各工种的协同作业如下：

① 静压箱的二次钢结构先施工，然后静压箱施工及保温材料施工。

② 协调 GRG 板的二次钢结构位置并进行施工。

③ 调整脚手架。

④ GRG 板逐块进行安装，并与机电施工单位交互作业，机电末端从 GRG 板侧面进行操作安装。

⑤ 安装最后一块 GRG 板，进行 GRG 板拼缝处理及表面装饰处理。

第四节　江苏大剧院项目进度管理软技能——心理学理论应用

1. 项目启动阶段

(1) 项目启动的心理学意义

① 定基调，包括工作的节奏、团队氛围和沟通风格等。

② 切状态，主要指切换到项目紧张开发的状态，让团队的每个人处于"战斗模式"。例如制作项目的标识图形或者项目的总目标手册，人手一本。

③ 立规矩，指沟通方式、频度、内容及格式；项目管理者的权力、奖惩权力、人事调度权力和项目方案的决定权力等；甲方责任、需求提供、调研配合和业务指导等；变更处理流程、文档、权利等；团队合作模式、风格，出勤、考核标准，争议解决等；项目开发方的各个部门的义务及责任。这些规矩映射到制度上包含以下制度：项目例会制度，绩效考核制度，汇报制度，文档流程、配置变更管理制度等。

(2) 项目启动会

① 启动会的目的是向所有成员发出项目正式开始的信号，提高自身的"荷尔蒙值"，投入到项目的工作中来。

② 明确项目目标。

③ 对项目管理者明确授权，项目管理者利用权力展开各种活动。

④ 项目管理者明确项目的主要规矩，可以通过项目管理者本人或者高层宣布。

⑤ 表明指挥部对项目的投入及必要的奖惩机制。

⑥ 建立项目的远景规划，利用形象化的刺激，使成员愿意为之努力，如将1：50建筑模型、里程碑图表、一级网络图等设置在公共区域。只有这样才能起到真正的激励作用和暗示作用，这也是心理学基本原理中所论述的与潜意识沟通的基本要求。

⑦ 建立项目网站。

2. 计划阶段

第一，对于指挥部或甲方用户来说，在项目签订的合同中会有对最终成果的说明，但是这种说明往往过于粗糙，不能包含许多工作细节。为此，管理者需要经过反复的核实来细化这些条款，这样才能确保和甲方用户真实的需求一致。

(1) 面临的心理学挑战之一：如何使甲方用户的相关人员更好地配合这个过程？

在这个过程中，不可避免地会遇到甲乙双方对同一个需求理解的差异。这里同时也包含着甲方希望乙方提供更多的成果，乙方则希望尽可能以低代价来完成项目这样一种矛盾。所以，在明确边界的过程中，会发生甲乙双方关于这个问题的博弈。

应对挑战：考虑对方的结构属性，看清对方担心的事情，利用需求访谈中介绍的技巧。

(2) 面临的心理学挑战之二：如何说服甲方用户接受自己的建议？

更为困难的是，甲方用户由于自身的"结构属性"导致甲方用户的要求与指挥部的意见有时候互相矛盾。每个甲方用户都会根据自己的立场来描述需求，因此如何整理这些需求，识别出需求后面的业务动机，并给出相应的解决方案是指挥部不可回避的挑战。

应对挑战：要真诚，可以利用第三方说明和"审、敲、打"三个字对对方"痛点"进行操作。

(3) 面临的心理学挑战之三：如何应对团队内部的"争斗"？

应对挑战：最好回避，记住结构属性导致争斗，不要陷入对人品的评价，记录争斗双方的争执点。

第二，对于施工方来说，明确边界意味着他们要具体提交哪些成果，这些成果有好多是最终甲方用户看不见的中间成果和项目组的各种设计方案等。这些成果比甲方用户最终明确的需求还要详细，往往通过工作分解结构(WBS)的形式表现出来。在这个过程中，施工方也可能会对项目最终需要提交的成果产生不同理解甚至争执。

(1) 面临的心理学挑战之四：如何让项目成员迅速达成一致？

每个施工方都是一个具有独立意识的个体，他们的利益诉求和审视问题的角度都是不同的，都会导致他们喜欢做某些工作，讨厌做某些工作。

应对挑战：参见团队建设方法和公开讨论的群体决定方法。

(2) 面临的心理学挑战之五：如何克服施工方做计划时的消极情绪？

应对挑战：了解"迫近逃避"原理，认识自己心理根源，对项目可能发生的问题有预判，对项目计划所有可能情况作分析，让心理准备更充分。

(3) 面临的心理学挑战之六：如何应对项目计划中可能的变更？

应对挑战：认识变更是不可避免的，学习各种变更调整方法，达到工期缩短和资源平衡等目的，加强沟通。

3. 执行阶段

(1) 开展减压活动，做好后勤保障工作

开展里程碑的简单庆祝活动，项目管理者要尽力为自己的项目成员争取必要的福利，减少他们生活上的困难，为项目成员提供灵活的项目工作时间，消除员工对未来职业发展的忧虑。

(2) 因势利导

压力的产生是不可避免的，引导压力向积极的方面发展就显得很重要。压力可能是积极的，项目管理者可以进行有效的压力管理。

(3) 打造执行力的流程——闭环原理

PDCA循环是一种科学的工作思路。P：计划，凡事预则立，不预则废；D：执行，按对策措施的要求予以实施；C：检查，检查对策措施的实施结果是否达到预期目标；A：对已知问题采取行动，制定改进措施，进行下一次循环，见图12-4。

从控制论的角度来看，PDCA循环构成了控制循环。计划(P)作为执行的输入，在干扰(N)的影响下，执行(D)，通过对输出的检验(C)来制定改进措施(A)，重新修订输入，进行下一轮循环，这就是一个典型的闭环负反馈控制系统。这种闭环负反馈的控制可以保证项目在各种干扰，例如需求变更、技术障碍、人员变动和突然的外部环境的变化等的影响下，达到预期目标。

(4) 用制度保证执行力——火炉法则

火炉法则有四个特性：警示性、及时性、必然性、平等性。项目管理流程满足了PDCA闭环原理之后，必须在火炉法则制度下执行，否则难以形成真正的闭环。也就是项目执行的反馈上如果不能让执行者感觉到制度压力的话，闭环难以进行下去。

(5) 上瘾机制——随机、渐变的反馈

利用随机、渐变的反馈来让人上瘾，为了让这个上瘾机制产生作用，有的时候项目管理者需要人为地控制任务的成功，也就是"骗他过第一关"。

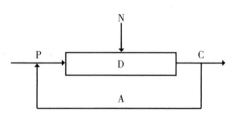

图12-4 闭环原理

项目管理者要求项目按照计划进行，而上述理论要求随机产生反馈，要把那些不可控的变更作为反馈才最理想。

(6)"小步快走"原理——保持项目的"心跳"

"小步快走"，要让项目成员感觉自己在不断地进步。实践表明，在不同阶段结束的时候明确地强调一下，会增强成员行动的协同性，让大家更加有信心，行动也更加坚决。

4. 控制阶段

(1) 利用不断的监控克服团队的拖延习惯

对于一个项目团队来讲，有时候会染上拖延症。团队总认为可以最后满足项目的底线，结果在项目的执行过程中，明明已经出现了延迟，整个团队却没有足够警觉或者心存侥幸的心理，在前期没有达到预定进度的情况下，过于乐观估计后面的工作，或者对项目的预留资源期望过大。结果在项目最后的底线来临的时候，整个团队处于慌乱状态，有的为了避免违约罚款，通过削减功能或者降低质量的手段来满足项目要求。克服拖延症的毛病采取以下的方法解决：

① 分清主次，优先做最重要的事情。

② 消除干扰，终止那些分散精力的行为，例如限制上网和逛微博的时间。

③ 制订计划，计划每天上午和下午的工作。

④ 设定底线，设定自己最后动手的底线时间。

⑤ 反馈奖励，改进了之后可以给的奖励。

⑥ 烦事先做，先做自己最不喜欢的事情。

利用合理的项目监控，可以保持项目的节奏，便于及时调整项目的行为或者修改项目的目标，争取更多的项目资源。这对整个团队意识到项目的进展情况、保持工作的节奏感、克服整个团队的拖延症十分有效。为了达到这个目的，可以在项目中设立里程碑倒计时牌来保持项目的节奏感。项目管理者要学会如何把项目的进展情况反馈出来，让整个团队保持紧张感。

(2) 建立变更控制机制

① 设立基线。基线就是控制目标。

② 建立配置库。配置库有两个要素：一个是目录结构，另一个是权限。

③ 设定变更管理系统。变更管理系统包含了流程、文档和制度三个部分。流程就是如果发生变更要走什么样的步骤，进行什么样的处理。

④ 执行变更之后，要进行核实和通报。

(3) 对抗的五步解决模式——控制情绪的影响

项目产生矛盾的时候，采取对抗的五步解决模式：肯定、描述事实、描述伤害、描述解决方案、给出前景。五步解决步骤看起来很简单，实际上使用时却十分困难，因为在过程中很难做到只是描述客观事实而不去评价，每个人都有要表达自己的冲动，每个人都有着不同的理由。

5. 收尾阶段的工作

(1) 收尾工作

项目临近结束，当有的成员完成了工作闲下来的时候，也会影响其他还在工作的人员，这样就会让整个团队的工作节奏有所下降。工作节奏下降，会直接导致工作拖沓的现象产生。按照业界80/80的说法，那就是当花费了80%的精力做出了80%的工作成果的时候，会惊讶地发现剩下的20%居然还要花费80%的努力。这时候就要求管理者利用一些控制手段，不能让团队松懈下来。

① 项目管理者不能让项目中的人闲下来，要人为地为那些人找一些工作，让他们保持忙碌的状态。

② 项目管理者可以在这个时候适当地多开一些会议，因为这个时候工作量的压力没有那么大，多开一些会议可以保持整个项目工作的紧凑感。会议可以对项目目前的现状进行总结，分配下一阶段的任务。另外在这个阶段，可以设计一系列小的里程碑来保持项目节奏。在项目即将验收前一周或者一个月采取每天开晨会的制度。

③ 克服未来工作的影响。项目的特点决定了项目的组织可能是临时的，所以这个时候项目组成员有可能会更注意未来潜在工作而忽略了当前的工作。可以借助公司的力量来解决项目组成员的后顾之忧。

(2) 项目验收

① 项目验收的常见问题

a. 对项目收尾重视不够。项目收尾阶段事情繁多，尤其对于一个大型项目来讲，更是千头万绪。再加上要同时处理合同条款，维护甲方用户关系，应对客户对项目没有达到用户要求部分的指责等，这些都需要指挥部认真应对。

b. 最后赶工。如果项目管理者在项目的执行阶段没有做好监控，会导致项目成员"前松后紧"的工作习惯，也就是"拖延症"。非得到最后才能唤起工作的紧张感。当项目接近尾声的时候才开始做最后的冲刺，就会导致严重的质量问题，或者会导致忽略了用户的某些需求，这必然给项目的验收带来巨大风险。

c. 没有正规流程。"规矩先行"很重要，要让每个干系人都知道必须遵守这个制度，这样才能避免因为个人的不合作导致项目失控。

② 应对甲方用户"趋避"行为

这时候除非有严格的时间表要求，否则甲方用户主管验收的人很忙；在验收的时候看似不起眼的小缺陷，往往会被用户放大，甚至引发一场大的纠纷。原来比较配合的甲方用户，突然之间好像变得喜欢拖延或者变得十分不耐烦，这种情况的后面是"趋避冲突"在作怪。主管项目验收的人一方面希望验收，另外又害怕所担负的责任。换言之，人在面临做一个重大决定的时候，第一反应是先把这件事情"推开"，也就是拖延。如果有严格的时间要求必须要进行验收，该验收人就会形成心理焦虑。在这种焦虑的心理作用下，就容易对任何小缺陷无限放大。对此，拟采用以下几种措施解决：

a. 在验收阶段多开会，增加甲方用户对这个项目的了解。他们会更加支持自己所了解的事情，会本能地排斥自己未知的事情。

b. 多向甲方用户请教业务知识，适当地就自己项目中的不足向验收的人征求意见，增强他的可控感觉。

c. 根据项目情况提前为甲方用户进行关于项目的培训，这也是为了增加用户对项目的了解。

第五节　结语

江苏大剧院建筑面积近 29 万 m^2，具有许多繁杂的系统及多元素、多不确定性和多变化，在如此复杂因素的工程环境下，我们从 2012 年底开始施工，2016 年底完工，仅用 4 年时间工程就得以竣工。从中也总结出一条复杂项目进度管理的经验，那就是充分有效地利用进度管理的硬技术，同时也探索和实践利用协同学理论和心理学理论进行项目进度管理，使项目顺利进行。

第十三章 基于系统工程理论用于大型、复杂工程项目管理的实证分析

第一节 工程概况

江苏大剧院是江苏省最大的文化艺术工程，建筑面积近29万 m^2，包括2 280座歌剧厅、1 500座音乐厅、1 020座戏剧厅、2 700座 + 860座综艺厅，以及共享大厅、多功能厅、电影院、文博馆、艺术馆等建筑。每个单体建筑均有声学设计和舞台机械、舞台灯光和舞台音响高端设备。总投资40亿元，2013年元月奠基，2016年12月竣工，工程建设总目标为"安全、优质、高效"。

第二节 江苏大剧院建设管理体系

1. 江苏大剧院的业主方知识集成实践

演艺建筑之所以复杂，主要体现在项目涉及专业多，系统配置复杂，施工工艺复杂，同时演艺建筑的个性化要求高，不同的演艺建筑之间的布局、流程难以简单照搬复制。在演艺建筑建设期间，业主方要面临大量的方案比选和决策任务，其中大多需要用到专家的隐性知识方能做出正确判断。因此，演艺建筑建设项目的业主方知识管理至关重要，江苏大剧院的业主方组织集成共分为六个层次：第一层次是业主的项目部；第二层次是文化厅及演艺集团的技术专家；第三层次是监理单位、造价咨询单位等共同形成的业主方项目组织结构；第四层次是业主方与项目外的行业专家、顾问、咨询单位形成基于知识集成的虚拟组织；第五层次是江苏大剧院的使用单

位，即江苏省文投公司；第六层次是业主方和项目其他利益相关者的协调型组织集成。

2.江苏大剧院建设管理体系

江苏大剧院工程建设按照系统工程理论进行项目管理，构建组织维、阶段维和业务维的三维管理体系。其中组织维将建设、设计、施工、监理、科研、咨询、文化厅等单位集成为"七方"，形成协作和资源组合模式，这是当前国情下充分发挥政府职能和利用市场机制建立的工程建设多责任主体合作的有效模式，充分体现了工程多主体的集成性。

在业务维方面，江苏大剧院构建工程管理三层微观体系，围绕基础、管理、控制 3 个层次业务开展工作。以夯实基础层、强化管理层、突出控制层的管理思路，通过管理体系的集成设计与运行，使各管理子系统协调有序，相互配合，实现工程总目标。其中，基础层包括组织建设、制度建设、文化建设；管理层包括决策管理、设计管理、技术创新管理、招标采购管理、信息管理和风险管理；控制层包括质量控制、安全控制、投资控制和进度控制。

基础层主要为管理层和控制层的工作提供组织制度保障与基本服务。组织建设用来处理指挥部与利益相关者的关系，满足工程参与方的要求，同时在质量、安全、进度和投资等方面取得预期效果。指挥部对设计工作进行计划、调控，组织实施和审查一系列管理活动，并对工程质量、进度和投资进行控制管理。

管理层以基础建设为保障，为项目建设提供资源和支撑。招标采购为项目的建设提供了物资资源；创新管理为项目建设提供了新的技术资源，为工程建设中的技术难题提供解决方案；高效的信息化管理为各项控制工作提供了动态、实时的信息数据资料，使有效实施控制成为可能；风险管理让工程人员对困难有充分估计，对各种潜在风险提早作出防范对策。决策、设计、招标、信息、创新和风险 6 大管理模块是协调统一的整体，最终将落实到质量、安全、投资、进度 4 大控制目标上。

控制层在管理层的配合下，主要对关键管理环节采取实时跟踪和约束，控制层的各项目标是工程总目标的具体落实。

第三节　大系统管理方法论在江苏大剧院项目管理中的应用

江苏大剧院建设规模宏大，拥有几百个子系统，施工高峰时有42支施工队伍进行平行和交叉作业，结构复杂，层次多，影响因素多，具有综合功能和多个目标系统，属于土木系统工程的大系统范畴。江苏大剧院工程以大系统管理理论为指导的工程管理体系处理各方面的关系，放弃某些子系统的利益，维护大系统的利益，最后取得全局的最优，使大系统得到最佳的效益即经济效益和社会效益。

系统工程大系统方法论的原理是分析与综合。所谓"分析"就是对已有的大系统进行定性和定量的理论分析或实验研究。所谓"综合"就是指对大系统进行规划决策、总体设计、制订协调计划和组织管理计划，解决大系统中最优设计、最优控制、最优管理问题。为了进行大系统的分析与综合，指挥部采用四种手段进行管理：一是采用BIM设计模拟技术；二是应用互联网+BIM信息化管理技术；三是利用网络计划技术，描述系统信息流互相联系；四是利用数学模型进行定量分析和决策。

大系统方法论的核心是分解和协调。所谓"分解"是将复杂的大系统分解为若干简单的系统，以便应用通常的方法进行分析、综合，实现各系统的局部最优化。所谓"协调"是根据大系统的总任务、总目标使各子系统相互协调配合，实现大系统全局最优化。

1. 定性分析

首先，项目的利益相关者是指那些在项目中有某种权益或利害关系的单位和组织。因为他们所处的地位和立场各不相同，审视问题的角度或态度有所差别，他们的要求和期望各异，评价标准和利益也不一样。为了一个共同的项目目标，按照一定的流程进行协同工作，显然，进行协调和协同管理尤为重要，这也是大型、复杂工程项目管理的重要内容所在。

其次，由于边设计边施工存在设计图纸深度不够，引起施工单位对工作范围、责任、造价等的扯皮或矛盾屡有发生。同时"错、漏、碰、缺"的设计通病屡见不鲜，大型、复杂工程的问题更为严重。这些障碍因素严重影响工程项目的顺利进展。

第三，江苏大剧院工程是复杂的大系统，各个子系统横向之间相互牵扯、相互关联、相互胶着，牵一发动全身，一枝动百枝摇，形成无数个问题、矛盾、冲突和碰撞。这些矛盾和问题成为质量控制、投资控制、进度控制的严重

弹线 → 修补 → 安装管线 → 安装龙骨 → 混凝土找平 → 座椅埋件 → 安装毛地板 → 安装实木地板 → 安装座椅

开送风口 → 安装静压箱 → 安装吊顶 → 安装末端 → 空调调试

图 13-1　观众厅楼座装修施工工序流程图

障碍。要取得项目的成功，必须对项目利益相关者进行有效管理：协调矛盾、平衡利益、克服障碍、协同工作。

项目的沟通协调概括为运作协调、利益协调和技术协调三类内容。

(1) 运作协调

运作协调是通过设计合理有效的作业流程，在综合控制过程中使控制主体与被管理对象之间实现运作与行为的协同，通过协作与协同化解矛盾和冲突，共同实现控制目标。

现以观众厅楼座装修为例加以说明。观众厅楼座装修共有 11 道工序，8 家施工单位进行顺序施工和交互施工。首先，装修单位和座椅单位联合弹线，找出看台混凝土的施工误差，土建单位修补施工误差。然后安装单位安装各类管线，装修单位铺设方钢管龙骨，土建单位将混凝土找平，座椅厂家安装座椅埋件，开通座椅下送风洞口。接着台阶上表面安装毛地板和实木地板，座椅厂家安装座椅。台阶下部安装静压箱，装修单位施工声学GRG 吊顶，配合安装喷淋、灯具、喇叭等末端。

心理学揭示人性的特点，"人只做愿意做的事"。换言之，不愿意做在他范围以外的事。指挥部对多工序交叉作业设计了工序流程图，见图 13-1。指挥部通过互联网项目网站和每天的晨会、每周的工程例会协调工序交接问题和质量、进度存在的问题，所以能够顺利地按进度计划进行施工。

(2) 利益协调

利益协调是遵循利益共享、风险共担的原则，通过合理的利益分配机制使综合控制过程中各相关方有一致的利益基础，从而保证控制目标的实现。

现以钢结构吊装为例加以说明。单体建筑的钢结构分为球形外罩钢结构和外罩内主体上的钢结构两部分。A 单位施工球形外罩钢结构，由大断面的斜柱、底环梁、中环梁、顶环梁和支撑组成，单件最大起重量为 48 t，采用 450 t 履带吊进行吊装。B 单位施工外罩内的钢结构包括劲性配筋的梁柱，观众厅及舞台上方的大跨度桁架，外罩与主体间的连接钢结构，单件最大起重量为 80 t，采用 800 t 履带吊进行吊装。A、B 两家施工单位履带吊分别站位于南侧和北侧，按照吊装工序交叉进行施工。但是，A、B 两家换位施工时履带吊移位一次均需要 1 天时间和 2 万多元的移位费用。指挥部通过利益协调进行充分的谈判协商，采取双方的履带吊在原位交叉吊装对方的构件，互不计取费用的方案，达到了双方互利共赢的目的，保证了钢结构吊装进度的要求。

(3) 技术协调

技术协调是寻找合理、有效的技术方案，使各专业之间尽量避免结构碰撞、管道碰撞和其他各种碰撞，减少施工中产生的障碍。

现以机电综合管线为例加以说明。江苏大剧院设有大型暖通空调系统，给排水系统，强弱电系统，动力照明系统，消防及控制系统，通信网络系统，燃气系统，以及舞台机械、灯光、音响控制系统等。指挥部要求机电总包利用 BIM 设计技术对所有管线进行管线综合，在 BIM 碰撞设计过程中做到小管径避让大管径，有压力管避让无压力管，软质管避让硬质管。舞台部分的管线避让舞台机械、舞台灯光和舞台音响，煤气管、电缆、光纤等保持规定的安全距离。各类管线各就各位、各行其道，这样既保证了工程的质量和进度，又大大减少了矛盾和碰撞引起的返工损失。

2. 定量分析举例

(1) 层次分析法在项目中的应用

江苏大剧院每个单体建筑均为七层楼，办公及后勤用房设置在三至四层，这部分用房的空调备选方案有三种：A1 采用柜式空调，A2 采用 VRV 系统空调，A3 接入中央系统空调。以上方案在节能和安装方便角度上经评议认为：A1 比 A2 明显次要，A1 比 A3 稍微次要，A2 比 A3 稍微重要。按表 13-1 的标度得 $b_{12}=1/5$，$b_{13}=1/3$，$b_{23}=3$。由此得比较矩阵也称作判断矩阵：

$$B = \begin{bmatrix} b_{11} & b_{12} & b_{13} \\ b_{21} & b_{22} & b_{23} \\ b_{31} & b_{32} & b_{33} \end{bmatrix} = \begin{bmatrix} 1 & 1/5 & 1/3 \\ 5 & 1 & 3 \\ 3 & 1/3 & 1 \end{bmatrix}$$

表 13-1　九级标度规则表

重要性标度	定义	次要性标度	定义
1	甲和乙比，甲和乙同样重要	1	甲和乙比，甲和乙同样次要
3	甲和乙比，甲比乙稍微重要	1/3	甲和乙比，甲比乙稍微次要
5	甲和乙比，甲比乙明显重要	1/5	甲和乙比，甲比乙明显次要
7	甲和乙比，甲比乙重要得多	1/7	甲和乙比，甲比乙次要得多
9	甲和乙比，甲比乙极其重要	1/9	甲和乙比，甲比乙极其次要
2，4，6，8	两个相邻标度的折中	1/2，1/4，1/6，1/8	两个相邻标度的折中

由公式 $b_i = \sqrt[3]{\prod\limits_{j=1}^{m} b_{ij}}$ （$i=1,2,\cdots,m$）得：　(1)

$$b_1 = \sqrt[3]{1 \times 1/5 \times 1/3} = 0.405\,5$$

$$b_2 = \sqrt[3]{5 \times 1 \times 3} = 2.466\,0$$

$$b_3 = \sqrt[3]{3 \times 1/3 \times 1} = 1$$

由公式 $c_i = b_i \Big/ \sum\limits_{i=1}^{m} b_i$ 得：　(2)

$$\sum b = 0.405\,5 + 2.466\,0 + 1 = 3.871\,5$$

$$c_1 = 0.405\,5 / 3.871\,5 = 0.104\,7$$

$$c_2 = 2.466\,0 / 3.871\,5 = 0.637\,0$$

$$c_3 = 1 / 3.871\,5 = 0.258\,3$$

由公式 $(bc)_i = \sum\limits_{i=1}^{m} b_{ij} c_i$ （$i=1,2,\cdots,m$）得：　(3)

$$(bc)_1 = 1 \times 0.104\,7 + 0.637 \times 1/5 + 0.258\,3 \times 1/3 = 0.318\,2$$

$$(bc)_2 = 5 \times 0.104\,7 + 0.637 \times 1 + 0.258\,3 \times 3 = 1.935\,4$$

$$(bc)_3 = 3 \times 0.104\,7 + 0.637 \times 1/3 + 0.258\,3 \times 1 = 0.784\,7$$

最大特征根 $\lambda_{\max} = \dfrac{1}{m} \sum\limits_{i=1}^{m} (bc)_i / c_i$　(4)

$$= 1/3 \times [0.318\,2 / 0.104\,7 + 1.935\,4 / 0.637 + 0.784\,7 / 0.258\,3]$$

$$= 3.038\,5$$

此时，可以判断 B 矩阵的一致性及一致性比率。

一次性指标 $C.I = (\lambda_{\max} - m)/(m-1) = (3.038\,5 - 3)/2 = 0.019\,25$　(5)

平均随机一致性指标查表 13-2 得到 $R.I. = 0.58$。

表 13-2 平均随机一致性指标数值表

矩阵阶数 n	1	2	3	4	5
R.I.	0	0	0.58	0.90	1.12
矩阵阶数 n	6	7	8	9	10
R.I.	1.24	1.32	1.41	1.45	1.49

在实用上，用随机一致性比率 $C.R$ 作为评判指标：

$$C.R = C.I / R.I = 0.019\,25 / 0.58 = 0.033\,2 \tag{6}$$

$C.R < 0.1$，矩阵 $\boldsymbol{B}$ 具有满意一致性。而 $c_2 = c_{max}$，方案 A_2 即 VRV 系统在节能和安装方便角度上是最优决策方案，故采用之。

(2) 线性规划在项目中的应用

一批定长 12 m 的 ϕ22 螺纹钢下料单见表 13-3，表 13-4 中为可能的各种截法，然后建立线性规划数学模型计算这些截法。

表 13-3 下料清单表

截成每根钢筋的长度 /mm	760	670	620	580	310	240	230
根数	156	78	156	390	312	306	50

表 13-4 可能的各种截法表

规格 /mm 截法（根数）	760	670	620	580	310	240	230	余料
1（x_1）	1				1			130
2（x_2）	1					1		200
3（x_3）	1						1	210
4（x_4）		1			1			220
5（x_5）		1				2		50
6（x_6）		1				1	1	60
7（x_7）		1					2	70
8（x_8）			1	1				0
9（x_9）			1		1	1		30
10（x_{10}）			1			2		100
11（x_{11}）			1		1		1	40
12（x_{12}）				2				40
13（x_{13}）				1		2		140
14（x_{14}）				1	2			0
15（x_{15}）					2	2		100
16（x_{16}）					3	1		30
17（x_{17}）						5		0
18（x_{18}）							5	50
根数	156	78	156	390	312	306	50	

设 x_1, x_2, …, x_{18} 分别为截法 1, 2, …, 18 螺纹钢的根数，根据表 13-4 所示的数据列出如下的线性规划：

$$Z_{\min} = 130x_1 + 200x_2 + 210x_3 + 220x_4 + 50x_5 + 60x_6 + 70x_7 + 0x_8 + 30x_9$$

$$+ 100x_{10} + 40x_{11} + 40x_{12} + 140x_{13} + 0x_{14} + 100x_{15} + 30x_{16} + 0x_{17} + 50x_{18} \quad (7)$$

$$\text{s.t.} \begin{cases} x_1 + x_2 + x_3 = 156 \\ x_4 + x_5 + x_6 + x_7 = 78 \\ x_8 + x_9 + x_{10} + x_{11} = 156 \\ x_8 + 2x_{12} + x_{13} + x_{14} = 390 \quad x_i \geq 0 \ (i = 1, 2, \cdots, 18) \\ x_1 + x_4 + x_9 + x_{11} + 2x_{14} + 2x_{15} + 3x_{16} = 312 \\ x_2 + 2x_5 + x_6 + x_9 + 2x_{10} + 2x_{13} + 2x_{15} + x_{16} + 5x_{17} = 306 \\ x_3 + x_6 + 2x_7 + x_{11} + 5x_{18} = 50 \end{cases}$$

利用线性规划的软件计算结果为

$$x_1 = 156, \ x_5 = 78, \ x_8 = 156, \ x_{12} = 78, \ x_{14} = 78, \ x_{17} = 30, \ x_{18} = 10$$

$$Z_{\min} = 27\,800(\text{mm})$$

采用上述截法后，平均每根钢筋（长 1 200 mm）截下的废料为

$$27\,800 / (156 + 78 + 156 + 78 + 78 + 30 + 10) = 47(\text{mm})$$

得 $\qquad\qquad 47 / 1\,200 = 0.039$

即废料只占钢筋用料的 3.9%。通常钢筋的下料废料率为 7% ～ 8%，甚至更多，利用线性规划方法可以在不增加投入的前提下降低废料率，达到优化成本的目的。

(3) 动态规划在项目中的应用

项目的长方形基地内斜穿一条 2.8 m × 2.2 m 钢筋混凝土箱涵，该箱涵是南京市的污水总管。大剧院项目开工前需将这段箱涵（处在污水总管的末端）移至红线外。以 1 亿元投资采用 3 道管涵（采用顶管施工）代替这部分箱涵。由于南京市政府规定了新旧管网并网停水时间的限制，需在 5 天内并管施工完成。据测算，如无雨天气采取正常施工方法施工，费用（直接费）为 15 万元；如大雨天气施工，除直接费以外，要增加雨天措施费和地坑塌方加固措施费 3 万元，共计 18 万元；如小雨天气施工，共计费用 16 万元。

用动态规划方法，把问题按天分为 5 个阶段，目标是使所需的施工费最少。每天都要做出决策，即在每一天都要判断是在当天施工有利还是当

天暂不施工，等待更有利的条件再施工。如果这一天碰上大雨，也很容易做出决策——"暂不施工"（除非在第 5 天，因为不允许再拖延工期，故虽遇大雨也只能冒雨施工）。但如遇小雨，则不能凭直观作出决策，因为此时无法知道以后几天的天气情况，而只知道它们的概率分布，见表 13-5。

表 13-5　通过气象部门了解到的有关气象资料

日期	4 月 15 日			4 月 16 日			4 月 17 日			4 月 18 日			4 月 19 日		
天气	大雨	小雨	无雨	大雨	小雨	无雨	大雨	小雨	无雨	大雨	小雨	无雨	大雨	小雨	无雨
概率	0.2	0.2	0.6	0.2	0.2	0.6	0.2	0.2	0.6	0.4	0.4	0.2	0.4	0.4	0.2

这是一个 5 阶段的一维随机动态变量的动态规划问题，对第 i 天来说要研究第 i 天碰到第 j 种天气状态（以 $j=1$ 表示大雨，$j=2$ 表示小雨，$j=3$ 表示无雨）时，决策当天是否施工，衡量的标准是以当天施工所需的施工费用和当天不施工等待以后施工的施工费用相比较，取其中较小者为最优决策。

以 S_{ij} 表示第 i 天的雨情，P_{ij} 为与 S_{ij} 相应的概率，$i=1,2,3,4,5$；$r_i(S_{ij})$ 表示第 i 天遇到第 j 种天气时所需的施工费用；$R_i(S_{ij})$ 表示第 i 天遇到第 j 种天气时，采用最优决策时所需的施工费用。

用动态规划的逆向递推法，从最后一天开始计算并向前递推。

① 第 5 天：是规定施工工期的最后一天，若前 4 天挡板混凝土尚未浇捣，则第 5 天无论遇到什么天气，其最优决策均为当天施工。

可得　　　　　$R_5(S_{5j}) = r_5(S_{5j})$ 　　　　　　　　　(8)

即

$$R_5(S_{51}) = r_5(S_{51}) = 180\,000\ 元，相应的\quad P_{51} = 0.4$$

$$R_5(S_{52}) = r_5(S_{52}) = 160\,000\ 元，相应的\quad P_{52} = 0.4$$

$$R_5(S_{53}) = r_5(S_{53}) = 150\,000\ 元，相应的\quad P_{53} = 0.2$$

② 第 4 天：用第 4 天的施工费 $r_4(S_{4j})$ 和第 5 天可能的施工费来比较。因第 5 天遇到不同的天气有不同的施工费，可根据各种天气出现的概率 P_{ij}，求得第 5 天施工费的期望值为

$$\sum_{k=1}^{3} R_5(S_{5k})P_{5k} = R_5(S_{51})P_{51} + R_5(S_{52})P_{52} + R_5(S_{53})P_{53} \qquad (9)$$

$$= 180\,000 \times 0.4 + 160\,000 \times 0.4 + 150\,000 \times 0.2 = 166\,000\ （元）$$

第 4 天遇到第 j 种天气时，最优决策的目标函数为

$$R_4\left(S_{4j}\right) = \min\left\{r_4(S_{4j}), \sum_{k=1}^{3} R_5\left(S_{5k}\right)P_{5k}\right\} \tag{10}$$

$$R_4\left(S_{41}\right) = \min\{180\,000, 166\,000\} = 166\,000（元）$$

表示第 4 天如遇大雨，则暂不施工为好。

$$R_4\left(S_{42}\right) = \min\{160\,000, 166\,000\} = 160\,000（元）$$

$$R_4\left(S_{43}\right) = \min\{150\,000, 166\,000\} = 150\,000（元）$$

表示第 4 天如遇小雨或无雨，均应施工。

③ 第 3 天：其递推公式为

$$R_3\left(S_{3j}\right) = \min\left\{r_3(S_{3j}), \sum_{k=1}^{3} R_4\left(S_{4k}\right)P_{4k}\right\} \tag{11}$$

式中　　$\sum_{k=1}^{3} R_4\left(S_{4k}\right)P_{4k}$

$$= 166\,000 \times 0.4 + 160\,000 \times 0.4 + 150\,000 \times 0.2 = 160\,400（元）$$

得　　　$R_3\left(S_{31}\right) = \min\{180\,000, 160\,400\} = 160\,400（元）$

表示如遇大雨天气，当天不施工。

$$R_3\left(S_{32}\right) = \min\{160\,000, 160\,400\} = 160\,000（元）$$

表示如遇小雨天气，当天施工。

$$R_3\left(S_{33}\right) = \min\{150\,000, 160\,400\} = 150\,000（元）$$

表示如遇无雨天气，当天施工。

④ 第 2 天：递推公式为

$$R_2\left(S_{2j}\right) = \min\left\{r_2(S_{2j}), \sum_{k=1}^{3} R_3\left(S_{3k}\right)P_{3k}\right\} \tag{12}$$

式中　　$\sum_{k=1}^{3} R_3\left(S_{3k}\right)P_{3k}$

$$= 160\,400 \times 0.2 + 160\,000 \times 0.2 + 150\,000 \times 0.6 = 154\,080（元）$$

得　　　$R_2\left(S_{21}\right) = \min\{180\,000, 154\,080\} = 154\,080（元）$

表示如遇大雨天气，当天不施工。

$$R_2(S_{22}) = \min\{160\,000, 154\,080\} = 154\,080\,(\text{元})$$

表示如遇小雨天气，当天不施工。

$$R_2(S_{23}) = \min\{150\,000, 154\,080\} = 150\,000\,(\text{元})$$

表示如遇无雨天气，当天施工。

⑤ 第 1 天：递推公式为

$$R_1(S_{1j}) = \min\left\{r_1(S_{1j}), \sum_{k=1}^{3} R_2(S_{2k})\, P_{2k}\right\} \tag{13}$$

式中　　　$\sum_{k=1}^{3} R_2(S_{2k})\, P_{2k}$

$$= 154\,080 \times 0.2 + 154\,080 \times 0.2 + 150\,000 \times 0.6 = 151\,632\,(\text{元})$$

得　　　　　　$R_1(S_{11}) = \min\{180\,000, 151\,632\} = 151\,632\,(\text{元})$

表示如遇大雨天气，当天不施工。

$$R_1(S_{12}) = \min\{160\,000, 151\,632\} = 151\,632\,(\text{元})$$

表示如遇小雨天气，当天不施工。

$$R_1(S_{13}) = \min\{150\,000, 151\,632\} = 150\,000\,(\text{元})$$

表示如遇无雨天气，当天施工。

根据以上计算得出在这 5 天中浇捣挡板混凝土的最优策略为：第 1 天、第 2 天无雨天气才施工，遇大雨天气或小雨天气均不施工；第 3 天、第 4 天无雨天气或小雨天气均应施工，如遇大雨天气则暂不施工；第 5 天无论遇到什么天气均应施工。

（4）随机型网络计划 GERT 用于新工艺、新技术研制的风险分析

江苏大剧院的屋面玻璃飘带施工工艺的研制过程，通过随机型网络计划 GERT，把任务由开始到结束可能出现的结果作为研究的目的，考虑项目成功或失败这两种可能性发生的概率。玻璃飘带（属于斜玻璃幕墙）是使用双曲面弯弧玻璃。由于椭球形屋面的曲率不断变化，玻璃和驳接头必须经过加工生产、试安装、检测、改进加工生产、再安装、检测，直到满足工艺要求为止。研制的内容有弯弧玻璃的双曲率、驳接头的构造、玻璃的四个孔洞等。

为了保证建筑造型光滑、圆顺，必须对双曲率弯弧玻璃的加工工艺进行调整和修改加工，此谓加工过程 1；为了保证弯弧玻璃四个孔洞的位置、尺寸和倒边要求，使玻璃均匀受力，对玻璃样品作调整、修改加工，此谓加工过程 2；为了保证驳接头支承玻璃的受力均匀，使驳接头应能随屋面坡

度变化而转动，不致产生应力集中导致玻璃破碎，对驳接头的样品作调整、修改加工，此谓加工过程 3。由于项目执行过程中各种风险的影响，即时间（或进度）、费用（投资和运行成本）和性能（技术参数）等存在着不确定性，因此，必须采用 GERT 网络进行定量分析。考虑图 13-2 的 GERT 网络（括号内数字前者为概率，后者为持续时间或概率密度函数）和参数表 13-6 [完成时间采用三时法 $T_m = (a + 4m + b) / 6$ 计算，a 为乐观时间，m 为最可能时间，b 为悲观时间]。图中描述了玻璃飘带的试制过程，产品由样品开始进入研制，用节点 1 表示。加工任务 1 完成的时间有 95% 的可能要用 4 天，再进行检测工作 1；有 5% 的可能要用 15 天，然后直接进行检测工作 3。检测工作 1 持续的时间拟服从指数分布，其持续时间的概率密度函数为 $f_1(t) = e^{-t}$，其中 t 表示持续时间。经检测工作 1 后的产品有 25% 的概率需要送到加工任务 2 进行再加工，有 75% 的概率送到加工任务 3 进行最后的加工。

经加工任务 2 进行再加工的构件还要经过检测工作 2，检测工作 2 持续的时间也服从指数分布，其概率密度函数可表示为 $f_2(t) = \frac{1}{2} e^{-\frac{1}{2}t}$。此时的产品有 30% 的概率仍不成功，因而造成研制失败。有 70% 的概率使得再加工成功（即通过了检测），也送到加工任务 3 进行最后加工。

最后加工完成用节点 5 表示，时间有 60% 的可能要用 10 天，40% 的可能要用 14 天。最后加工完成的幕墙构件，经过检测工作 3（完成时间为 1 天），仍有 5% 的可能成为废品，而有 95% 的可能性加工成功。

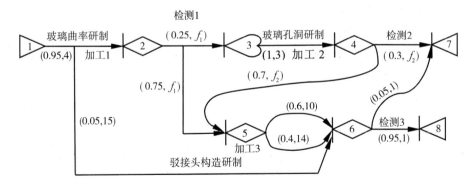

图 13-2 研制项目的 GERT 网络

表 13-6　研制项目的 GERT 网络参数说明

工作代号	工作名称	完成概率	完成时间 / 天
1-2	加工 1	0.95	4
1-6	加工 1	0.05	15
2-3	检测 1	0.25	服从参数 $\lambda=1$ 的指数分布，其概率密度函数为 $f_1(t)=e^{-t}$，其均值为 1
2-5	检测 1	0.75	服从参数 $\lambda=1$ 的指数分布，其概率密度函数为 $f_1(t)=e^{-t}$，其均值为 1
3-4	加工 2	1	3
4-5	检测 2	0.7	服从参数 $\lambda=1/2$ 的指数分布，其概率密度函数为 $f_2(t)=\dfrac{1}{2}e^{-\frac{1}{2}t}$，其均值为 2
4-7	检测 2	0.3	服从参数 $\lambda=1/2$ 的指数分布，其概率密度函数为 $f_2(t)=\dfrac{1}{2}e^{-\frac{1}{2}t}$，其均值为 2
5-6	加工 3	0.6	10
5-6	加工 3	0.4	14
6-7	检测 3	0.05	1
6-8	检测 3	0.95	1

根据以上条件，求出当产品试制成功时项目所需时间的期望值是多少，项目成功的概率是多少，通过对 GERT 网络的计算和随机型风险估计方法可以得出正确的结论。

首先，根据网络模型仔细地分析项目全过程，找出产品可能通过哪些加工工作和可能性是多大。从网络不难看出成品可能经过五条加工路线（其中指数分布的工期按均值计算）。

第一条路线：

所需时间　$t_1=4+1+3+2+10+1=21$（天）

总的概率　$P_1=0.95\times0.25\times0.7\times0.6\times0.95=0.094\,762\,5$

第二条路线：

所需时间　$t_2 = 4 + 1 + 3 + 2 + 14 + 1 = 25$ （天）

总的概率　$P_2 = 0.95 \times 0.25 \times 0.7 \times 0.4 \times 0.95 = 0.063\,175$

第三条路线：

$$①\ \xrightarrow{4}\ ②\ \overset{0.95}{\xrightarrow{1}}\ ⑤\ \overset{0.75}{\xrightarrow{10}}\ ⑥\ \overset{0.6}{\xrightarrow{1}}\ ⑧\ \overset{0.95}{}$$

所需时间　$t_3 = 4 + 1 + 10 + 1 = 16$ （天）

总的概率　$P_3 = 0.95 \times 0.75 \times 0.6 \times 0.95 = 0.406\,125$

第四条路线：

$$①\ \xrightarrow{4}\ ②\ \overset{0.95}{\xrightarrow{1}}\ ⑤\ \overset{0.75}{\xrightarrow{14}}\ ⑥\ \overset{0.4}{\xrightarrow{1}}\ ⑧\ \overset{0.95}{}$$

所需时间　$t_4 = 4 + 1 + 14 + 1 = 20$ （天）

总的概率　$P_4 = 0.95 \times 0.75 \times 0.4 \times 0.95 = 0.270\,75$

第五条路线：

$$①\ \overset{0.05}{\xrightarrow{15}}\ ⑥\ \overset{0.95}{\xrightarrow{1}}\ ⑧$$

所需时间　$t_5 = 15 + 1 = 16$ （天）

总的概率　$P_5 = 0.05 \times 0.95 = 0.047\,5$

最终产品研制成功的概率和项目成功完成的平均时间（项目工期的期望值）可以分别得出：

$$P_c = \sum P_i = 0.094\,762\,5 + 0.063\,175 + 0.406\,125 + 0.270\,75 + 0.047\,5$$
$$= 0.882\,312\,5 \approx 88.23\%$$

$$T_c = \sum_i t_i \frac{P_i}{P_c} = \left(21 \times 0.094\,762\,5 + 25 \times 0.063\,175 + 16 \times 0.406\,125 + \right.$$

$$\left. 20 \times 0.270\,75 + 16 \times 0.047\,5 \right)/0.882\,312\,5 \approx 18.409 \quad （天）$$

同时得出项目失败的概率为：

$$P_f = 1 - P_c = 1 - 0.882\,312\,5 = 0.117\,687\,5$$

经分析，得出屋面玻璃飘带研制过程存在的成功概率和失败概率分别为 88.23% 和 11.77%。指挥部十分重视，采取聘请多名专家教授、行业顾问反复进行研究和策划，同时指挥部派员和监理一起驻厂加强监督，最后终于圆满地完成了这项研制开发任务。

第四节　结束语

江苏大剧院应用系统工程理论在工程实践中形成了一套大型、复杂工程项目管理的方法，强调了组织维的集成性，业务维的关联性，概括出定性分析的协调管理和定量分析的应用。这是将系统工程大系统方法论在大型、复杂工程项目管理中成功的探索和实践，对其他工程建设项目管理将会有所裨益。

江苏大剧院工程建设

大事记

>>>> 1994 年

1994 年 2 月 4 日中共江苏省委 192 次常委会决定筹建江苏大剧院。此后，省市有关部门开展选址工作。

>>>> 1996 年

1996 年 6 月 7 日根据有关部门选址论证和考察情况，江苏大剧院建设地点选在明故宫公园。

1996 年 8 月 14 日省委办公厅、省政府办公厅联合发出《关于成立江苏大剧院工程建设领导小组的通知》，批准成立江苏大剧院工程建设领导小组和江苏大剧院工程建设指挥部，颜伟任总指挥。

>>>> 1997 年

1997 年 1 月 30 日江苏大剧院工程建设指挥部为工程设计方案招标举行新闻发布会。

1997 年 4 月 14 日 -15 日指挥部组织全国著名的建筑设计专家 11 人对投标方案进行评审，第一方案为 9 号方案，备选方案为 5 号方案。

1997 年 4 月 18 日 -25 日在省歌舞剧院小剧场举办设计方案民意测验活动，展出 9 号、5 号方案。

1997 年 5 月 7 日根据专家评审和民意测验情况，决定选用 9 号方案，设计单位为实友国际发展（加拿大）有限公司。

1997 年 12 月 18 日省政府以苏政复〔1997〕161 号文正式批复同意在明故宫遗址公园建设江苏大剧院。

>>>> 1998 年

1998 年 5 月因涉及文物保护问题，省委省政府领导批示，工程"立项不变，暂缓开工"。

1998 年 7 月 6 日省计经委向省政府呈送了暂缓建设江苏大剧院的报告，对有关事项提出了处置意见。省有关领导均批示同意。

>>>> 2008 年

2008 年 12 月 25 日省委书记梁保华批示："1.同意恢复大剧院筹建工作机构。2.选址要抓紧确定。3.加快项目推进工作。"

>>>> 2009 年

2009 年 7 月 9 日省政府召开专题协调会议，研究推进江苏大剧院建设有关事宜。

2009 年 11 月 3 日南京市发展与改革委员会下达了《关于江苏大剧院项目建议书的批复》。

2009 年 12 月 25 日南京市规划局发出《关于江苏大剧院项目可行性研究规划设计条件的复函》。

>>>> 2010 年

2010 年 1 月 12 日《江苏大剧院工程设计方案国际征集公告》发布后，共有 36 家单位报名，经资格预审，有关部门向其中 9 家设计单位发出《江苏大剧院建筑设计方案征集书》。

2010 年 4 月 7 日 -9 日江苏大剧院方案第一次专家评审会。经专家两轮投票表决，1、2、5、7、9 号方案为得奖入围方案。

2010 年 7 月 15 日 -30 日江苏大剧院征集设计方案在南京市规划馆向市民公示。

>>>> 2011 年

2011 年 4 月 14 日南京市规划委员会和紫金文化发展公司组织召开了江苏大剧院建筑设计优化方案专家咨询会，专家组一致认为，1 号方案（札哈事务所）与周边的山水环境结合较好，特点突出，现代感强，推荐为实施方案。

2011 年 6 月 15 日省政府办公厅下发《关于成立江苏大剧院工程建设领导小组的通知》，决定成立江苏大剧院工程建设领导小组，同时成立江苏大剧院工程建设指挥部，张大强任总指挥。

2011 年 8 月 11 日江苏大剧院工程建设领导小组召开第一次会议。会议要求，江苏大剧院作为一项标志性工程，应当体现"高标准、有特色、多功能"的要求，建设成为优质精品工程、科技创新工程、绿色和谐工程、群众满意工程。

2011 年 9 月 8 日省政府常务会议听取江苏大剧院工程建设情况汇报。

2011 年 9 月 9 日省委常委会听取江苏大剧院工程建设情况汇报。

>>>> 2012 年

2012 年 2 月 16 日指挥部召开江苏大剧院剧场功能和舞台机械座谈会，征求专业文艺单位对江苏大剧院建设的意见。江苏演艺集团、江苏交响乐团、南京军区前线文工团、南京市歌舞剧院、南京市越剧团等单位的领导和专家出席会议并发表了意见。

2012 年 7 月 31 日江苏大剧院工程建设领导小组召开第二次会议。会议同意将大剧院建设地址调整到河西地区，将位于扬子江大道以东、梦都大街以南、奥体大街以北、规划道路以西的地块整体用于大剧院建设。

2012 年 8 月 24 日指挥部召开江苏大剧院设计方案招标会议，发布设计任务书，邀请法国包赞巴克设计事务所、德国 GMP 国际建筑设计有限公司、澳大利亚 POPULOUS 设计公司、华东建筑设计研究院有限公司、华南理工大学建筑设计研究院等 5 家设计单位参加设计方案招标。

2012 年 10 月 27 日 -28 日由南京规划委员会办公室和江苏大剧院工程建设指挥部共同组织的江苏大剧院建筑设计方案专家评选会邀请 9 名专家参加评选。专家组经两轮投票，确定由华东建筑设计院有限公司提供的 4 号方案为第一名，由华南理工大学建筑设计研究院提供的 2 号方案为第二名，由德国 GMP 国际建筑设计有限公司提供的 3 号方案为第三名。

2012 年 10 月 29 日省长李学勇主持召开省政府办公会议，听取江苏大剧院工作情况汇报，观看了设计方案模型。

2012 年 11 月 21 日省委书记罗志军审查大剧院建筑设计方案，要求建成精品工程、廉政工程。

2012 年 11 月下旬江苏大剧院建筑设计方案在南京规划展览馆向市民公示征求意见。

2012 年 12 月 10 日省政府常务会议听取江苏大剧院建设地址调整和建筑设计方案评选情况汇报，会议同意调整建设地址至南京市河西地区，确定 4 号方案为实施方案。

2012 年 12 月 19 日省委常委会听取江苏大剧院情况汇报。会议同意江苏大剧院建设地址调整到南京市河西地区，同意选用专家组评审推荐的 4 号设计方案，同意按专家组的建议开展深化设计工作，同意增加会议功能。

2012 年 12 月 25 日省委书记罗志军、省长李学勇等领导视察江苏大剧院建设工地。罗志军要求，要坚持百年大计、质量第一，精心设计、精心施工，努力把江苏大剧院建成高质量、高品位的城市现代化工程，建成经得起历史和人民检验的廉洁工程。

>>>> 2013 年

2013 年 1 月 15 日江苏大剧院工程建设指挥部组织召开《江苏大剧院地块内污水管涵迁移工程初步设计》专家评审会。

2013 年 2 月 指挥部编制完成了江苏大剧院设计任务书，作为设计单位的设计大纲。

2013 年 4 月 27 日指挥部邀请省内专家对舞台工艺设计进行了专项评审、研究、论证。

2013 年 5 月 3 日指挥部邀请国内专家对舞台工艺设计方案进行评审。会议对舞台机械与灯光音响的建设形成了若干富有建设性的意见及要求。

2013 年 5 月省纪委、监察厅向大剧院指挥部派驻的纪检监察组入驻现场。

2013 年 5 月中旬基坑支护施工单位进场，5 月底开始打桩。

2013 年 6 月 6 日指挥部组织召开内部装饰设计专家评审会。会议对 5 家设计单位提交的设计方案进行了评审，并对进一步深化设计提出了指导意见。

2013 年 7 月 10 日 -11 日指挥部召开舞台工艺初步设计专家评审会，形成了专家意见。

2013 年 7 月 15 日省住建厅牵头组织在北京召开江苏大剧院抗震设计方案预审查会议，邀请中国建科院的专家对方案进行预审。

2013 年 8 月 8 日中国建科院正式对江苏大剧院抗震设计方案进行审查。

2013 年 11 月 29 日大剧院基坑开始挖土。

>>>> 2014 年

2014 年 1 月 7 日江苏大剧院工程建设领导小组召开第 3 次工作会议。

2014 年 1 月 17 日省发改委正式下达《关于江苏大剧院一期工程初步设计的批复》（苏发改投资发〔2014〕64 号）。

2014 年 6 月 10 日省委宣传部召开综艺厅演出功能专题咨询会。

2014 年 7 月 25 日江苏大剧院钢结构（音乐厅）第一根斜柱吊装。

>>>> 2015 年

2015 年 1 月 9 日江苏大剧院工程建设领导小组召开第 4 次工作会议。

2015 年 5 月 26 日省长李学勇率领江苏大剧院工程建设领导小组成员视察江苏大剧院工地，并主持召开了江苏大剧院工程建设领导小组第 5 次扩大工作会议。

2015 年 5 月 28 日省委书记罗志军来到江苏大剧院建设工地的施工现场，看望慰问施工人员。

2015 年 7 月 29 日省发改委批复大剧院二期工程初步设计。

>>>> 2016 年

2016 年 2 月 29 日江苏大剧院工程建设领导小组召开第 6 次会议。

2016 年 3 月 16 日指挥部邀请南京市安全防火教育培训中心姜明（特级教员）对大剧院全体参建单位项目主要负责人和安全员进行消防知识宣讲。

2016 年 11 月 4 日省委书记李强考察大剧院，对大剧院工程建设高度评价，对大剧院运营管理提出了要求。

2016 年 11 月 10 日原省委书记梁保华，原省委常委、南京市委书记蒋宏坤一行考察大剧院，对大剧院工程建设高度评价。

>>>> 2017 年

2017 年 1 月 4 日江苏大剧院工程建设领导小组举行第 7 次扩大会议。

2017 年 5 月 10 日江苏大剧院工程通过消防验收，南京市消防局下发大剧院建设工程消防验收意见书。

2017 年 5 月 11 日第八届中国京剧艺术节开幕式在江苏大剧院举行。

2017 年 5 月 18 日省委书记李强视察大剧院，检查江苏发展大会准备情况。

2017 年 5 月 19 日江苏发展大会开幕式"家在江苏"专场文艺演出在江苏大剧院歌剧厅举行。

2017 年 5 月 20 日江苏发展大会在江苏大剧院综艺厅隆重举行。中外来宾 2 000 多人参加大会，并参加了各项专场会议。